Voss · **Lenkdrachen**

homo ludens

Axel Voss

Lenkdrachen

Material, Technik, Modelle

Mit Drachen von
Wolf Beringer, Ron Berkhout, Ralf Dietrich, Stephan Garbade,
Christoph Gmelin, Christoph Hartkamp, Frank Hüttmann, Uwe Kleemann,
Oliviero Olivieri, Andreas Röpnack, Thomas Schick, Axel Voss, Paul Wesseling

Hugendubel/Drachenmagazin

homo ludens

Eine Buchreihe herausgegeben von Stefan Wilfert

Fotos: Wolf Beringer, Ron Berkhout, Ralf Dietrich, Christoph Gmelin, Uwe Kleemann, Thomas Schick und Axel Voss

Die Deutsche Bibliothek – CIP-Einheitsaufnahme
Lenkdrachen: Material, Technik, Modelle / Axel Voss. Mit Drachen von Wolf Beringer ... –
München: Hugendubel, 1995
(Homo ludens)
ISBN 3-88034-782-4

Umschlaggestaltung: Parzhuber & Partner, München
Produktion: Tillmann Roeder, München
Satz: Uhl + Massopust GmbH, Aalen
Druck und Bindung: Bosch Druck, Landshut
Printed in Germany

ISBN 3-88034-782-4

Inhalt

Lenkdrachen fliegen

BUGGY-Bau einfach gemacht

Anhang

Einleitung

Baumaterialien und -techniken

Für den Bau und Flug von modernen Lenkdrachen hat uns die rastlose Industrie eine ganze Reihe von Materialien zur Verfügung gestellt, auf deren Eigenschaften im folgenden eingegangen werden soll.

Segel

Spinnakernylon

Spinnakernylon ist das wohl am meisten verwendete Material, und das aus gutem Grund. Es ist extrem reiß- und wasserfest, leicht und in vielen Farben erhältlich. Spinnakernylon wird in verschiedenen Gewichtsklassen angeboten; am verbreitetsten sind die 35, 42 oder 65 g pro m^2 schweren Qualitäten, wobei der Typ 42 g/m^2 wohl am meisten verwendet wird. Die wichtigsten Hersteller und deren Fabrikate sind Verseidag (Polyant-Constant), Carrington (Noware) und Toray sowie Contender.

Spinnakernylon wird aus zwei Fäden, aus Kette und Schuß, gewebt. Wie jedes Gewebe dehnt sich auch dieses Tuch deshalb je nach Zugrichtung unterschiedlich stark. Diagonal ist die Dehnung am stärksten, quer zur Laufrichtung am geringsten. Auch sind die Dehnungseigenschaften je nach Hersteller unterschiedlich. Es spricht nichts dagegen, im Notfall verschiedene Tuchsorten in einem Drachen zu verarbeiten; allerdings sollte man eine symmetrische Verteilung vornehmen.

Spinnakernylon wird mit Polyurethan oder Silikon beschichtet, damit das Tuch weitgehend windundurchlässig wird. Das hat auch Folgen für die Verarbeitung, und man sollte deshalb bei der Tuchauswahl auch seine eigenen Fähigkeiten an der Nähmaschine berücksichtigen: Silikonbeschichtetes Tuch ist glatter, zwei aufeinanderliegende Gewebe verrutschen leicht und sind deshalb schwieriger zu verarbeiten.

Spinnakernylon wird in einer großen Farbpalette angeboten. Aber: Die Farben bleichen mit der Zeit aus. Besonders den knalligen Leuchtfarben setzt das Sonnenlicht sehr schnell zu.

Vielfach wird Spinnaker in sogenannter 2. Wahl angeboten. Das ist nicht unbedingt eine mindere Qualität, sondern das betreffende Material weist lediglich leichte Web- und Beschichtungsfehler auf. Diese können sich auf wenige Meter einer 100-Meter-Rolle beschränken.

Polyestertuch

Seit etwa zwei Jahren wird Polyestertuch unter dem Markenzeichen Icarex für den Drachenbau angeboten. Die Eigenschaften von Polyestertuch sind denen von Spinnakernylon ähnlich. Polyester hat jedoch weniger Dehnung und nimmt kaum Luftfeuchtigkeit auf. Der Nachteil von Polyestertuch ist: Muß man eine Naht wieder auftrennen, bleiben die Einstichlöcher dauerhaft vorhanden.

Tyvek

Tyvek ist ein Vlies aus Polyäthylen. Es ist relativ reißfest und läßt sich im Gegensatz zu Spinnaker und Polyestertuch auch kleben. Tyvek wird nur in Reinweiß angeboten. Zum dekorieren eignen sich Filzstifte und Stoffarben. Für den Bau von Lenkdrachen ist Tyvek nur von untergeordneter Bedeutung. Aber für die Herstellung von Prototypen und Testmodellen verdient dieses Tuch durchaus Beachtung.

Dacron und Gurtband

Dacron ist ein kräftiges Polyestergewebe (145 g/m^2). Es wird, wie auch das sogenannte Gurtband, für die Herstellung von Segelverstärkungen benötigt; beides erhält man im Drachenladen. Dacron läßt sich notfalls durch mehrfach gelegtes Spinnakernylon ersetzen. Sicherheitsgurte vom Autofriedhof sind ein preiswerter und hervorragend geeigneter Ersatz für handelsübliches Gurtband.

Gestänge

Kohlefaserverstärkter Kunststoff (CFK)

CFK ist der am stärksten verbreitete Werkstoff für Lenkdrachengerüste. Das Material zeichnet sich durch sehr geringes Gewicht und hohe Steifigkeit aus. Die üblichen Durchmesser der für Lenkdrachen verwendeten CFK-Rohre sind 4, 6, 8, 10 und 12 mm. Man unterscheidet gezogenes und gewickeltes CFK, wobei für den Drachenbau vor allem das gewickelte CFK interessant ist, weil es besonders leicht und steif ist. Auch das gewickelte CFK ist in zwei Gruppen zu teilen: Spiralwickel und Kreuzwickel, wobei der letztere hohe Steifheit bei geringem Gewicht aufweist. CFK-Vollstäbe gibt es mit 2, 3 und 4 mm Durchmesser. Vollstäbe werden nicht als eigenständiges Gerüstmaterial eingesetzt, sondern vorwiegend als Segelspannelemente, sogenannte Stand-Offs, bisweilen auch Wisher genannt.

Glasfaserverstärkter Kunststoff (GFK)

GFK ist eine preiswertere Alternative zu CFK. Der finanzielle Vorteil wird jedoch mit höherem Gewicht und einem Verlust an Steifigkeit erkauft. Aufgrund des starken Preisverfalls von CFK ist die Bedeutung von GFK heute erheblich geringer als noch vor einigen Jahren.

Verbundgestänge

Neben CFK und GFK gibt es noch eine ganze Reihe weiterer Gestänge aus Mischformen von GFK und CFK, die sehr unterschiedliche Eigenschaften hinsichtlich Gewicht und Steifigkeit haben. Bis vor kurzem gab es (vom amerikanischen Hersteller Easton) auch eine Kombination von CFK und Aluminium. Die Produktion wurde jedoch nach Angaben des Herstellers vorübergehend eingestellt. Als ausgezeichnet hat sich ein CFK-Gestänge mit Kevlar-Wendel erwiesen. Es wird unter der Bezeichnung Wacosit-CST angeboten.

Abmessungen

Amerikanische Firmen haben den Bau von Lenkdrachen maßgeblich beeinflußt, was zur Folge hat, daß man bei den Durchmesser-Angaben sehr genau aufpassen muß. Sechs Millimeter sind nicht unbedingt immer sechs Millimeter! Die Umrechnung von ¼ Zoll ins metrische System ergibt 6,35 mm, aber häufig wird ein 6,35mm-Rohr als 6mm-Rohr angeboten, das dann natürlich nicht in die vorgesehenen, auf »echte« 6 mm abgestimmte Verbinder paßt! Außerdem sollte man darauf achten, daß sich Rohre verschiedener Durchmesser ineinanderschieben lassen, zum Beispiel ein 6mm-Rohr in ein 8mm-Rohr. Dies ist notwendig, wenn man aus Verstärkungsgründen Gestängeteile ausfüttern möchte. Keinesfalls sollte man aus Kostengründen beim Ausfüttern Holz verwenden. Holz nimmt Luftfeuchtigkeit auf. Wird es gar richtig naß, quillt es auf und zersprengt die umschließende Kunststoffhülle.

Holz und Bambus

Holz und Bambus haben kaum Bedeutung beim Bau von Lenkdrachen. Die Werkstoffe sind zu elastisch und schwer. Allenfalls Raminholz wäre aus Kostengründen eine Alternative zu den Kunststoff-Rohren, zum Beispiel bei der Verkettung einer großen Zahl kleiner Drachen.

Verbinder

PVC-Schlauch

PVC-Schlauch war jahrelang der Werkstoff schlechthin, wenn Gestängeteile miteinander zu verbinden waren. Es gibt ihn als Normalausführung oder gewebeverstärkt in mehreren Abmessungen. Man kann Schläuche verschiedener Durchmesser ineinanderstecken und damit beinahe jedes Verbindungsproblem lösen. Zudem ist PVC-Schlauch sehr preiswert.

Konfektionsverbinder

Fertige Verbinder haben, besonders bei Fertigdrachen, den PVC-Schlauch vielfach verdrängt. Pionier auf dem Gebiet der Konfektionsverbinder ist der Schweizer Tüftler Walter Fritsche, der mit seiner Firma jaco design die ersten Verbinder speziell für Lenkdrachen entwickelt hat. Inzwischen gibt es eine ganze Reihe von Firmen, die unterschiedliche Verbinder aus speziellen Gummi- und Kunststoffmischungen für den Selbstbau anbieten. Alle diese Verbinder sind problemlos zu montieren und geben dem fertigen Drachen ein professionelles Finish. Zusätzlicher Vorteil: Konstruktionsbedingt steht beim Schlauchverbinder häufig ein Stückchen Schlauch über, an dem sich Leinen verhaken können. Fertige Konfektionsverbinder schmiegen sich dagegen an das Gestänge an. Es empfiehlt sich, beim Kauf von Verbindern nicht zu sparsam zu sein. Billige Verbinder sind häufig aus minderwertigem Kunststoff bzw. Gummi hergestellt. Sie werden schnell spröde und reißen, besonders bei niedrigen Temperaturen.

Sonstiges

Auch Hülsen und Muffen aus Aluminium und Messing werden häufig beim Bau von Lenkdrachen eingesetzt. Man kann sie leicht aus Abfallstücken (in den »Gelben Seiten« unter Metallhalbzeuge nachsehen) herstellen oder fertig im Drachenladen kaufen. Hier erhält man auch Hülsen mit Innenanschlag, das sind Hülsen mit einer mittigen Durchschubbegrenzung. Pfeilnocken sind ein nützliches Hilfsmittel, um Segelteile am Gestänge zu fixieren. Um die Pfeilnocke zu befestigen, wird ein kegelförmiges Aufnahmestück aus Aluminium in das Gestänge eingeschoben. Damit die oft scharfkantigen Gestängeenden das Segel des Drachen nicht beschädigen, werden sie durch Kunststoffkappen entschärft.
Ringe, Wirbel, Karabiner, Ösen und ähnliche Kleinteile aus Metall sind in vielen Bereichen des Drachenbaus unerläßlich. Bei der Auswahl sollte man darauf achten, daß sie aus rostfreiem Material hergestellt sind.

Leinen

Allgemeines

Die Art und Weise, wie Pilot und Drachen miteinander verbunden sind, beeinflußt Flugverhalten und Leistungsfähigkeit des Lenkdrachen ganz enorm. Entscheidend für die Lenkarbeit bzw. für das direkte Ansprechen des Drachens auf Lenkmanöver ist eine möglichst geringe Leinendehnung, andernfalls sich eine Art Gummibandeffekt einstellt: Beim Drachen kommt nichts mehr vom Lenkmanöver an.
Die Geschwindigkeit des fliegenden Drachen hängt nicht nur von seiner Konstruktion, sondern auch von der Beschaffenheit der Flugleine ab: Je glatter und dünner sie ist, desto geringer ist der Windwiderstand, und desto schneller ist der Flug des Drachen. Nun sollte man keinesfalls eine zu dünne Leine wählen, da dann je nach Leinenmaterial die Bruchgefahr zu groß wäre. Ingenieure und Physiker kennzeichnen die Bruchlast von Leinen mit Newton (N) oder dem zehnfachen Wert deka-Newton (DaN): 1 daN entspricht ziemlich genau den landläufigeren (jedoch nicht korrekten) Begriffen 1 kg oder 1 kp. Erinnern wir uns an unsere Schulzeit:
Kilogramm ist die Maßeinheit für Masse, Kilopond die für Kraft. Trotzdem wird die Bruchlast von vielen Herstellern noch in kg angegeben, und jeder weiß, was gemeint ist. Amerikanische Firmen verwenden gerne die US-Einheit pound (Abk. lb). 1 lb = 0,454 kp.

Nylonleinen

Nylonleinen sind aufgrund ihrer hohen Dehnbarkeit für Lenkdrachen ungeeignet und sollen deshalb hier gar nicht weiter behandelt werden.

Polyesterleinen

Polyesterleinen (Dacron) sind bedingt empfehlenswert, denn Polyester hat eine gewisse Dehnung. Wegen des relativ niedrigen Preises sind Polyesterleinen für kleinere Modelle durchaus zu erwägen.

Kevlar-Leinen

Kevlar ist eine Aramidfaser von extrem hoher Festigkeit und mit sehr geringer Dehnung. Die Bruchlast ist bei gleichem Durchmesser etwa siebenmal höher als Stahl! Eigentlich also eine ideale Leine für den Lenkdrachensport. Jedoch hat Kevlar eine andere, fatale Eigenschaft: Der Schmelzpunkt des Materials liegt sehr hoch. Wenn Kevlar mit anderen Leinen in Berührung kommt, trennt es diese durch Reibungswärme unerbittlich durch. Hinzu kommt, daß geknotete Kevlar-Leinen dazu neigen, sich selbst durchzuschneiden. Darüber hinaus haben sie eine relativ rauhe Oberfläche, was sich nach vielen Loopings oder auch beim Teamflug unangenehm bemerkbar macht.

Spectra- und Dyneema-Leinen

Hinter beiden Begriffen verbirgt sich ein nahezu identisches Produkt. Spectra und Dyneema sind das »non plus ultra« für den Lenkdrachensport, verfügen doch Leinen aus diesem Material über eine extrem glatte, seifenartige Oberfläche. Zudem haben Spectra- und Dyneema-Leinen eine noch höhere Bruchlast als Kevlar. Leider sind sie immer noch relativ teuer und erweisen sich aufgrund des niedrigen Schmelzpunktes als sehr empfindlich gegenüber Berührung mit anderen Leinen, ganz besonders mit Kevlar!

Spulen und Haspeln

Zur Aufbewahrung der Schnüre und zum Teil zugleich als Lenkgriffe dienen Spulen und Haspeln. Auch hier bietet die unermüdliche Industrie eine reichhaltige Auswahl der verschiedensten Möglichkeiten, auf deren Vor- und Nachteile kurz eingegangen werden soll.

Kunststoffspulen

Kunststoffspulen sind zweifellos die billigste und einfachste Art, Schnüre aufzubewahren. Zudem können sie gleichzeitig als Griffe verwendet werden. Sie sind jedoch nicht besonders ergonomisch, was sich besonders bei zugkräftigen Drachen unangenehm bemerkbar macht. Hinzu kommt, daß Kunststoffspulen ziemlich viel Platz in der Drachentasche beanspruchen, insbesondere, wenn man sich Schnursätze in verschiedenen Stärken zulegt.

Kunststoffgriffe

Sie stellen eine gute Möglichkeit dar, Schnüre aufzubewahren; sie können ebenso als Lenkgriffe eingesetzt werden und haben häufig muldenförmige Vertiefungen, in die die Finger eingelegt werden können. Ein Haken bietet eine gute Möglichkeit, die Leine zu befestigen.

Skyclaws

Unter dieser Markenbezeichnung des amerikanischen Herstellers Shanti Kite Spools gibt es schaumstoffgepolsterte Holzgriffe, die nach Gebrauch auf ein H-förmiges Holzgerüst gesteckt werden können, welches dann als Wickeleinrichtung dient.

Lenkschlaufen

Lenkschlaufen werden besonders gerne bei zugkräftigen Lenkdrachen eingesetzt, da man sie gegebenenfalls auch um das Handgelenk herumlegen kann. Leider kann man die Leine nicht vernünftig auf die Schlaufen aufwickeln. Wer es trotzdem probiert, produziert eine Art Leinenwurst, die sich mit hoher Wahrscheinlichkeit von den Schlaufen löst und zu den unangenehmsten Verwicklungen führt. Besser ist es, beim Einsatz von Lenkschlaufen die Schnur paarweise auf kleinen Kunststoffbrettchen aufzuheben, die der Fachhandel anbietet. Dieses Verfahren bietet zudem den offensichtlichen Vorteil, daß man nur ein Paar Lenkschlaufen benötigt. Die Kunststoffbrettchen gibt es in verschiedenen Farben, die es ermöglichen, einen schnell erkennbaren Farbcode zu nutzen, z. B. Blau für 40 daN, Gelb für 70 daN o. ä. Vor kurzem ist unter den Namen Boas eine Minischlaufe auf den Markt gekommen, bei der man bei Bedarf durch einen aufgefädelten Ring aus der Schlaufe eine Art Doppelschlaufe machen kann, in die Zeige- und Mittelfinger gelegt werden. Wahrscheinlich gibt es keine bessere Methode, Lenkdrachen mit geringen bis mittleren Zugkräften zu bedienen, weil man so sehr genau dosiert lenken kann.

Lenkstangen

Für Lenkdrachen mit hohen Zugkräften, insbesondere für Gespanne, werden häufig Lenkstangen eingesetzt. Obwohl es beeindruckend aussieht, wenn ein Pilot an der Stange mit den Kräften seiner Drachen kämpft, sollten Lenkstangen nicht bzw. nur sehr überlegt eingesetzt werden. Verlassen den Piloten die Kräfte und läßt er die Lenkstange los, entwickelt diese sich zu einem sehr gefährlichen Geschoß. Um die Zugkräfte besser zu verteilen und die Arme zu entlasten, werden auch Gurt- und Trapezsysteme angeboten, die mit der Lenkstange verbunden werden. Die Verwendung solcher Systeme verlangt allergrößte Sorgfalt und Vorsicht. Der Körper des Piloten ist fest mit der Lenkstange verbunden, deshalb sollte das System unbedingt über einen absolut sicher funktionierenden Panikhaken verfügen!

Knoten, Schlaufen und Spleißen

Jeder Knoten vermindert die Bruchlast der Flugleine mehr oder weniger erheblich. Die Minderung der Bruchlast hängt von der Art des Knotens und dem Material der Leine ab. Verliert Nylon beim Norm-Knoten, das ist der altbekannte Überhandknoten, mit dem Oma auch ein Päckchen verschnürt, etwa 70% seiner Festigkeit, so büßt die Kevlarleine beim gleichen Knoten nur 60% ein. Beim Palstek reduziert sich die Bruchlast auf 50%.
Ein bewährtes Hilfsmittel, hohe Bruchlast zu behalten, ist das sogenannte Schlaufen oder Ummanteln. Dazu fädelt man die Flugleine an den Enden durch ein etwa 20 cm langes Stück Hohlschnur aus Nylon. Die so geschützte Leine verliert beim Palstek gerade noch 20% ihrer Bruchlast. Ummantelungssets mit passenden Hohlschnüren und Drahtenden als Fädelhilfe sind im Fachhandel erhältlich. Es ist höchst empfehlenswert, die drachenseitigen Enden der Leinen durch farbige Hohlschnurenden zu kennzeichnen. Wirksamer, weil kaum vergeßbarer Farbcode: Rot für die linke Leine, schwarz für die rechte Leine.

Die Verbindung zwischen Flugleine und Drachen erfolgt normalerweise mit einem kleinen Wirbelkarabiner, der zwischen Waagering und Schlaufe ans Ende der Flugleine geklinkt wird. Puristen gehen auch häufig dazu über, den Wirbel wegzulassen und die Schlaufe mit einem Lerchenkopf-Knoten, auch Buchtknoten genannt, direkt am Waagering zu befestigen.
Selbstverständlich kann man die Schlaufe profan mit einem Knoten am Ende der Flugleine bewerkstelligen. Besser, eleganter und erheblich haltbarer ist es, die Schlaufe mit einem sogenannten Spleiß zu realisieren. Dazu wird das Leinenende durch eine Öffnung (Flechtung aufdröseln) in die Leine selbst eingeführt. So entsteht, wenn die Leine unter Zug steht, eine Art Umklammerung, die sehr haltbar ist. Allerdings braucht man für diese Arbeit eine spezielle Spleißnadel, ohne die es nicht funktioniert; Spleißsets mit Nadel, genauer Anleitung und Schutzschlaufen gibt es für wenig Geld im Fachhandel. Weitaus problematischer ist das Spleißen sehr dünner Leinen, denn es artet in eine derartige Fummelei aus, daß man graue Haare bekommen kann. In diesen Fällen hat sich das Ummanteln und fachmännische Verknoten als einfacher und zweckmäßiger erwiesen. Welche Knoten sind fachmännisch? Nun, mit Darstellungen und Beschreibungen von Knoten könnte man ganze Bücher füllen, und das seefahrende Volk nutzt mehrere Dutzend verschiedener Knoten, um die Schiffahrt angenehm und sicher zu gestalten. Auch unter den Lenkdrachenfans sind solche zu finden, die im Brustton der Überzeugung von den diversen Knoten und ihren Vor- und Nachteilen berichten.
Aber wirklich wichtig und notwendig sind für unsere Zwecke ganze drei, allenfalls vier Knoten:

1. Der Lerchenkopf (Bucht) mit doppeltem Schlag. Hervorragend geeignet, um Wirbel, Ringe oder Karabiner an einer Leine zu befestigen.
2. Der Palstek, das ist eine Schlaufe, die sich nicht zusammenzieht.
3. Die einfache Schlaufe. Einfach oder doppelt geschlagen ergibt sich eine bewährte Sicherung der Leinenenden.

Notwendiges Werkzeug

Die meisten Werkzeuge für den Lenkdrachenbau sind wahrscheinlich ohnehin in der häuslichen Werkzeugkiste vorhanden: PUK-Säge, Zollstock, Spitzzange, Schere, Cutter und eine Ösenzange. Sinnvoll ist ein Lötkolben mit feiner Spitze. Wird Spinnaker »heiß« geschnitten, schmelzen durch die Hitze des Lötkolbens die Webfäden zusammen und fransen nicht so leicht aus. Bei dieser Arbeit ist unbedingt auf eine gute Belüftung des Arbeitsplatzes zu achten. Untersuchungen des Fachblatts DRACHENmagazin haben ergeben, daß die unvermeidbaren Ausdünstungen des Tuches beim Heißschneiden sehr gesundheitsgefährdend sind.
Das Heißschneiden erfordert ein wenig Übung. Entscheidend ist die richtige Schnittgeschwindigkeit. Schneidet man zu langsam, verbrennt und verkokelt das Tuch, schneidet man zu schnell, wird das Tuch nicht richtig getrennt. Nach einigen Schnitten wird die Spitze des Lötkolbens durch die unvermeidlichen Ablagerungen von Tuchresten verschmutzt sein, und die Heizwirkung des Lötkolbens läßt nach. Eine vorsichtige Reinigungsprozedur mit Sandpapier behebt diesen Mißstand. Wer sich intensiver mit dem Bau von Lenkdrachen beschäftigt, sollte sich eventuell einen richtigen Heißschneider zulegen, wie ihn Segelmacher verwenden. Wesentlicher Unterschied zum

Lötkolben, der ja nur eine beheizte Spitze aufweist, ist beim Heißschneider eine beheizte Klinge mit einer Länge von ca. 3 cm.
Wahrscheinlich nicht in der Werkzeugkiste vorhanden sind ein großer, qualitativ hochwertiger Stahlwinkel und Metallschienen bzw. -lineale in unterschiedlichen Längen. Stahlwinkel erhalten Sie im Werkzeug-Fachhandel, aber auch im Baumarkt in verschiedenen Ausführungen und Größen. Luxuswinkel gibt es auch im Fachhandel für Mal- und Zeichenbedarf. Diese Winkel haben einen dünnen Gummibelag auf der Rückseite, wodurch sie sehr rutschfest auf dem glitschigen Spinnakernylon aufliegen.
Für die Metallschienen lohnt ein Blick in die Gelben Seiten unter der Rubrik Metallhalbzeuge. Bewahren Sie die Metallschienen niemals stehend auf, da sie dann mit der Zeit krumm werden. Bohren Sie statt dessen ein Loch an ein Ende und hängen die Schiene an einem Nagel auf. Wer möchte, kann sich auch eine metrische Skala auf die Schiene kleben. Die Firma Prym liefert selbstklebende Skalen für solche Zwecke. Auch eine so in Eigenarbeit hergestellte Metallschiene sollte durch einen Gummibelag rutschfest gemacht werden. Ist kein passendes Gummimaterial vorhanden, kann man sich mit sehr feinem Sandpapier behelfen, von dem einige schmale Streifen auf die Rückseite der Schiene geklebt werden.

Die Nähmaschine

Am Anfang Ihrer Drachenbauerkarriere werden Sie wahrscheinlich die Maschine nutzen, die sich sowieso im Haushalt befindet. Wenn Sie jedoch, um einem familiären Kleinkrieg vorzubeugen, eine eigene Drachen-Nähmaschine anschaffen wollen, hier einige Tips, wie Sie an die richtige kommen.
Drachen haben im allgemeinen keine Knopflöcher. Es wäre daher unsinnig, eine Maschine mit Knopflochautomatik zu kaufen. Auch die diversen Zierstiche der hochmodernen, computergesteuerten Nähmaschinen sind Schnick-Schnack und für Drachenbauer uninteressant.
Unsere Kandidatin braucht für den normalen Einsatz lediglich Geradeausstich und Zickzackstich.
Idealerweise verfügt sie noch über den sogenannten Segelmacherstich, bisweilen auch Mehrfach-Zick-Zack genannt.
Im Unterteil der Nähmaschine befindet sich ein Teil, das der Fachmann Greifer nennt. Es gibt den Greifer in zwei Ausführungen: den oszillierenden und den rotierenden Greifer, wobei letzterer vorzuziehen ist. Die rotierende Version neigt weniger zu Fadenknäueln und zum Blockieren.
Besonderes Augenmerk verdient der Anlasser. Wenn er mit einer sogenannten elektronischen Stichkraftregulierung ausgestattet ist, erhöht die Elektronik das Drehmoment des Motors just in dem Moment, in dem die Nadel einsticht: Diese Komponente ist daher vorteilhaft für alle Arbeiten mit dickem Material wie Gurtband oder mehrlagigem Dacron.
Günstig ist ein doppelter Stofftransport. Normale Nähmaschinen transportieren den Stoff lediglich über die häkchenbewehrte Platte von unten. Wird der Stoff noch zusätzlich über eine oszillierende Rolle o. ä. von oben geführt, ergibt das eine erheblich genauere Stoffführung, und das ist beim glatten Spinnakernylon ein ganz großer Vorteil.
Bevor Sie sich endgültig zum Kauf entschließen, ist eine Nähprobe mehr als ratsam. Bedenken Sie, daß Sie mit dem guten Stück viele Jahre problemlos zusammenarbeiten wollen. Da ist, nach der Vorauswahl einer bestimmten Maschine, ein nochmaliger Gang zum Händler mit ein paar Tuchproben anzuraten, und kein guter Händler wird Ihnen die Nähprobe verwehren. Man kann, muß aber nicht, für Nähmaschinen ein kleines Vermögen ausgeben. Gebrauchtmaschinen in akzeptablem Zustand sind schon für etwa 300 Mark zu haben. Blättert man 500 Mark auf den Tisch des Händlers, wird man mit einer leistungsfähigen Maschine nach Hause gehen. Haushalts-Nobel-Hobel mit allen Finessen, die das Herz des Drachenbauers höher schlagen lassen, schlagen mit 1500 Mark und mehr zu Buche.
Am Einsatz von Industrie-Maschinen scheiden sich die Geister. Als Spezialmaschinen sind sie meistens nur mit einer Stichart ausgerüstet (Ausnahme Pfaff 138-6U mit Geradeaus und Zick-Zack-Stich). Außerdem verlangen sie eine gefühlvolle Bedienung, weil sie sonst extrem schnell nähen. Sie sind jedoch äußerst robust und wahre Arbeitspferde. Eine gebrauchte Pfaff 138-6U ist für Drachenfreunde, die über den entsprechenden Stellplatz verfügen und bereit sind, um die tausend Mark (und etwas mehr) zu investieren, kein schlechter Kauf.

Die Werkstatt

Wer sich regelmäßig mit dem Drachenbau beschäftigt, muß entweder jeden Abend die bissigen Kommentare der Familie ertragen, wenn das knisternde Spinnakernylon beim »Kommissar« stört, oder er richtet sich eine Drachenwerkstatt ein.
Als Arbeitsplatte hat sich eine kunststoffbeschichtete Spanplatte als zweckmäßig erwiesen. Sie sollte aber nicht auf normale Böcke gestellt werden, da sie dann eine zu geringe Höhe aufweist und Sie bei der Arbeit ziemlich schnell Rückenschmerzen bekommen werden. Bauen Sie sich aus kräftigen Latten ein Gestell, mit dem die Arbeitsplatte so hoch aufgestellt werden kann, daß Sie bequem daran arbeiten können. Faustregel: Die Arbeitshöhe sollte etwa 100 cm betragen. Auf die Platte zeichnen Sie mit feinem Marker in schwarz ein Gitter-Raster mit 5 cm oder 10 cm Abstand. Zusätzlich erhält die Platte noch eine stärker gezeichnete Mittelachse, zu der parallel im Abstand von 51 cm oben und unten eine zusätzliche Markierung erfolgt. Damit ist die handelsübliche Breite von Spinnakertuch von 102 cm auf der Arbeitsplatte gekennzeichnet. Puristen, die viel mit Polyestertuch der Marke Icarex arbeiten wollen, setzen die Hilfslinien auf 50,8 cm Abstand zur Mittellinie, da dieses Tuch in einer Breite von 40 Zoll entsprechend 101,6 cm angeboten wird. Beim heißen Zuschnitt von Spinnaker stört das Kabel des Schneidgerätes häufig, wenn es auf dem Tuch liegt. Aus diesem Grund bringt man an den Seiten der Arbeitsplatte zwei Galgen an, die mit einem Stück Schnur verbunden werden. In die Zuleitungsschnur wird ein Schlüsselring eingeschoben, der in diese Schnur geklinkt wird. Auf diese Weise kann man den Lötkolben oder Heißschneider frei über die Arbeitsfläche bewegen und das Kabel stört nicht weiter.

Segelschablonen

Um präzise Segelzuschnitte zu erhalten, empfiehlt sich der Einsatz von Segelschablonen. Benötigt man diese Schablonen nur einmal bzw. für einen einzigen Drachen, reicht eine Schablone aus Graupappe. Graupappe ist ausreichend widerstandsfähig gegen die Hitze des Lötkolbens, wenn man nur einen oder wenige Zuschnitte zu machen hat und keine Serienproduktion plant. Häufig ist Pappe in der gewünschten Größe nicht so ohne weiteres aufzutreiben. Dann kann man auch Wellpappe nehmen, also zum Beispiel Umzugkartons, besonders die Kleiderboxen, die gebraucht für wenig Geld beim Umzugsspediteur zu bekommen sind. Pappstücke bis zur Größe 70 × 100 cm bekommt man beim Buchbinder. Die Stärke von 1,5 mm hat sich bewährt. Sie ist einerseits kräftig genug, um auch einer etwas unsanfteren Behandlung zu widerstehen, kann andererseits aber mit einem scharfen Messer noch problemlos geschnitten werden.
Schablonen für sehr häufigen Gebrauch stellt man am besten aus Sperrholz her, doch auch Sperrholz ist nicht für ewig und alle Zeiten gegen die Hitze des Lötkolbens gefeit. Schablonen aus Alu-Blech sind auch sehr gut geeignet, aber als dickes Material leider schwierig zu bearbeiten und als dünnes Blech sehr knickempfindlich.
Ein sehr gutes Ausgangsmaterial für Schablonen sind ausgediente Offset-Druckplatten. Fragen Sie bei einem Drucker in Ihrer Nähe danach. Meistens sind die Druckereien froh, wenn sie die Druckplatten loswerden. Sie bestehen aus sehr dünnem Aluminium-Blech, das sich mit einer kräftigen Schere gut bearbeiten läßt.
Blech- und Pappschablonen, will man sie länger aufheben, verpaßt man an geeigneter Stelle ein Loch und hängt sie an die Werkstattwand, da sie, auf den Fußboden gestellt, schnell krumm und wellig werden.

Groß-Zirkel

Für die Herstellung von Schablonen sind bisweilen Strecken abzugreifen, deren Länge mit normalen Zirkeln nicht zu realisieren sind. Man kann sich mit einem Notzirkel aus Bleistift, Nagel und einem Stück (nicht dehnbarer) Schnur behelfen; jedoch ist ein solcher Notzirkel nicht immer hinreichend genau.
Besser ist ein Behelfszirkel nach einer Idee des finnischen Drachenbauers Simo Salanne. Dieser Zirkel besteht aus zwei jaco-Verbindern, die auf einen Holz- oder Kunststoff-Stab geschoben werden. In das verbleibende Aufnahmeloch des einen Verbinders wird ein angespitzter Metallstift, in das des anderen Verbinders ein Bleistift gesteckt. Die Position des Verbinders mit dem Metallstift wird mit Sekundenkleber gesichert, während der Bleistift frei beweglich bleibt. Auf diese Weise läßt sich präzise jedes beliebige Maß einstellen.

Grundsätzliche Arbeitsweisen

Nähen

Lesen Sie sich die Bedienungsanleitung für Ihre Maschine genau durch. Bedenken Sie aber immer, daß – abgesehen von wenigen Spezialmaschinen – Ihre Nähmaschine für normale Schneiderarbeiten konzipiert wurde. Und darauf ist auch die Bedienungsanleitung abgestimmt.

Fadenspannung

Wenn Sie von Hand zwei Stücke Tuch zusammennähen, kommen Sie mit einer Nadel und einem Faden aus. Beim maschinellen Nähen reicht auch eine Nadel, aber Sie arbeiten mit zwei Fäden, Unterfaden und Oberfaden. Die Spannung beider Fäden ist regulierbar und muß so abgestimmt sein, daß die Verschlingung genau in der Mitte der Stofflagen erfolgt. Probieren Sie, dies nur durch alleiniges Regulieren der Oberfadenspannung zu erreichen, wenn überhaupt etwas nachreguliert werden muß. Die Unterfadenspannung ist in aller Regel im Werk so eingestellt, daß an ihm nichts zu korrigieren ist.
Sollte eine Prüfung bzw. ein Verstellen der Unterfadenspannung wider Erwarten doch erforderlich sein, geht man wie folgt vor:
Man hält die am Unterfaden hängende Kapsel und zieht kurz ruckartig am Faden. Die Kapsel sollte bei jedem Ruck ein wenig nach unten rutschen, keinesfalls aber durchrutschen.
Beim Wechsel des Nähguts ist häufig auch eine Änderung der Oberfadenspannung erforderlich. Notieren Sie sich die einzelnen Einstellungen, damit Sie später auf Ihre Notizen zurückgreifen können und aufwendiges Probenähen vermeiden.

Unterfadenspulen

Theoretisch kommt man mit einer einzigen Unterfadenspule aus. Wenn sie leer ist, unterbricht man den Nähvorgang, zieht den Faden aus der Nadel sowie aus den Oberfadenführungen und spult neu auf, um dann wieder einzufädeln. Das ist frustrierend und behindert flottes Arbeiten. Legen Sie sich mindestens ein Dutzend Unterfadenspulen zu (sie kosten nicht die Welt), und spulen Sie alle voll. Das geht ruck zuck, und mit dem Vorrat an vollen Unterfadenspulen können Sie lange Zeit ohne Unterbrechung arbeiten. Es soll Drachenfreunde geben, die sogar dreißig bis vierzig volle Unterfadenspulen vorrätig halten.

Stichlänge

Nach jedem Nadeleinstich wird das Nähgut um 1 bis 5 mm weiter transportiert. Stellen Sie die Stichlänge nicht zu knapp ein, da sonst das Nähgut fast perforiert wird. 3 bis 4 mm Stichlänge haben sich als praktikabel erwiesen.

Füßchendruck

Der Transport des Nähgutes wird durch Friktion einer oszillierenden Zahnplatte gegen das Nähfüßchen erreicht. Da Spinnakernylon sehr glatt und rutschig ist, empfiehlt es sich, mit möglichst hohem Füßchendruck zu arbeiten. Jedoch nicht so hoch, daß das Nähgut nicht mehr transportiert wird, weil der Fuß es auf die Nähplatte preßt.

Spezialfüßchen

Es gibt eine Reihe von Spezialfüßchen, von denen aber die wenigsten für den Drachenbau benötigt werden, denn mit zwei Füßchen bewältigt man 99% aller Nähaufgaben: Da ist zum einen das Standard-Zick-Zack-Füßchen für die normale Näharbeit und zum andern das Stickfüßchen, das sich sehr gut für Nähte an hohen oder gewölbten Stellen, z. B. neben einem Doppelsaum, eignet.
Exotische Füßchenformen, wie z. B. das Automatik-Saum-Füßchen, halten in aller Regel nicht das, was sie versprechen.
Tip: An vielen Füßchen befindet sich in der Mitte eine Rille, die den Nahtverlauf anzeigt. Malen Sie diese Rille mit farbigem Filzer aus. Dann können Sie die Naht noch besser verfolgen.

Einstellhilfen

Schneider haben es vergleichsweise einfach. Sie zeichnen die Naht einfach mit Schneiderkreide vor. Und wenn sich bei der Anprobe herausstellt, daß der Ärmel nicht richtig sitzt, wird die Naht eben ein Stückchen verlegt. Nun, Drachen haben in aller Regel keine Ärmel, und Schneiderkreide haftet schlecht auf Spinnakernylon. Darum ist es zweckmäßig, eine Bezugskante in Form von selbstklebenden Textilband neben dem Nähfuß auf der Maschinenplatte anzubringen.
Wer mag, bringt gleich mehrere Bezugsstreifen an, z. B. blau für 10 mm, rot für 15 mm und grün für 20 mm Abstand.

Nadeln und Garn

Maschinennadeln werden durch ihre Dicke in Hundertstel Millimeter gekennzeichnet. Eine 80er Nadel

hat z. B. eine Dicke von 80/100 mm. Sie ist die Allround-Nadel, mit der sich die meisten Näharbeiten problemlos erledigen lassen. Für sehr dünne Tuche sollte jedoch auch die Nadel dünner sein, z. B. eine 70er Nadel. Grund: Bei den ersten Stichen neigt eine zu dicke Nadel dazu, das Nähgut durch die Stichplatte zu drücken, mit dem Ergebnis, daß der Greifer sich verhakt.
Als Garn sollte nur Polyestergarn zum Einsatz kommen. Baumwollgarne sind nicht witterungsbeständig, sie verrotten schnell, und die Nähte lösen sich in Wohlgefallen auf. Die Maßeinheit für Garne heißt tex, wobei tex für das Gewicht in Gramm pro Kilometer Garn steht. Bei einem Polyestergarn von 80 tex wiegt ein Kilometer 80 Gramm.
Genausowenig, wie man mit einem Fuchsschwanz Laubsägearbeiten durchführt, sollte man dicke Nadeln und dünnes Garn bzw. den umgekehrten Fall vermeiden. Als grobe Faustregel mag dienen, daß die Nadelgröße dem tex-Wert entsprechen sollte, d. h. 80er Nadel und 80er Garn.
Weiterhin ist es wichtig, daß Ober- und Unterfaden immer von gleicher Stärke und Qualität sein sollten. In diesem Zusammenhang sei angemerkt, daß Puristen Garn- und Tuchfarbe aufeinander abstimmen. Das sieht natürlich toll aus, ist aber übertriebene Finesse; es sei denn, Sie haben Ihre Lehr- und Wanderjahre im Drachenbau hinter sich und wollen an den Drachenmeisterschaften des Drachen Club Deutschland e. V. teilnehmen. Da gilt es Punkte zu sammeln, und gleichfarbiges Garn und Tuch erhöhen das Konto ein wenig. Aber garantiert haben Sie irgendwann nicht die passende Garnfarbe für den Unterfaden vorrätig. Nehmen Sie daher anfangs grundsätzlich eine einzige Garnfarbe. Im Schneiderei-Fachhandel gibt es große Garnspulen mit 5000 Metern und entsprechendem Preisvorteil pro Meter. Diese passen natürlich nicht auf die Spulenaufnahme einer normalen Nähmaschine. Abhilfe schafft ein Galgen aus einem etwa 50 cm langen Raminstab, in dessen Ende eine kleine Ringschraube gedreht wird. Die große Garnspule steht dann auf dem Arbeitstisch, und das Garn wird über die Ringschraube von oben in die Garnführungen der Nähmaschine gefädelt.

Kappnaht und halbe Kappnaht

Wenn zwei Tuchstücke zusammengenäht werden sollen, erfolgt dies mit zwei möglichen Nahtarten, der Kappnaht und der halben Kappnaht. Die Kappnaht ist ein wenig fummeliger herzustellen, hält aber besser.

Säumen

Säume dienen hauptsächlich zwei Zwecken. Zum einen verstärken sie die Segelkanten, zum anderen verhindern sie, daß die mit der Schere geschnittenen Kanten ausfransen. Ausfransen kann nur dann verhindert werden, wenn der Saum doppelt liegt und die Schnittkante darin eingeschlagen ist. Geübte Drachenbauer legen die Saumkante doppelt um und nähen sie mit einer einzigen Naht fest. Am Anfang sollten Sie solche Experimente vermeiden. Nähen Sie lieber einen einfachen Saum, schlagen diesen nochmals um und setzen eine zweite Naht. Dieses Verfahren ist zwar etwas zeitraubender, aber letztlich doch einfacher.

Fixieren

Nach ein paar Nähten werden Sie feststellen, daß der eigentliche Nähvorgang gar nicht so schwierig ist, vorausgesetzt, die beiden Tuchstücke sind gegen das Verrutschen gesichert. In der Schneiderei wird traditionell mit Stecknadeln gesichert oder mit einem Heftfaden »gereiht«, aber dort wird kein Spinnaker verarbeitet. Wir empfehlen folgende Methoden:

Maskierband

Bei Maskierband handelt es sich um einen hauchdünnen, beidseitig klebenden Film von etwa 2 bis 3 mm Breite. Er haftet sehr gut auf Spinnakernylon und kann als Ersatz für eine Heftnaht eingesetzt werden.

Klebestifte

Auch eine ganze Reihe von Papierklebestiften kann man zum vorübergehenden Fixieren verwenden. Bewährt hat sich der »Prittstift«.

Lötkolben

Die wahrscheinlich beste und sicherste Methode, die sich aber leider nur für gerade halbe Kappnähte einsetzen läßt. Man legt beide Tuchbahnen kantengenau übereinander und beschwert sie mit Gewichten. Dann wird eine Metallschiene so auf das Tuch gelegt, daß die Kante noch etwa 2 mm übersteht. Schneidet man nun mit dem Heißschneider beide Stoffkanten, ergibt sich eine sehr sichere Heftverbindung. Näht man jetzt im Abstand von etwa 5 mm parallel zur Heftkante eine gerade Naht, schlägt diese auf eine Seite um und näht die überstehende Kante auf die Tuchbahn, so werden halbe Kappnähte zum Kinderspiel. Auf einer Seite sieht man sogar nur eine Naht. Klar, daß dies die spätere Schokoladenseite Ihres Drachen sein wird. Wird ein Drachensegel aus mehreren Teilstücken auf diese Art und Weise zusammengesetzt, ist allerdings einige Überlegung erforderlich, damit später auch wirklich nur eine Naht auf einer Seite bei allen Verbindungsnähten sichtbar ist.

Wunddesinfektionsgerät

Ja, Sie haben richtig gelesen: Wunddesinfektionsgerät. Allerdings ist seine Verwendung ein wenig heikel und soll daher etwas ausführlicher erläutert werden. Ein Wunddesinfektionsgerät sieht ähnlich wie ein Kugelschreiber aus. Drückt man auf einen kleinen Knopf, beginnt die sehr feine Spitze zu glühen. Mediziner benutzen diese Geräte, um kleine Wunden zu desinfizieren. Drachenbauer können mit der feinen Glühspitze wunderbar und sehr genau punktuelle Heftverbindungen herstellen, wenn die feine, glühende Spitze durch Tuchbahnen gestochen wird. Die Spitze ist so fein, daß nur sehr kleine, kaum störende Löcher entstehen.

Aber: Dieses Gerät wird nur an Mediziner abgegeben. Normale Sterbliche kommen an dieses Wunderding nur heran, wenn sie einen Arzt in der Bekanntschaft haben, der es besorgt, und sie dürfen das Gerät aber auch dann nur auf eigene Gefahr verwenden.

Sägen

Beim Sägen von CFK und GFK entstehen feine Staubpartikel, deren Einatmen sehr gesundheitsgefährdend ist! Die Deutsche Lufthansa hat für ihre Flugwerften, wo sehr viel CFK verarbeitet wird, umfangreiche Sicherheitsvorschriften herausgegeben. So weit wollen wir nun nicht gehen, raten aber dringend dazu, die zu sägende Stelle des Stabes mit einem Tropfen Speiseöl zu benetzen. Das Öl bindet die Staubpartikel, und beides wird nachher mit einem Stück Klopapier abgewischt. Das Papier gehört sofort in den Mülleimer, noch besser in den Sondermüll.

Gestängeanpassung

Die Längenangaben der Gerüstteile bei den Bauanleitungen in diesem Buch sind grundsätzlich Zirkaangaben, die je nachdem, wie genau genäht wurde, verkürzt oder verlängert werden müssen. Grundsätzlich gilt beim Bau von Lenkdrachen, daß immer das Gestänge dem Segel angepaßt wird. Niemals umgekehrt.

Die Waage

Auch die Angaben für die Längen der Waageschenkel sind Richtwerte und müssen den effektiven Gegebenheiten angepaßt werden. Für 90 Prozent aller erfolglosen Start- und Flugversuche bei Lenkdrachen ist die Ursache eine unkorrekte Waageeinstellung, oder es wird versucht, auf ungeeignetem Fluggelände zu starten!

Die Waage hat drei Aufgaben. Sie soll erstens die Verbindung zwischen Drachen und Flugleinen bilden, und zwar so, daß zweitens ein für die beabsichtigten Flugeigenschaften günstiger Anstellwinkel entsteht. Drittens soll die Waage die Zugkraft des Drachens möglichst gleichmäßig auf mehrere Punkte des Gestänges verteilen.

Üblicherweise haben deltaförmige Lenkdrachen fünf Waageschenkel, von denen jeweils zwei an den Leitkanten befestigt sind und zwei einen gemeinsamen Befestigungspunkt am Mittelholm haben. Man spricht auch häufig von der 5-Punkt-Waage.

Das Prinzip der Waageeinstellung ist einfach:

Unterschneidet der Drachen, d. h. kippt er nach dem Start seitlich weg und flattert zu Boden, muß der Anstellwinkel vergrößert werden, d. h. der untere innere Waageschenkel wird verkürzt.

Reagiert der Drachen hingegen nur träge und will beim Start nicht so richtig nach oben, muß der Anstellwinkel verkleinert werden, d. h. der untere innere Waageschenkel wird verlängert.

Darüber hinaus gilt: Verkürzung des inneren unteren Schenkels verursacht eine Erhöhung der Zugkraft und umgekehrt.

Die Verstellung der Waage geschieht in sehr kleinen Schritten; schon wenige Millimeter haben eine beträchtliche Wirkung.

Wenn Sie mit der Waageeinstellung große Probleme haben, gibt es ein simples Hilfsmittel. Verlängern Sie alle angegebenen Waagemaße beträchtlich, aber gleichmäßig! Je länger die Waage, desto größer der Toleranzbereich. Theoretisch ist die ideale Waage unendlich lang. Theoretisch deshalb, weil eine sehr lange Waage beträchtlichen Luftwiderstand bildet, unnötiges Gewicht verursacht und sich leicht mit den Flügelspitzen verhakt.

Das Fluggelände

Wie bereits erwähnt, bilden eine falsche Einstellung der Waage und ein ungeeignetes Fluggelände die häufigsten Anlässe für frustrierende Erlebnisse mit Lenkdrachen. Wenden wir uns also nach dem Thema Waage dem Fluggelände zu. Ideale Flugreviere findet man natürlich an den Stränden an der See. Doch Achtung: Viele Ferienorte haben aufgrund schlechter Erfahrungen mit lauten Lenkdrachen aus früheren Jahren Flugverbote ausgesprochen. Diese Flugverbote sollten Sie unbedingt respektieren, auch wenn sie – oder obwohl sie – meist nur eine eingeschränkte Gültigkeit haben. Häufig erstrecken sich die Verbote nur auf gewisse Strandabschnitte oder sind zeitlich begrenzt. Mißachtet man diese Regelungen, besteht die Gefahr, daß generelle Flugverbote verordnet werden, was sehr schade für den Lenkdrachensport wäre, denn Flugreviere stehen leider nicht im Übermaß zur Verfügung.

Aber auch abseits der See finden sich viele geeignete Gelände, die man nutzen kann. Wichtig ist, daß der Wind frei wehen kann und nicht durch Baumreihen oder Gebäude verwirbelt wird. Eine Wiese in einer innerstädtischen Grünanlage ist in den seltensten Fällen geeignet.

Selbstverständlich sollten auch keine Telefon- oder gar Hochspannungsleitungen in unmittelbarer Nähe des Fluggeländes vorhanden sein.

Auch Eisenbahnlinien und Autostraßen sind denkbar schlechte Nachbarn. Autostraßen führen zwar keine Hochspannung, aber Lenkdrachen sind trotz ihrer Popularität noch immer gut geeignet, Verkehrsteilnehmer abzulenken – unglücklicherweise häufig mit fatalen Folgen.

Die Drachen

LENKDELTA

Wer heute einen Drachenladen betritt oder die zahlreiche Drachenliteratur studiert, stößt auf eine riesige Vielfalt von Formen, Farben und Konstruktionsweisen. Sicherlich werden Sie sich später auch an kompliziertere Drachenmodelle wagen, aber am Anfang sollten Sie sich mit einfacheren Modellen benügen. Einen idealen Einstieg bietet der Bau des LENKDELTAS, und preiswert ist seine Herstellung auch.

Material

2 × 90 cm Spinnakertuch
3 m Dacronband 50 mm breit
CFK-Rohr 6 mm Durchmesser:
  2 × 900 mm für die Seitenholme
  1 × 900 mm für den Achsholm
  1 × 930 mm für den Spreizholm
  1 × 425 mm für den Waageholm
3 Gummiendkappen 6 mm
1 O-Ring aus Gummi, 25 mm Durchmesser
50 cm armierten PVC-Schlauch, 6 mm Innendurchmesser
2 cm Schlauch, 3 mm Außendurchmesser und 1,5 mm Innendurchmesser
2 Holzdübel, 5 cm lang, im Durchmesser so bemessen, daß die Dübel stramm in das CFK-Rohr passen
4 Holzperlen, etwa 5 mm Durchmesser
Waageschnur, empfohlene Bruchlast 80 kp.

Bauanleitung

Die in dieser Anleitung empfohlenen Bauschritte sind sicher nicht der absolut letzte Stand der Technik. Wir empfehlen sie trotzdem, weil der Drachen und sein Bau dadurch sehr einfach gehalten werden kann. Obgleich sich die Form des Deltas geradezu für Farb- und Grafikexperimente anbietet, sollten Sie es bei Ihrem Erstling bei jeweils einer Farbe für jede Segelseite belassen.

Zuschnitt der Segelteile

Stellen Sie eine Schablone gemäß Abbildung 1 aus Pappe her. Die Rundung an der Schleppkante realisieren Sie am einfachsten mit einem Hilfszirkel (siehe Seite 15).
Schneiden Sie mit dem Lötkolben die beiden Segelhälften aus und legen diese paßgenau übereinander auf die Werkbank.
Legen Sie nun parallel zur Achse AK eine Leiste so an, daß Sie mit dem Lötkolben einen ganz schmalen Streifen von 2 mm abschneiden können. Dieser Schnitt geht also durch beide Segelhälften hindurch.

Segelteile zusammennähen

Nehmen Sie beide Segelhälften wieder vorsichtig von der Werkbank. Sie werden feststellen, daß beide Segelhälften durch die Hitze des Lötkolbens miteinander verschmolzen sind. Das kann zwar keine Naht ersetzen, ist aber eine ausreichende Heftung für den nun folgenden Arbeitsgang.
Nähen Sie 3 mm parallel zur Schmelzkante durch beide Segel hindurch eine schnurgerade Naht von A nach K.
Danach breiten Sie beide Segelhälften so auseinander, daß die abgenähte 3mm-Kante oben liegt. Knikken Sie diese scharf nach links oder rechts um, und nähen Sie durch diese Kante ein weiteres Mal von A nach K.
Diese Naht faßt also drei Tuchlagen zusammen, nämlich die doppelte Kante und die der Segelseite, auf die Sie sie umgelegt haben. Ob der

Abb. 1

Markieren Sie die den Punkten G bzw. G1, J, H und L entsprechenden Stellen anhand folgender Maße:

C1 bis G1 bzw.
C bis G 300 mm,

A bis J 180 mm,
A bis L 345 mm,

K bis H 220 mm,
K bis L 505 mm.

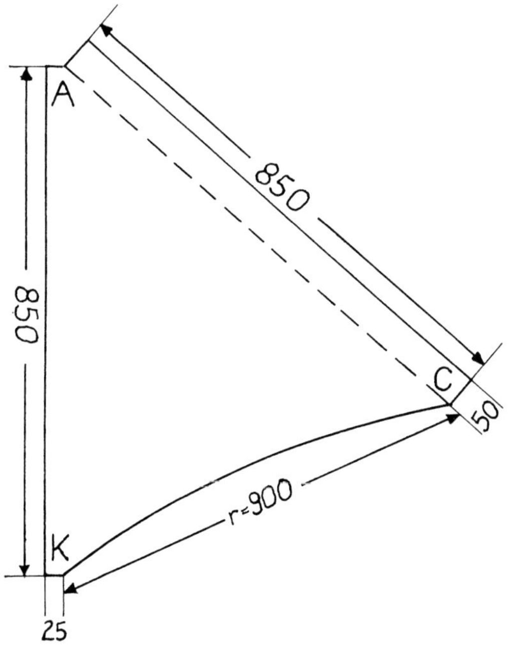

Knick nach rechts oder links erfolgt, spielt keine Rolle. Ob die Schleppkanten von C bzw. C1 gesäumt werden oder nicht, ist eine Frage der Haltbarkeit bzw. des Aufwands. Einen rund laufenden Saum zu nähen erfordert etwas Übung. Außerdem verlangsamt der Saum die Fluggeschwindigkeit geringfügig. Mit ungesäumter Schleppkante machen Sie sich die Sache erheblich einfacher und kommen in den Genuß eines schneller fliegenden Drachen, der jedoch nicht von unbegrenzter Dauer ist, denn irgendwann wird die Schleppkante, obwohl sie heiß geschnitten ist und die Webfäden verschmolzen sind, ausfransen.
Wir empfehlen dennoch, zumindest Ihren ersten Lenkdelta nicht zu säumen. Sie sollten jedoch die Schleppkanten des fertigen Drachen mit einer dünnen Schicht farblosen Nagellacks bestreichen, um das Ausfransen zu verzögern.
Wenn Sie aber säumen wollen, müssen Sie es jetzt tun, da die folgenden Arbeitsschritte keinen nachträglichen Saum zulassen.

Verstärkungen und Holmtaschen

Die stark belasteten Segelteile werden mit 50 mm breitem Dacronband verstärkt. Und zwar, wie in Abbildung 2a. Zuerst die Strecke von F über A nach F1, danach von A nach K, wobei die Mitte des Dacronbandes genau auf der Achsnaht liegen muß. Diese Verstärkungen werden auf die Rückseite des Segels genäht. Anschließend Dacronband von B nach C bzw. B1 nach C1 auf die Vorderseite des Segels nähen. An den Unterseiten CE bzw. C1E1 lassen Sie das Band etwa 3 cm überstehen. Schneiden Sie mit dem Lötkolben die beiden ovalen Löcher (etwa 10 mm breit und 30 mm lang) G und G1 in die seitlichen Verstärkungen. An Punkt K gemäß Abbildung 2b ist dann eine Tasche aus Dacron auf die Rückseite des Segels zu nähen.
Die Punkte H und J erhalten jeweils ein kreisrundes Loch von etwa 5 mm Durchmesser, das mit dem Lötkolben geschnitten wird. Wenn Sie es ganz perfekt machen wollen, schlagen Sie an diesen Stellen eine kleine Metallöse ein. An Punkt L schneiden Sie ein ovales Loch, das etwa 7 mm breit und 30 mm lang ist.
Jetzt entstehen die Taschen für die Seitenholme. Falten Sie dazu jeweils die Hälfte der Dacronverstärkungen an den Seitenrändern so nach hinten um, daß Punkt B auf D und C auf E bzw. B1 auf D1 und C1 auf E1 liegt. Es ist wichtig, daß die Faltkante absolut gerade verläuft.
Nähen Sie jeweils eine Naht knapp neben der umgelegten Segelseite von D nach E bzw. D1 nach E1, so daß an den Drachenseiten zwei Röhren entstehen. Schließen Sie die unteren Enden dieser Stabtaschen, indem Sie die überstehenden Enden der Dacronbänder nach hinten umlegen und festnähen.
An dieser Stelle können Sie sich eine Kaffeepause gönnen. Das Segel Ihres Lenkdeltas ist nämlich fertig.

Gerüst und Verbinder

Schneiden Sie sich zwei Schlauchstückchen von 9 cm Länge zu, und bohren Sie in der Mitte in eine Wandung ein Loch von 6 mm Durchmesser.
Nehmen Sie die Seitenholme, und führen Sie sie von oben in die Seitentaschen. An den Stellen mit den ovalen Löchern müssen Sie die Schlauchstückchen gemäß Abbildung 2c einfädeln und die Gummi-Endkappen aufsetzen, die als Stoß- und Scheuerschutz dienen.
Die Nasenverbindung von Seitenholmen und Achsholm entsteht aus einem 11 cm und einem 7 cm langen Schlauchstück. Beide Wandungen des 7cm-Stückes werden 2 cm vom einen Ende entfernt durchgebohrt. Nun das 11 cm lange Stück durchfädeln. Es soll stramm in dem kürzeren Stück sitzen (Abbildung 2d).
Tip: Legen Sie das kurze Stück ein paar Minuten in sehr warmes Wasser. Es wird dadurch weicher und geschmeidiger und erleichtert das Durchstecken.

Zusammenbau

Sie können jetzt den Drachen probeweise zusammensetzen. Auf den Achsholm fädeln Sie den O-Ring, dessen weitere Verwendung später beschrieben wird. Achten Sie darauf, daß der Achsholm auf der Rückseite kerzengerade zwischen Nasenverbinder und Tasche an Punkt K sitzt und daß das Segel zwischen K und A glatt und faltenfrei liegt. Möglicherweise müssen Sie den Achsholm noch geringfügig kürzen. Ziehen Sie den O-Ring auf dem Achsholm von hinten nach vorn durch das Loch L, und drehen Sie das vordere Ende des O-Rings so, daß er eine Acht formt. Ein Loch der Acht umschließt den Achsholm, durch das andere wird der Spreizholm geführt, dessen Ende in den Schlauchstücken gemäß Abbildung 2c gesichert werden.
Die Länge des Spreizholmes von 930 mm ist ein Richtmaß. Wenn Sie ihn etwas kürzer wählen, wird der Drachen langsamer bzw. auch für höhere Windgeschwindigkeiten geeignet. Umgekehrt gilt, daß ein etwas längerer Spreizholm den Drachen schneller, aber auch kippeliger fliegen läßt.

Die Waage

Zuerst präparieren Sie den Waageholm. Schauen Sie sich dazu Abbildung 2e an. Der Waageholm entsteht aus einem 425 mm langen CFK-Rohr, in dessen Ende zwei passende Dübel (b), je etwa 5 cm lang, mit Alleskleber eingeklebt werden. Schieben Sie dann über die Holmenden jeweils ein 3 cm langes Schlauchstück (c), und sichern Sie es mit Alleskleber.
Bohren Sie im Abstand von 15 mm

Übersicht und Detailskizzen

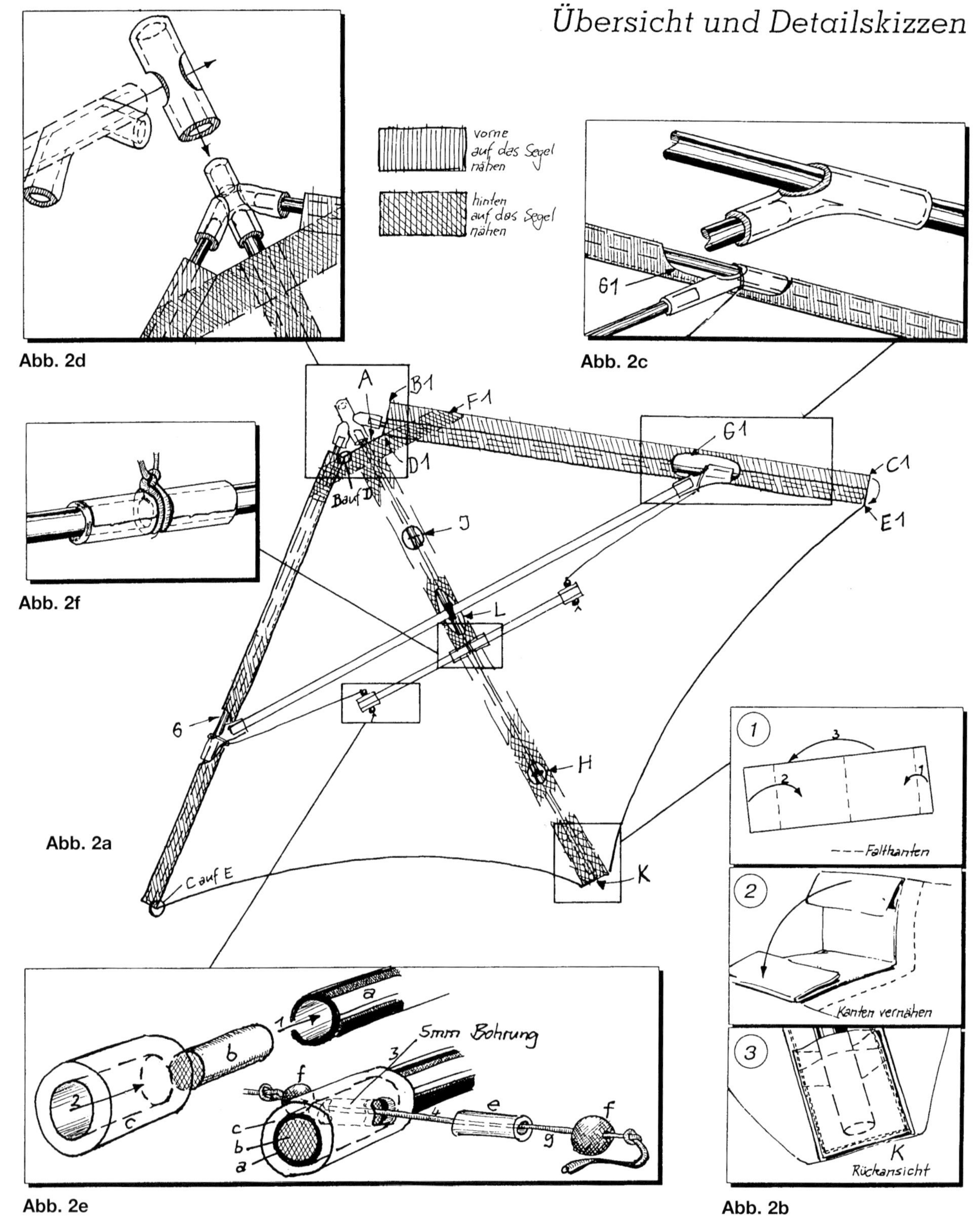

Abb. 2d

Abb. 2c

Abb. 2f

Abb. 2a

Abb. 2e

Abb. 2b

von jedem Holmende Schlauch, Holm und Dübel radial durch. Diese Bohrungen sollen einen Durchmesser von 3 mm haben und müssen absolut parallel und in einer Ebene verlaufen. Schieben Sie jeweils ein Stückchen des dünnen Schlauchs (e) durch, und sichern Sie ihn mit Alleskleber. Jetzt noch zwei Umwicklungen Textilklebeband nebeneinander so anbringen, daß ein 2 mm breiter Spalt, genau in der Mitte des Waageholms, entsteht (siehe Abbildung 2f). Das Textilklebeband sollte zur zusätzlichen Sicherung mit einer dünnen Schicht Alleskleber bestrichen werden. Verbinden Sie jetzt Waageholm und Drachen mit den Waageschnüren. Der obere Schenkel von der Mitte des Waageholms nach J ist 690 mm lang, der untere Schenkel von der Mitte des Waageholms nach H ist 660 mm lang. Die seitlichen Schenkel durch die Löcher des Waageholms nach G bzw. G1 sind 630 mm lang. Die vorgenannten Maße verstehen sich netto, ohne Knoten und Schlaufenzugabe. Die Holzperlen verhindern ein Durchrutschen der seitlichen Waageschnüre.
Der Drachen ist fertig, und wenn Sie die Flugleinen eingeklinkt haben, können Sie ihn in die Luft schicken.

Trimmen

Sollte der Drachen zwar rasant aufsteigen, dann aber plötzlich wegkippen und zu Boden flattern, stimmt die Waageeinstellung nicht. Verlängern Sie den oberen Schenkel. Will der Drachen nicht richtig nach oben und reagiert nur träge, verkürzen Sie den oberen Schenkel. Im Idealfall sollte der Waagespreiz genau in Flucht mit dem Spreizholm liegen. Der LENKDELTA ist übrigens ein idealer Gespanndrachen. Was hindert Sie daran, gleich einen zweiten und dritten zu bauen?

BATFOIL

Text und Fotos: *Christoph Gmelin*

Wer einen leisen, schnellen Lenkdrachen mit außergewöhnlicher, um nicht zu sagen, spektakulärer Optik sucht, der sich zudem noch ausgezeichnet im Gespann fliegen läßt, sollte sein Glück mit dem hier vorgestellten BATFOIL versuchen. Vom Aufbau her ist der BATFOIL nichts anderes als ein modifizierter FLEXIFOIL. Aus diesem Grund sei klargestellt, daß der Nachbau nur für private Zwecke gestattet ist, da patentrechtlich geschützte Bauweisen und Konstruktionsmethoden der Fa. Flexifoil verwendet werden. Wir danken Flexifoil International für die Genehmigung, diese nutzen zu dürfen.

Auch im Flugverhalten kommt BATFOIL einem Flexi sehr nahe; er ist recht schnell, zeigt aber ein sehr »weiches« Flugverhalten, das alle Flexipiloten kennen werden. Beispielsweise ist es nicht ohne weiteres möglich, scharfe Ecken zu fliegen. Der Drachen will, um steuerbar zu bleiben, ständig in Bewegung gehalten werden und hat auch beim Start seine Eigenarten (siehe Hinweise zum Flug).

Ausgestattet mit dem Flexi Ultralight-Spare, einer dreiteiligen, sehr leichten Variante des Flexi-Stabes, benötigt der BATFOIL wenig Wind (ab etwa 1,5 bis 2 bft) und bietet viel Flugspaß.

Aus nähtechnischer Sicht betrachtet ist dieser Drachen nicht unbedingt anfängertauglich, da gerade das Einnähen der Rippen mühsam ist und eine gewisse Übung erfordert.

Wie immer, gilt auch bei dieser Bauanleitung: Zuerst durchlesen und mitdenken, erst dann die Schere bzw. den Lötkolben zur Hand nehmen.

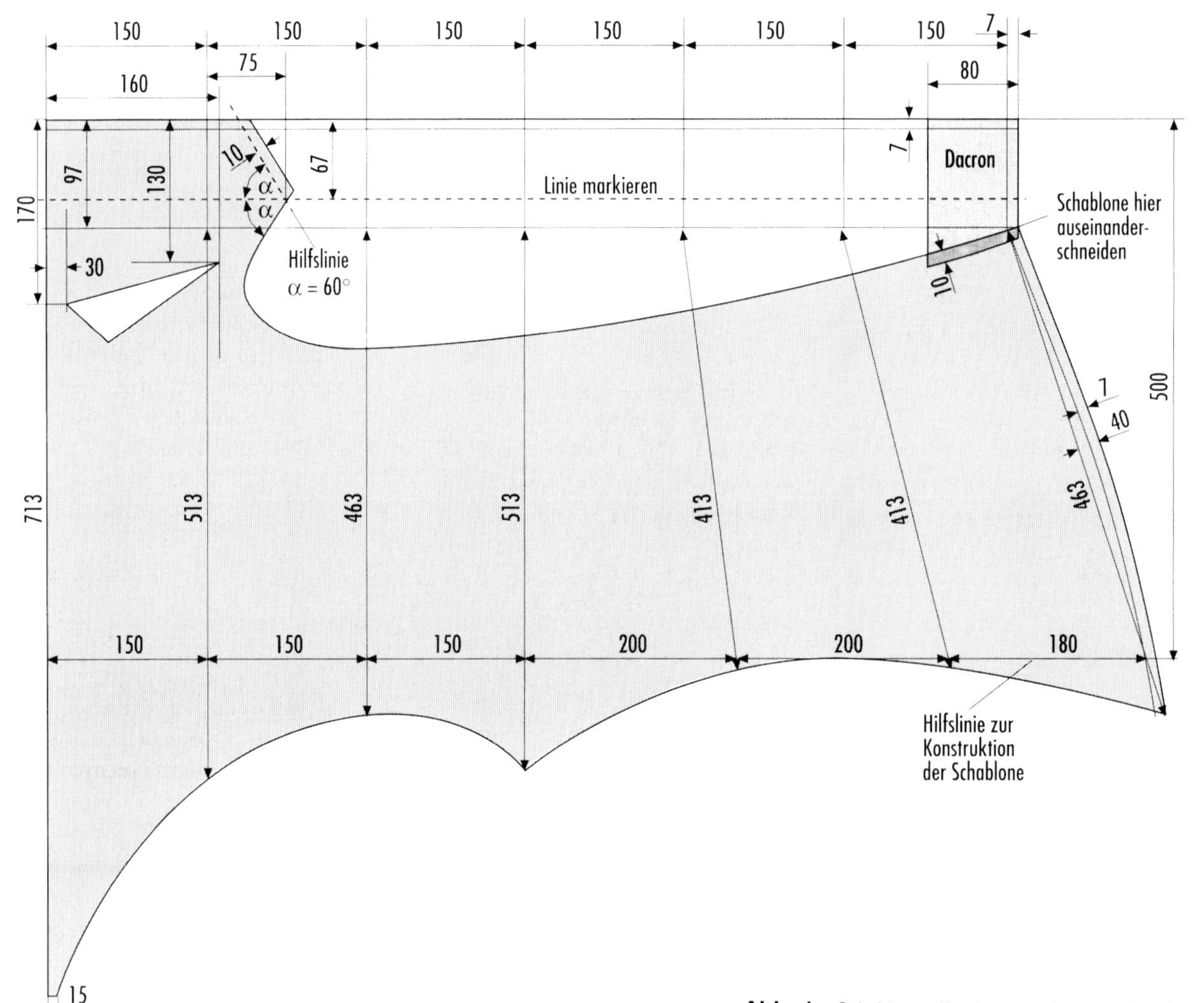

Abb. 1a Schablonen für oberes und unteres Segel

Material

1 Flexifoil-GFK-Stab, 180 cm, zweiteilig
für schwächeren Wind auch der Ultra-light-Spare
4,20 m schwarzes Spinnakertuch bei einteiligem Ober- und Untersegel
oder
etwa 2,50 m schwarzes Spinnakertuch beim Bau eines zweiteiligen Ober- und Untersegels
1 m weißes Spinnakertuch, bewährt hat sich relativ weiches Tuch, das weniger zur Faltenbildung neigt (Carrington 42 g/m^2)
bunte Tuchreste für die Augen
30 cm Gurtband, 12 mm breit
25 cm weißes Dacron, 8 cm breit
2 m Gaze für die Lufteintrittskante, 50 mm breit
2 D-Ringe sowie Nähgarn.

Vor Beginn der Bauanleitung noch ein paar Worte zum Thema Näh(un)genauigkeit. Es hat sich gezeigt, daß der BATFOIL recht empfindlich auf ungenau gefertigte bzw. eingenähte Rippen reagiert. Hier sollte man also mit größtmöglicher Präzision arbeiten – und das beginnt bereits bei der Herstellung der Schablonen. Bei der Wahl des Tuches sollte man sich bei Ober- und Untersegel auf jeden Fall an relativ weiches Tuch halten, z. B. 42 g/m^2 Carrington oder Toray. Zu steifes, »knitteriges« Tuch, wie z. B. Icarex, wirft schnell Falten.

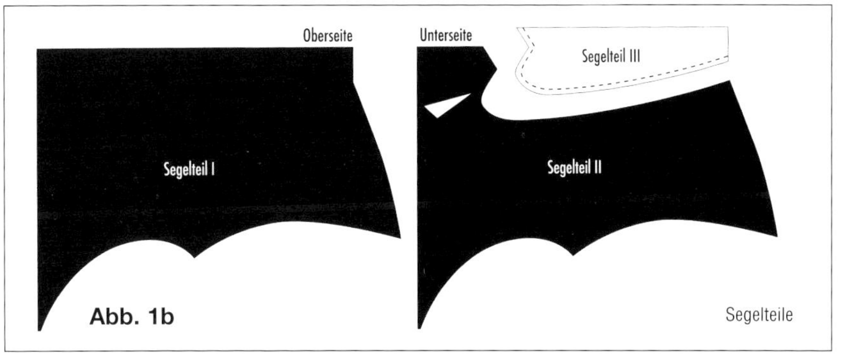

Abb. 1b

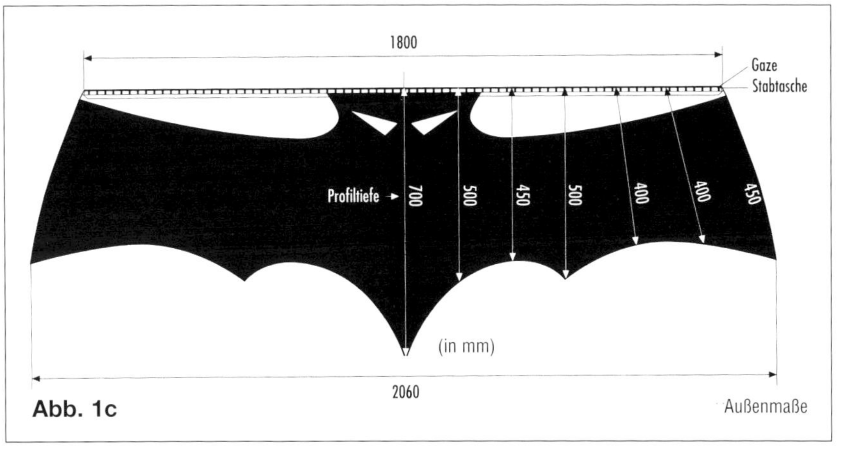

Abb. 1c

Bauanleitung

Schablonen

Begonnen wird mit der Herstellung von einigen möglichst genauen Schablonen, um die Segelteile und die Rippen später einfacher zuschneiden zu können. Besonders bei den Profilschablonen kommt es auf genaues Arbeiten an, da die Flugleistungen eines solchen Drachen stark von seinem Flügelprofil abhängen. Die Maße der Segelschablone sind aus Abb. 1a und 1c ersichtlich, der Einfachheit halber wird nur eine Schablone für oben und unten hergestellt, obwohl sich Ober- und Untersegel in ihren Maßen eigentlich etwas unterscheiden. Als Schablonenmaterial eignet sich am besten mittelstarker Karton, der bei Kontakt mit Lötkolben oder Heißschneider nicht sofort wegbrennt, sich aber dennoch leicht schneiden läßt. Für die Unter- bzw. Sichtseite wird die Schablone an der eingezeichneten Linie auseinandergeschnitten, für die Oberseite bleibt sie zusammen bzw. wird wieder zusammengesetzt. Die Maße für die Schablone nach Abb. 1a beinhalten bis auf eine Ausnahme (Naht zwischen den Segelteilen II und III) alle Nahtzugaben. Bei Herstellung eines zweiteiligen Segels muß außerdem

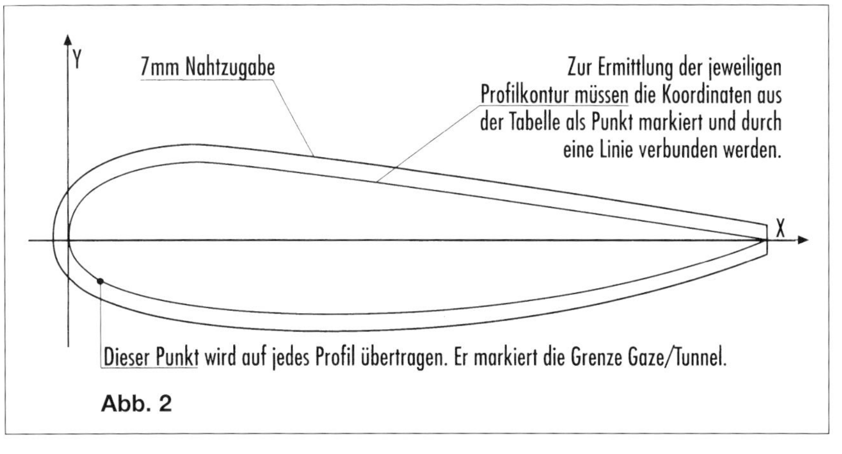

Abb. 2

noch eine zusätzliche Nahtzugabe entlang der Mittelnaht berücksichtigt werden.
Die Profilschablonen werden mit Hilfe der Daten aus der Tabelle in ein x/y-Koordinatensystem gezeichnet. Es sind insgesamt vier verschiedene Schablonen nötig (das gleiche Profil, bei vier verschiedenen Profiltiefen, nämlich 400, 450, 500 und 700 mm). Jedes x/y-Wertepaar stellt einen Punkt in einem Koordinatensystem (Abb. 2 und Tabelle S. 128) dar. Nachdem alle Punkte eingezeichnet sind, werden sie durch eine weiche, glatte Kurve miteinander verbunden. Der extra bezeichnete Punkt (siehe Abb. 2, Tabelle) sollte deutlich markiert werden, und zwar so, daß die Markierung später auf das Tuch übertragen werden kann (z. B. Loch oder Schlitz in der Schablone).
Jetzt verpaßt man dem Profil noch rundum 7 mm Nahtzugabe und schneidet die Schablonen aus. Mit Hilfe der normierten Koordinaten aus der ersten Spalte ist es möglich, die Profile auf jede beliebige Größe zu vergrößern. Dazu werden einfach sowohl alle x- als auch y-Werte mit der gewünschten Profiltiefe multipliziert und ebenso in ein Koordinatensystem eingetragen.

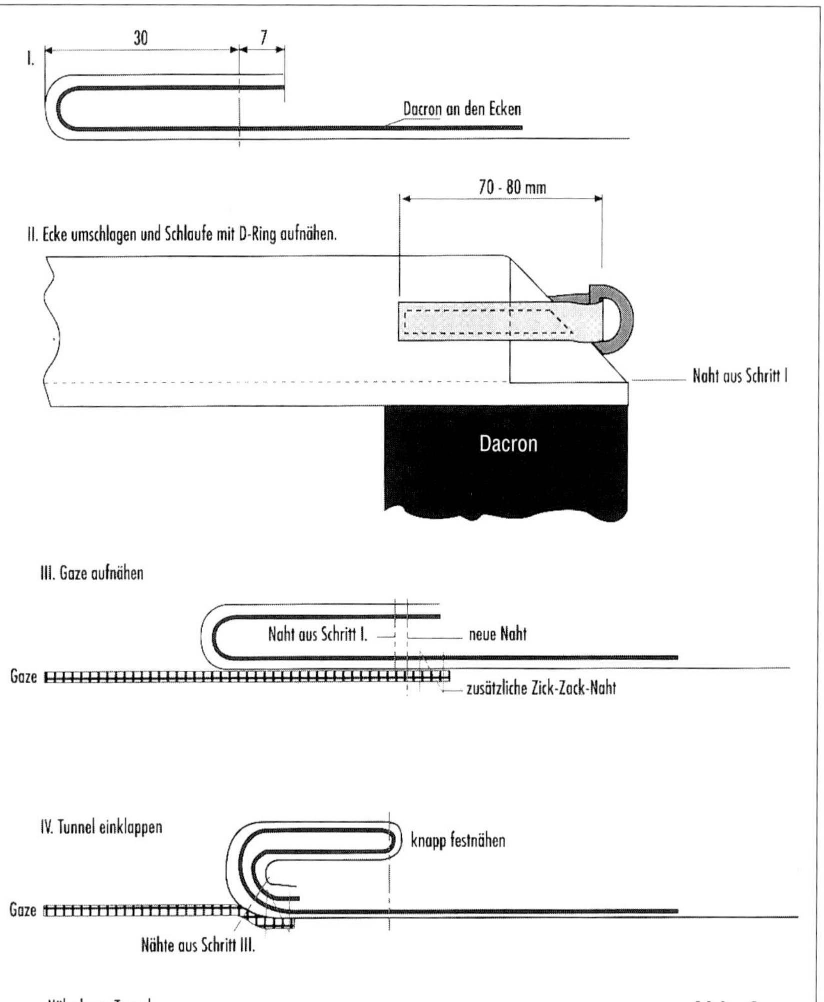

Abb. 3

Zuschnitt

Die folgenden Segel- und Profilteile werden benötigt:
Je 1 x Ober- und Untersegel, schwarz (I, II)
2 x Ausschnitte über den Fledermausflügeln, weiß (III) (Nahtzugabe von 1 cm an der gestrichelt eingezeichneten Linie nicht vergessen, s. Abb. 1b)
1 x Profil, Profiltiefe = 700 mm
4 x Profil, Profiltiefe = 500 mm
4 x Profil, Profiltiefe = 400 mm
2 x Profil, Profiltiefe = 450 mm
2 x Profil, Profiltiefe = 450 mm, schwarz
2 Augen, farbig
1 Gazestreifen, 1814 mm lang, außen 36 mm, in der Mitte 49 mm breit

Der extra hervorgehobene Punkt (Loch in der Profilschablone) muß auf allen Profilen deutlich markiert werden. Er bezeichnet die Grenze von Gazestreifen und Stabtasche und somit auch den Beginn der oberen Profilnähte. (Ich kann nur empfehlen, für alle Profile, außer den beiden letztgenannten, helles Tuch zu verwenden, da es später vorteilhaft ist, die Nahtlinien durch die Rippen hindurch sehen zu können.)

Nähen

Zunächst werden die Segelteile II und III zusammengesetzt. Dazu werden die Teile III von hinten flach gegen das Hauptteil gesetzt, am besten mit doppelseitigem Klebeband fixiert und mit Zickzack- oder Segelmacher-/Trikot-Stich aufgenäht. Die Nahtzugabe von 1 cm liegt also hinten, d. h. später im Inneren des Segels. Jetzt werden die Augen von vorn auf das Segel aufgesetzt und festgenäht (Zickzack). Perfektionisten schneiden das darunterliegende schwarze Tuch noch vorsichtig weg.
Die Dacronverstärkungen für die Ecken werden mit Hilfe der Schablone für Teil III zugeschnitten und von vorn auf die Ecken des unteren Decksegels genäht (Abb. 1a).
Stabtasche (Abb. 3): An der Vorderkante des Untersegels wird ein 37 mm breiter Streifen nach vorn umgeklappt, so daß die Nahtlinie auf der markierten Linie liegt (I).

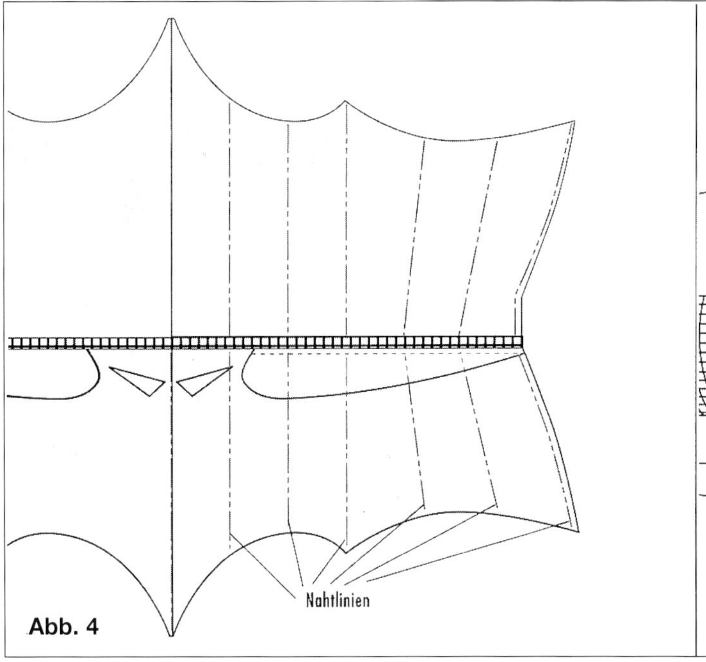

Abb. 4

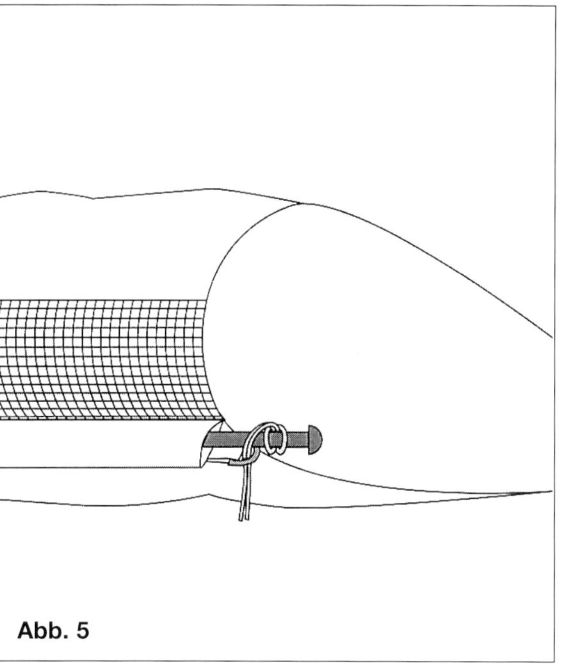

Abb. 5

Anschließend werden die Ecken umgeklappt, fixiert und das vorbereitete Gurtband einschließlich D-Ring aufgesetzt (II). Jetzt wird von hinten der Gazestreifen aufgenäht, wobei die Nahtzugabe an der Gaze 7 mm beträgt. Genäht wird genau auf der schon vorhandenen Naht aus Nähschritt I. Danach wird die Nahtzugabe durch eine schmale Zickzack-Naht zusätzlich gesichert (III). Zuletzt wird der Stabtunnel auf der ganzen Breite nach vorn geklappt und knapp am Untersegel festgenäht (IV). Man sollte besonderen Wert auf eine gute und feste Ausführung der Nahtenden legen, da an den Flügelspitzen erfahrungsgemäß die höchsten Belastungen auftreten. Obersegel und Gazestreifen werden mit einer offenen Kappnaht verbunden. Die Nahtzugabe beträgt auch hier 7 mm und liegt später natürlich im Inneren des Segels. Die Breite des Lufteintritts sollte jetzt in der Mitte des Segels etwa 35 mm und an den Flügelenden etwa 22 mm betragen. Das gesamte Segel sieht nun ungefähr so aus, wie in Abb. 4 zu sehen ist. Gemäß dieser Abbildung werden die Nahtlinien für die Profile markiert. Anfangs- und Endpunkte werden vorher mit Hilfe der Segelschablone angezeichnet. An der Gaze bzw. am Tunnel liegen die Nahtlinien genau 15 cm auseinander.

Einnähen der Profile

Zunächst werden sämtliche Profiloberseiten eingesetzt. Die Profile werden entlang den eingezeichneten Nahtlinien auf das Obersegel genäht. Man startet auf den Profilen am markierten Punkt, der auf die Grenze zwischen Gaze und Stabtasche gelegt wird. Zweimal hin- und hernähen, danach geht's weiter über Gaze, Profilnase, Profiloberseite zum Profilende. Das Profil liegt dabei rechts vom Nähmaschinenfüßchen und verändert während des Nähvorgangs laufend seine Lage. Etwas anders sieht es an den Außenprofilen aus; dort gibt es eine ganz »normale« Naht, mit einer Nahtzugabe von 7 mm, entlang der Seitenkante des Segels, wobei die Nahtzugabe später im Flügel liegt (auch hier wird natürlich über die Gaze, Profilnase und Oberseite nach hinten genäht).
Sind alle Profile am oberen Decksegel festgenäht, werden sämtliche Nähte genauestens geprüft, und das Segel wird Zelle für Zelle geschlossen. Dazu liegt das Segel auf seiner Unterseite, und es wird ein Profil nach dem anderen aufgenäht. Die Profile liegen links vom Nähmaschinenfüßchen. Begonnen wird beim (in Flugrichtung gesehen) linken Außenprofil, dann arbeitet man sich Profil um Profil bis nach rechts außen vor. Die Nähte beginnen jeweils am Tunnel (Tunnel nicht zunähen!), ein kleines Stück Profil bleibt also unvernäht, und sie verlaufen über die Profilunterseite nach hinten. Für das letzte Profil, das rechte Außenprofil, wird die letzte (noch offene) Zelle um den Rest des Segels herumgeschlagen (Innenseite liegt jetzt außen) und zugenäht. Anschließend stülpt man die Zelle um das Segel wieder auf rechts. Die Nahtzugabe liegt jetzt im Segel, und alle Profile sind eingenäht. Man sollte beim Einnähen der Profile wirklich jede Naht sofort sorgfältig prüfen. Ein Fehler, der erst nach dem Schließen des Segels bemerkt wird, läßt sich meist nur unter sehr großem Aufwand wieder beseitigen.
Die Hinterkante: Da Ober- und

Untersegel etwas Übermaß haben und damit kleine Ungenauigkeiten ausgeglichen werden, muß noch die Hinterkante gestutzt werden. Der Verlauf der Hinterkante wird mit Hilfe der Segelschablone angezeichnet. Jetzt näht man an der angezeichneten Linie entlang und schneidet mit einem Heißschneider oder Lötkolben das überstehende Tuch etwa 3 mm hinter der Naht ab. (Eventuell vorher mit Nadeln heften). Das Segel ist damit fertig.

Startvorbereitung

Flexi-Stab zusammenstecken und in die Stabtasche einschieben. Anschließend die Flugleine durch den D-Ring fädeln und mittels eines Buchtknotens einhängen (Abb. 5).

Flugtips

Diejenigen unter den Lesern, die schon Erfahrung im Umgang mit Flexis haben, brauchen hier nicht weiterzulesen; die nachfolgenden Tips richten sich eher an Deltapiloten, da sich vor allem der Start von dem eines Deltas unterscheidet.
Start mit Helfer erfolgt nicht mit straff gespannten Leinen wie beim Delta. Vielmehr hält der Helfer den BATFOIL von unten in der Stabmitte, bis sich der Drachen mit Luft gefüllt hat, und läßt ihn dann, ohne starken Zug auf den Leinen, sanft nach oben »entschweben«.
Solostart mit zwei Stäben als »Startrampe«: Zwei Stäbe (Länge etwa 1 m) werden schräg (im Winkel von etwa 45° zum Piloten geneigt) im Abstand von ungefähr 1,5 m in den Boden gesteckt. Der BATFOIL wird dahintergelegt und durch vorsichtigen Zug an den Flugleinen die »Rampe« hinaufgezogen. Sobald er sich mit Luft gefüllt hat, kann er gestartet werden.
Auf kurzem Rasen oder Sand sind auch Starts direkt vom Boden weg möglich. Im Falle einer Bodenberührung bleibt der BATFOIL fast immer auf dem Rücken liegen. Durch kräftiges Ziehen an einer der beiden Flugleinen kann man ihn drehen. Der Wind weht dann das Segel nach hinten und füllt es wieder mit Luft. Der Drachen liegt jetzt richtig und kann erneut vom Boden aus gestartet werden. Das beschriebene Manöver funktioniert nur bei einigermaßen glattem Untergrund. Außerdem sollte man sich darüber im klaren sein, daß das Segel durch scharfe Steine o. ä. auf dem Boden eventuell Schaden nehmen kann.

Tabelle der Koordinaten für verschiedene Profiltiefen

normierte Koordinaten		Tiefe	400 mm	Tiefe	450 mm	Tiefe	500 mm	Tiefe	700 mm
x	y	x/mm	y/mm	x/mm	y/mm	x/mm	y/mm	x/mm	y/mm
1	0	400	0	450	0	500	0	700	0
0,96102	0,00578	384,4	2,3	432,5	2,6	480,5	2,9	672,7	4
0,91669	0,01185	366,7	4,7	412,5	5,3	458,3	5,9	641,7	8,3
0,87644	0,01723	350,6	6,9	394,4	7,8	438,2	8,6	613,5	12,1
0,83328	0,02285	333,3	9,1	375	10,3	416,6	11,4	583,3	16
0,79249	0,02803	317	11,2	356,6	12,6	396,2	14	554,7	19,6
0,74997	0,03349	300	13,4	337,5	15,1	375	16,7	525	23,4
0,70881	0,03898	283,5	15,6	319	17,5	354,4	19,5	496,2	27,3
0,66666	0,04473	266,7	17,9	300	20,1	133,3	22,4	466,7	31,3
0,62518	0,05037	250,1	20,1	281,3	22,7	312,6	25,2	437,6	35,3
0,58325	0,05594	233,3	22,4	262,5	25,2	291,6	28	408,3	39,2
0,54157	0,06126	216,6	24,5	243,7	27,6	270,8	30,6	379,1	42,9
0,49994	0,0665	200	26,6	225	29,9	250	33,3	350	46,6
0,45715	0,07195	192,9	28,8	205,7	32,4	228,6	36	320	50,4
0,41492	0,07743	166	31	186,7	34,8	207,5	38,7	290,4	54,2
0,37353	0,08293	149,4	33,2	168,1	37,3	186,8	41,5	261,5	58,1

normierte Koordinaten		Tiefe	400 mm	Tiefe	450 mm	Tiefe	500 mm	Tiefe	700 mm
0,33322	0,0884	133,3	35,4	149,9	39,8	166,6	44,2	233,3	61,9
0,29061	0,09424	116,2	37,7	130,8	42,4	145,3	47,1	203,4	66
0,24992	0,09928	100	39,7	112,5	44,7	125	49,6	174,9	69,5
0,21559	0,10251	86,2	41	97	46,1	107,8	51,3	150,9	71,8
0,18321	0,10407	73,3	41,6	82,4	46,8	91,6	52	128,2	72,8
0,15738	0,10376	63	41,5	70,8	46,7	78,7	51,9	110,2	72,6
0,13321	0,10172	53,3	40,7	59,9	45,8	66,6	50,9	93,2	71,2
0,11604	0,09895	46,4	39,6	52,2	44,5	58	49,5	81,2	69,3
0,09992	0,09517	40	38,1	45	42,8	50	47,6	69,9	66,6
0,0825	0,08964	33	35,9	37,1	40,3	41,3	44,8	57,8	62,7
0,06663	0,08312	26,7	33,2	30	37,4	33,3	41,6	46,6	58,2
0,04857	0,07362	19,4	29,4	21,9	33,1	24,3	36,8	34	51,5
0,03325	0,06304	13,3	25,2	15	28,4	16,6	31,5	23,3	44,1
0,02426	0,05508	9,7	22	10,9	24,8	12,1	27,5	17	38,6
0,01666	0,04658	6,7	18,6	7,5	21	8,3	23,3	11,7	32,6
0,01211	0,04016	4,8	16,1	5,4	18,1	6,1	20,1	8,5	28,1
0,00827	0,03345	3,3	13,4	3,7	15,1	4,1	16,7	5,8	23,4
0,00206	0,01675	0,8	6,7	0,9	7,5	1	8,4	1,4	11,7
0	0	0	0	0	0	0	0	0	0
0,00209	-0,01562	0,8	- 6,2	0,9	- 7	1	- 7,8	1,5	-10,9
0,00833	-0,02957	3,3	-11,8	3,7	-13,3	4,2	-14,8	5,8	-20,7
0,01217	-0,03486	4,9	-13,9	5,5	-15,7	6,1	-17,4	8,5	-24,4
0,01673	-0,03986	6,7	-15,9	7,5	-17,9	8,4	19,9	11,7	-27,9
0,02435	-0,04652	9,7	-18,6	11	-20,9	12,2	-23,3	17	-32,6
0,03335	-0,05281	13,3	-21,1	15	-23,8	16,7	-26,4	23,3	-37
0,04868	-0,06126	19,5	-24,5	21,9	-27,6	24,3	-30,6	34,1	-42,9
0,06676	-0,06898	26,7	-27,6	30	-31	33,4	-34,5	46,7	-48,3
0,08264	-0,07445	33,1	-29,8	37,2	-33,5	41,3	-37,2	57,8	-52,1
0,10007	-0,07944	40	-31,8	45	-35,7	50	-39,7	70	-55,6
0,11619	-0,08335	46,5	-33,3	52,3	-37,5	58,1	-41,7	81,3	-58,3
0,13337	-0,08685	53,3	-34,7	60	-39,1	66,7	-43,4	93,4	-60,8
0,15755	-0,09077	63	-36,3	70,9	-40,8	78,8	-45,4	110,3	-63,5
0,18338	-0,09397	73,4	-37,6	82,5	-42,3	91,7	-47	128,4	-65,8
0,21576	-0,09699	86,3	-38,8	97,1	-43,6	107,9	-48,5	151	-67,9
0,25008	-0,09938	100	-39,8	112,5	-44,7	125	-49,7	175,1	-69,6
0,29078	-0,10149	116,3	-40,6	130,9	-45,7	145,4	-50,7	203,5	-71
0,33339	-0,1029	133,4	-41,2	150	-46,3	166,7	-51,5	233,4	-72
0,37369	-0,10343	149,5	-41,4	168,2	-46,5	186,8	-51,7	261,6	-72,4
0,41508	-0,10322	166	-41,3	186,8	-46,4	207,5	-51,6	290,6	-72,3
0,4573	-0,10228	182,9	-40,9	205,8	-46	228,7	-51,1	320,1	-71,6
0,50009	-0,10062	200	-40,2	225	-45,3	250	-50,3	350,1	-70,4
0,54171	-0,09831	216,7	-39,3	243,8	-44,2	270,9	-49,2	379,2	-68,8
0,58338	-0,09519	233,4	-38,1	262,5	-42,8	291,7	-47,6	408,4	-66,6
0,6253	-0,0911	250,1	-36,4	281,4	-41	312,7	-45,6	437,7	-63,8
0,66677	-0,08602	266,7	-34,4	300	-38,7	333,4	-43	466,7	-60,2
0,70892	-0,07972	283,6	-31,9	319	-35,9	354,5	-39,9	496,2	-55,8
0,75006	-0,07238	300	-29	337,5	-32,6	375	-36,2	525	-50,7
0,79257	-0,0635	317	-25,4	356,7	-28,6	396,3	-31,8	554,8	-44,5
0,83335	-0,05385	333,3	-21,5	375	-24,2	416,7	-26,9	583,3	-37,7
0,87649	-0,04253	350,6	-17	394,4	-19,1	438,2	-21,3	613,5	-29,8
0,91673	-0,03065	366,7	-12,3	412,5	-13,8	458,4	-15,3	641,7	-21,5
0,96104	-0,01555	384,4	- 6,2	432,5	- 7	480,5	- 7,8	672,7	-10,9
1	0	400	0	450	0	500	0	700	0

MERLIN

Sein Konstrukteur Thomas Schick charakterisiert den MERLIN als präzise zu fliegenden Leichtwind-Lenkdrachen. Er zeigt schon bei 0,5 Bft enorme Flugleistungen, die ihn durchaus wettkampftauglich machen – ideal gegen den Frust an windarmen Tagen.

Material

2,5 m Ripstop-Polyester 38 g, alternativ Spinnaker 42 g/cm²
50 cm Spinnakerklebeband, 5 cm breit
40 cm Dacron, 6 cm breit
50 cm Dacron, 5 cm breit
80 cm Dacron, 3 cm breit
2 CFK-Rohre, 0,5 × 165 cm (Leitkanten)
4 CFK-Rohre ultralight, 0,6 × 82,5 cm (Spreizen/Mittelholm)
1 GFK-Vollstab, 0,2 × 100 cm (Segellatten)
je 4 PVC Endkappen, 2 mm, 5 mm und 6 mm
30 cm PVC-Schlauch, 6 mm Innendurchmesser
10 cm PVC-Schlauch, 5 mm Innendurchmesser
1 Alumuffe mit Anschlag
2 Aluringe, 9 mm Innendurchmesser
2 O-Ringe, 1 cm Durchmesser
5 m Waageschnur

Bauanleitung

Wie immer sollte die Bauanleitung vor Beginn aller Arbeiten ganz durchgelesen werden, notfalls auch mehrmals, damit alle Arbeitsschritte schon vorher verstanden werden.
Als erstes sind alle Segelmaße auf eine Schablone zu übertragen; sämtliche Zugaben für Stabtaschen und Säume sind in den Maßangaben bereits berücksichtigt (siehe Abb. 1).
Das Segel besteht aus einem Stück. Es genügt also, die Schablone nur von einer Flügelhälfte anzufertigen und diese beim Aufzeichnen auf das doppelt liegende Tuch zu übertragen. Zum Aufzeichnen der Konturen auf das Tuch eignet sich bei hellem Tuch ein Bleistift, bei dunklem Tuch Schneiderkreide. Der Zuschnitt kann mit scharfer Stoffschere oder Cutter erfolgen. Da alle Segelkanten später geschlossen werden, ist Heißschneiden nicht notwendig.

Näharbeiten

Zuerst die Schleppkante doppelt säumen. Wer Schwierigkeiten hat, dies in einem Arbeitsgang zu erledigen, sollte ruhig in zwei Schritten säumen: einmal umschlagen, nähen, noch einmal umschlagen, nähen, fertig. Als Saumzugabe sind insgesamt 12 mm berücksichtigt.
Im nächsten Arbeitsschritt werden die Stabtaschen der Seitenholme gefertigt, die auf die Segelvorderseite umgeschlagen werden. Man näht

Abb. 1

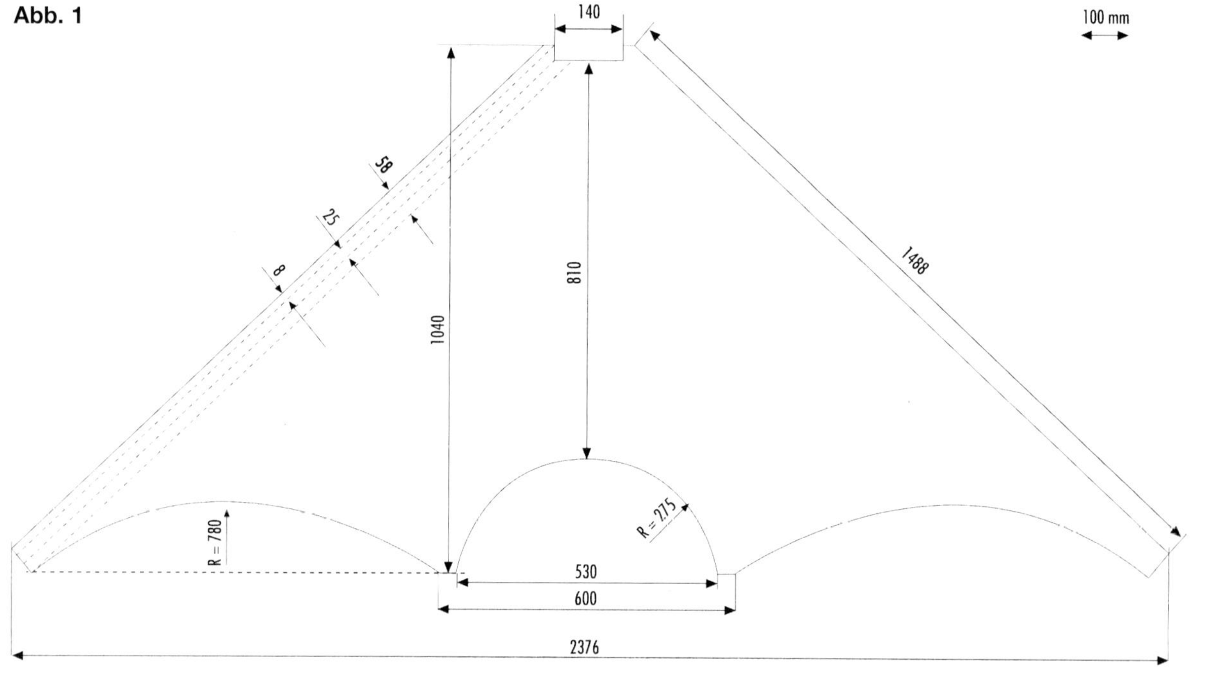

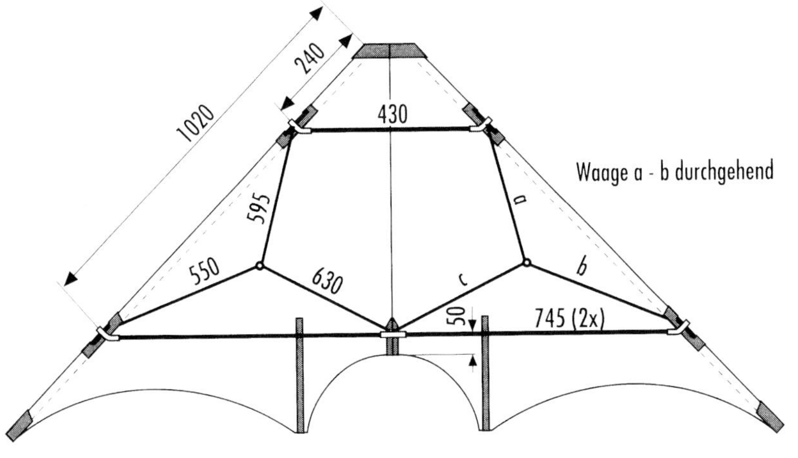

Abb. 2

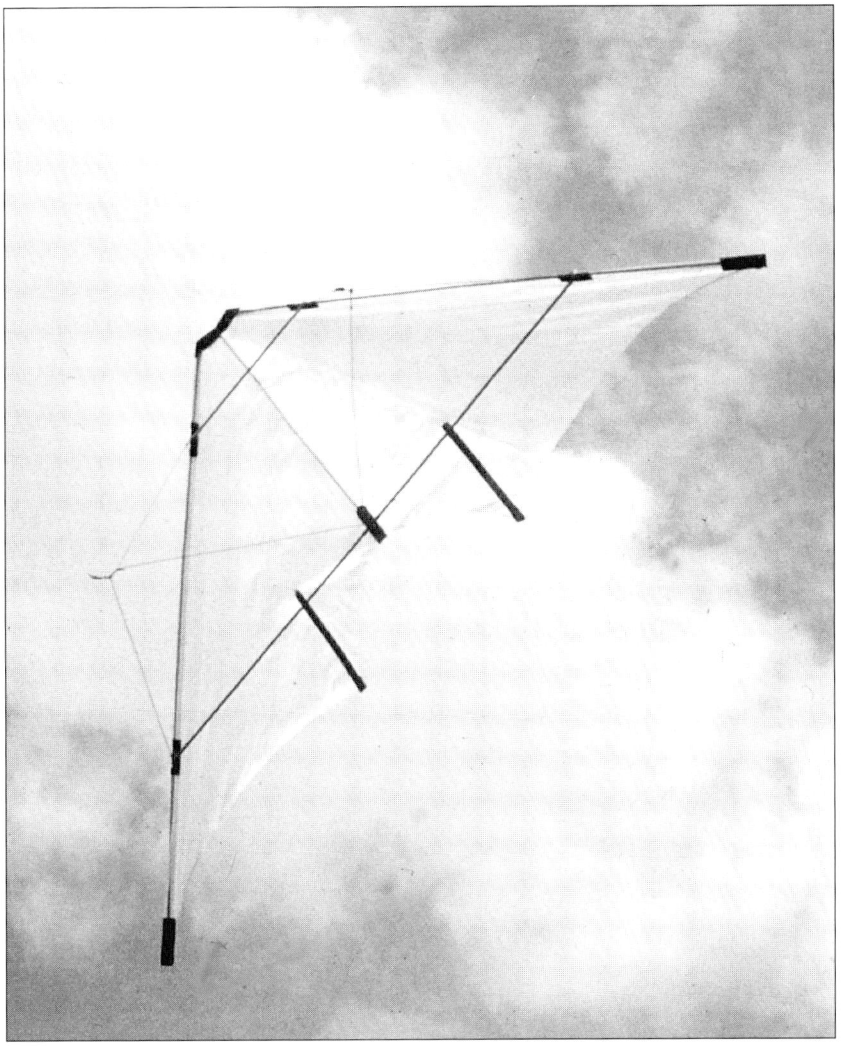

diese auch am besten in zwei Nähschritten: Zunächst die Leitkanten 8 mm einfach säumen, anschließend 25 mm einschlagen und nähen. Zum Fixieren hilft Bügeln oder dünnes, doppelseitiges Klebeband.
Die Segelspitze wird einfach gesäumt, danach die Verstärkung aus zwei übereinanderliegenden, der Länge nach mittig gefalzten, 6 cm breiten und etwa 20 cm langen Dacronstücken aufnähen. Dabei beachten, daß entlang der Seitenstabtaschen genäht wird (nicht durch Quernähte verschließen). Dabei entsteht durch die beiden mittleren Nähte die Mittelholmtasche (Abstand zur Mitte jeweils 12 mm). Nachdem die Segelspitze fertig ist, können die Verstärkungen aus 50 mm breitem und 90 mm langem, der Länge nach mittig gefalztem, selbstklebendem Spinnakernylon über die Leitkante geklebt und entlang der Stabtaschennaht mit einer Zick-Zack-Naht gesichert werden. Sie dienen zur Verstärkung der Spreizenverbindungen.
Das Ende der Leitkanten wird mit 22 cm langen und 5 cm breiten Dacronstücken verschlossen. Diese werden kurz vor dem Aufnähen der Länge nach mittig gefalzt (auf 2,5 cm Breite) und danach zusammengeklappt (auf 11 cm Länge). Die Endstücke über die Taschenenden schieben und der Länge nach aufnähen. Die innere Naht endet 3 cm vor Taschenende. Durch diese Öffnung wird bei der Montage der Leitkantenholm eingeschoben.

Die Verstärkung des Kreuzverbinders und die untere Mittelholmtasche bestehen aus einem Stück. Ein 3 cm breites Dacronstück wird nach 2,5 cm gefalzt und so über das Segel geschoben, daß das 2,5 cm lange Taschenstück auf der Segelrückseite liegt. Jetzt auf der Segelvorderseite bis 5 cm über den Kreuzverbinder hochnähen und auf der anderen Seite wieder zur Schleppkante zurück.

Das Aufsetzen der Segellattentaschen ist der letzte Arbeitsgang. Zwei 3 cm breite Dacronstreifen werden wieder der Länge nach gefalzt und auf das Segel gesetzt. Zum Verschließen der Taschen beim Aufnähen etwa 1,5 cm der Dacronstücke um die Schleppkante umschlagen. Es ergeben sich 35 cm lange Lattentaschen.

Verstärkung heißschneiden

Die Dacronschutzkappe an der Segelspitze entlang der Leitkanten begradigen. Ovale Öffnungen (etwa 4 cm lang) für die Schlauchverbinder und rundes Loch (1,5 cm) für den Mittelverbinder einschneiden, die Positionen sind den Zeichnungen zu entnehmen. Vorsicht: Auf gute Be- und Entlüftung am Arbeitsplatz achten, da gesundheitsgefährdende Dämpfe entstehen!

Montage

Die vier Schlauchverbinder zur Aufnahme der Querspreizen sind jeweils 7 cm lang und erhalten eine Querbohrung für die Leitkantenholme.
Die Leitkantenstäbe ablängen und in die Taschen führen, bei den Öffnungen Verbinder auffädeln und Endkappen aufsetzen; Endkappen an der Unterseite nicht vergessen. Alle Kappen und Verbinder mit Sekundenkleber sichern.
Der Mittelholm wird zuerst mit einer Endkappe versehen in die Dacronspitze auf der Segelrückseite geschoben, dabei gleich die O-Ringe zum Fixieren der Alu-Muffe mit auffädeln. Mittelholm nach dem Segel ablängen, zweite Endkappe aufsetzen und Holm durch Biegen in die untere Tasche schieben. Danach auf der Segelvorderseite die Alumuffe montieren. Die Segellatten sollten etwa 10 mm länger sein als die Lattentaschen, um eine spätere Demontage zu erleichtern. Vor dem Einschieben in die Taschen sollten die Endkappen unbedingt mit Sekundenkleber gesichert werden, sonst bleibt beim Herausziehen der Segellatte die Kappe in der Tasche hängen. Die obere und die untere Querspreize ablängen und montieren. Achtung: Der Tunnel zwischen Segel und unteren Querspreizen muß auf der Höhe der Segellatten 145 mm betragen. Dieses Maß ist ausschlaggebend für die späteren Flugeigenschaften, nicht das theoretische Spreizenmaß!
Nachdem alle Holme montiert und justiert sind, müssen alle Verbindungsstellen mit kleinen geschlitzten Schlauchstücken (Innendurchmesser 5 mm) und Sekundenkleber gesichert werden.

Die Waage

Die Maße gemäß Abbildung 2 sind ohne Knotenzugabe. Die Feineinstellung sollte beim Probeflug durchgeführt werden. Der Drachen reagiert auf Waageveränderungen relativ unproblematisch.

ECSTASY – ein neues Vierleinerkonzept

Text und Fotos: *Ralf Dietrich*

In diesem Kapitel stellen wir Ihnen einen Vierleiner-Drachen vor, dessen Konzept recht ungewöhnlich ist. Dazu aber auch gleich der Hinweis, daß die hier vorgestellten ECSTASY-Typen urheberrechtlich geschützt sind und nur für den privaten, nicht-kommerziellen Gebrauch nachgebaut werden dürfen.

Die Konzeption des Vierleiners basiert auf der leidvollen Erfahrung aus Wettbewerben. Bei sich ändernden Winden mußte auch der Drachen gewechselt werden. Es gibt zwar von den momentan auf dem Markt befindlichen Vierleinern jeweils eine große und eine kleine Version, jedoch haben diese unterschiedliches Flugverhalten, was sich gerade im Ballett als äußerst störend auswirkt. Andererseits weisen die halbsymmetrischen Vierleiner Schwächen bei den negativen Figuren, wie beispielsweise beim Rückwärtsfliegen, auf, während die vollsymmetrischen Kollegen gerade für Einsteiger zu nervös sind.
In die Projektierung des ECSTASYs floß von Anfang an diese Erfahrung ein und Ziel der Entwicklung war, die bekannten Probleme der auf dem Markt befindlichen Vierleiner im ECSTASY zu vermeiden.
Grundidee der Entwicklung war, zwei Drachen zu konstruieren, die bei leichtem und bei starkem Wind möglichst das gleiche Flugverhalten aufweisen sollten. Das Manko der in zwei Größen erhältlichen Vierleiner ist, daß die Starkwindversion lediglich verkleinert und somit auch leichter wird. Wird jedoch nur die Segelfläche verkleinert, das Gewicht des Drachens aber beibehalten, sollte sich das Flugverhalten nicht allzu stark ändern. Der Probedrachen für diese Idee war ein REVOLUTION, der zur deutschen Meisterschaft 1993 zum Einsatz kommen sollte. Dieser wies exakt die Maße eines REVOLUTION I auf, hatte jedoch durch die eingenähten Gaze-Streifen lediglich die Fläche des REVOLUTION II.

Leider konnte durch die Absage des Vierleiner-Wettbewerbs bei der Meisterschafts-Veranstaltung dieser Drachen nicht der Öffentlichkeit vorgestellt werden. Tests haben aber ergeben, daß das Flugverhalten des GAZE-REVOLUTION dem eines REVOLUTION I entspricht, während er sich im Windbereich des REVOLUTION II fliegen läßt.
Diese Erfahrung haben wir auf den ECSTASY übertragen, für den zwei unterschiedliche Segel, einmal mit und einmal ohne Gaze, angefertigt werden. Da die Flugeigenschaften im negativen Bereich eines halbsym-

Abb. 1

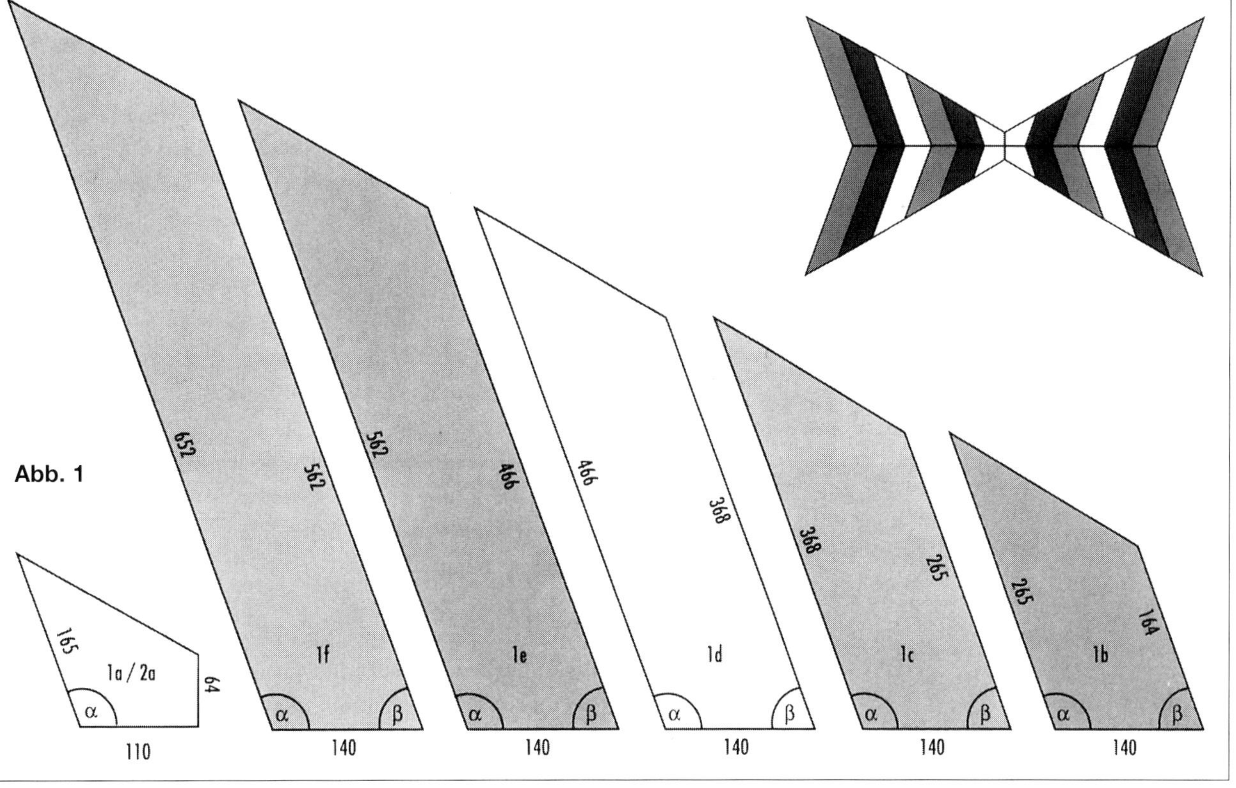

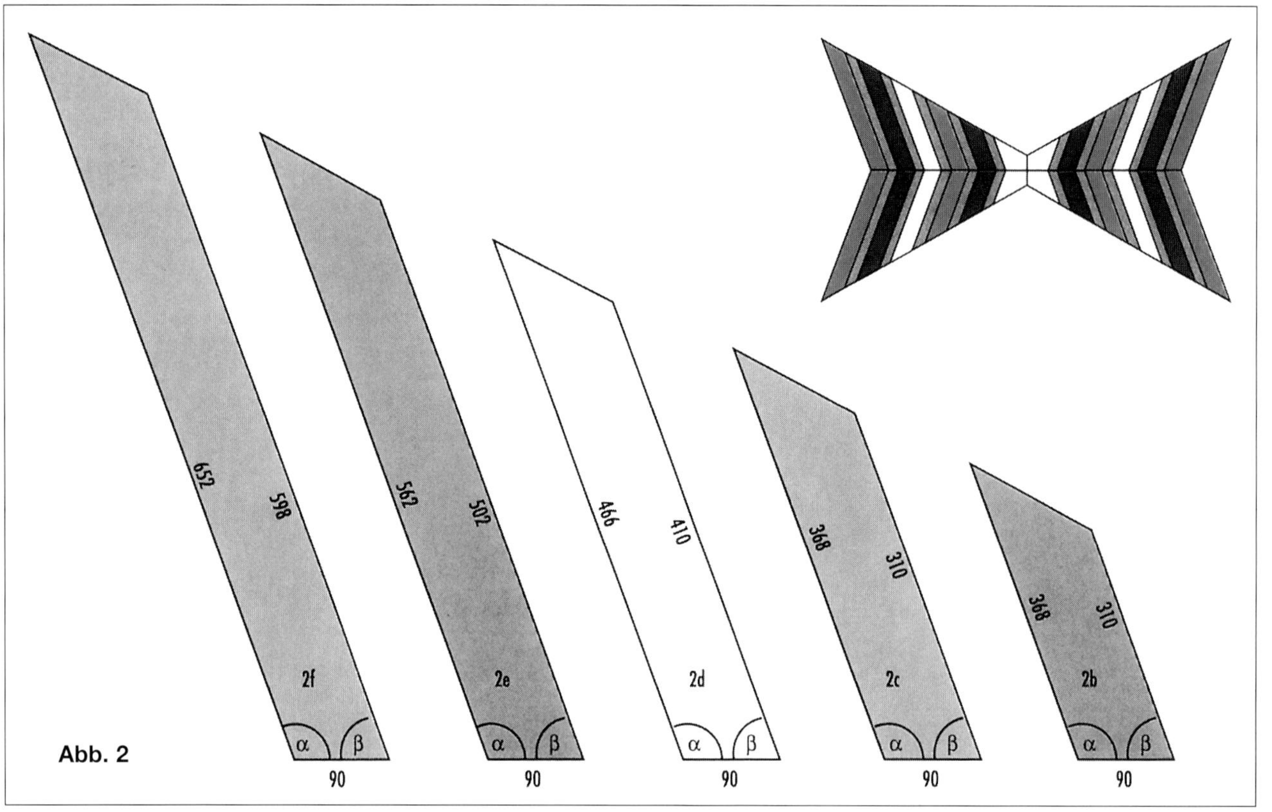

Abb. 2

metrischen Drachens nicht gerade optimal sind, stand von Anfang an fest, daß der ECSTASY ein vollsymmetrischer Drachen werden sollte, obwohl diese oft den Nachteil haben, daß sie zu nervös in der Luft liegen. Dieser Nachteil sollte dadurch ausgeglichen werden, daß eine nicht geringe Masse entfernt vom Schwerpunkt des Drachens liegt. Dadurch wird der Drachen insgesamt träger und stabiler.

Der hier vorgestellte ECSTASY eignet sich für mittleren bis starken Wind, der ECSTASY EXTREME ausschließlich für starken Wind. Wer einen Vierleiner für schwachen bis mittleren Wind haben möchte, sollte die Maße des normalen ECSTASYs mit 1,5 multiplizieren und die Stärke des Gestänges von 6 mm beibehalten. Einzige Ausnahme ist bei dieser vergrößerten Modifikation das Mittelstück zwischen den beiden Flügeln: Es wird aus 8 mm-CFK gefertigt.

Material

3 m Spinnakernylon
1 x CFK 6 mm Durchmesser, 2000 mm
6 x CFK 6 mm Durchmesser, 825 mm
6 Jaco-Verbinder
6 Nockies 6 mm
14 Metall-Ösen ca. 5 mm
50 cm Gummischnur 3 mm
Dacron-Reste für Verstärkungen

Bauanleitung

Schneiden Sie sich zunächst Streifen aus Pappe gemäß Bauanleitung für einen normalen ECSTASY bzw. gemäß Abbildung 1 für den Gaze-Vierleiner ECSTASY EXTREME. Dabei findet das Mittelteil 1a/2a aus Abbildung 1 in beiden Typen Verwendung. Nachdem sämtliche Bahnen des normalen ECSTASYs ausgeschnitten worden sind, nähen Sie bitte zunächst die sechs Einzelsegmente zu Viertel-Flügeln zusammen, und säumen Sie anschließend die beiden Außenkanten.
Diese Viertel werden im nächsten Arbeitsschritt zu Flügelhälften zusammengesetzt (siehe Abbildungen 3–6). Achten Sie hierbei bitte darauf, daß die Farbstreifen richtig aneinandergesetzt werden. Sperrende Balken sind in der Luft zwar nicht zu erkennen, mindern jedoch das Flugverhalten und sehen am Boden unschön aus. Abschließend werden die beiden Flügelhälften zu einem Gesamtdrachen zusammengesetzt. Gehen Sie auch hier mit der nötigen Sorgfalt um, die beiden Flügelhälften müssen absolut symmetrisch aneinander gesetzt werden, da ansonsten das Flugverhalten negativ beeinflußt wird.
Nun wird in das Zentrum des Drachens ein Dacronstreifen genäht, der später als Führung des Querstabes dienen wird (siehe Abbildungen 7–10). An die beiden Enden des Dacronstreifens werden mit Hilfe eines

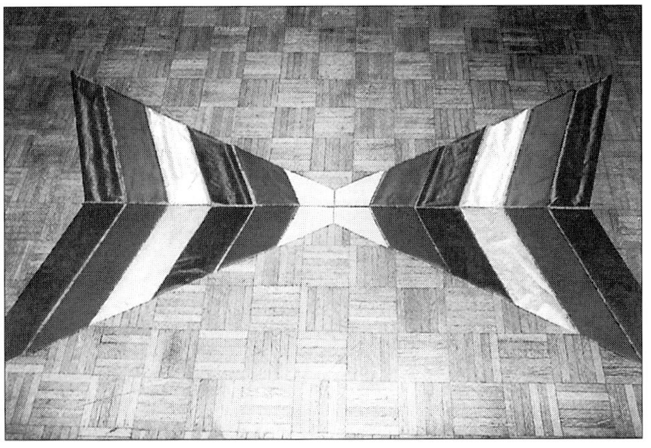

Abb. 3 Die Bahnen ausschneiden ...

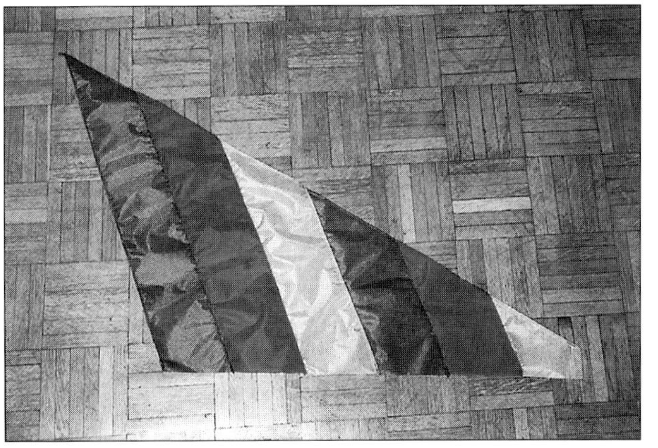

Abb. 4 ... und zu einem Vierteldrachen zusammensetzen.

Abb. 5 Die beiden zusammengesetzten Flügelhälften ...

Abb. 6 ... werden dann zum Gesamtdrachen verbunden.

Lötkolbens zwei Löcher gebrannt, die abschließend mit Nieten versehen werden. Diese Löcher werden später die Waagenschnur aufnehmen.

An den vier Ecken des ECSTASY wird ebenfalls ein Dacronstreifen als Verstärkung angebracht. Nähen Sie zunächst das Dacronteil auf, und schneiden Sie anschließend aus diesem Dacron das zum Drachen passende Dreieck. Auch hier werden zwei Löcher in das Dacron gebrannt und mit jeweils einer Niete versehen. Das obere Loch nimmt später den Gummi für die Verbindung Segel-Stab auf, das untere Loch dient zur Durchführung der Waagenschnur auf den Stab.

An den mittleren Außenenden des ECSTASY wird wiederum ein Dacronstreifen angebracht, wobei dieses Dacronstück an dieser Stelle durchaus einfach reicht. Nach dem Annähen und Heißausschneiden werden wiederum zwei Löcher eingebrannt und mit Nieten versehen. Kurz vor diesen beiden Dacronverstärkungen werden auf der Segelrückseite zwei Dacronstreifen angebracht, die später den Querstab führen werden. 42 cm vom Ende des Drachens entfernt wird ein kleines Dacronquadrat als Verstärkung angebracht, das eine Niete aufnimmt. Durch diese Niete wird später wiederum die Waagenschnur auf den Stab geführt.

Die Arbeiten am Segel finden ihren Abschluß in der Anbringung von jeweils einem Gummi an den vier Ecken des Segels (äußere Öse).

Der Aufbau des Segels für den ECSTASY EXTREME unterscheidet sich nicht wesentlich vom Bau des eben beschriebenen Normalsegels. Schneiden Sie zunächst die Spinnakerpanele gemäß den Schablonen aus Abbildung 2 aus. Schablone 1a aus Abbildung 1 ist mit der nun benötigten Schablone 2a identisch.

Nähen Sie im nächsten Arbeitsschritt die Gazestreifen an die zum Mittelpunkt des Drachens zeigenden Außenkanten der Streifen 2b–f. Nun können Sie die einzelnen Bahnen des EXTREME wie die bereits beschriebenen Bahnen des normalen ECSTASY behandeln, d. h. die Arbeitsabläufe sind identisch. Nähen Sie also die einzelnen Streifen zu Flächenvierteln zusammen, und säumen Sie diese. Anschließend werden die Viertel zu Hälften zusammengefügt und diese dann zu einem Gesamtsegel vernäht. Abschließend werden die schon beschriebenen Dacronverstärkungen, Dacrontunnel, Nieten und Gummis an den entsprechenden Stellen angesetzt.

Das Gestänge

Der normale ECSTASY für mittleren Wind und der ECSTASY EXTREME für starken Wind besitzen 6mm-CFK-Gestänge. Allerdings sollte auch über die Ausrüstung des ECSTASY mit 5mm- oder gar partiellen 4mm-CFK-Gestänge nachgedacht werden, da der normale ECSTASY im unteren Windbereich seinen Dienst verweigert. Abhilfe schafft hier jedoch eine Vergrößerung des Segels um beispielsweise einem Faktor von 1,5.
Der Gestängeaufbau des ECSTASY ist aus Abbildung 11 ersichtlich. Der Querstab sollte aus praktischen Gründen in der Mitte teilbar, d. h. gemufft, konzipiert werden. Die eigentliche Problemstelle des Drachens ist die Spreizenaufhängung, die nicht wie bei anderen Drachen orthogonal vom Querstab ausgeht, sondern vielmehr in einem Winkel auf die Drachenspitze zuläuft (Punkt A und A 1 in Abbildung 11). Normaler Schlauch als Halterung für die Spreizenstäbe kann hier nicht verwendet werden, da er zu instabil ist. Aus diesem Grund haben wir uns für eine andere Lösung entschieden: Ein normaler Jaco-Verbinder wird mit Hilfe einer Trennscheibe in der Mitte zersägt. Zwei dieser so modifizierten Verbinder werden dann mit Sekunden-Klebstoff auf den Querstab geklebt (siehe Abb. 12a und b). Die Stelle, an der die Verbinder geklebt werden, liegt auf der zur Mitte zeigenden Naht des zweiten Segments. Wer ganz sicher gehen will, sichert die Verklebungen zusätzlich mit einer Takling aus Kevlar, die nochmals mit Sekundenkleber bestrichen wird.

Abb. 7 Dacron und Nieten im Zentrum . . .

Abb. 8 . . . an den vier Ecken . . .

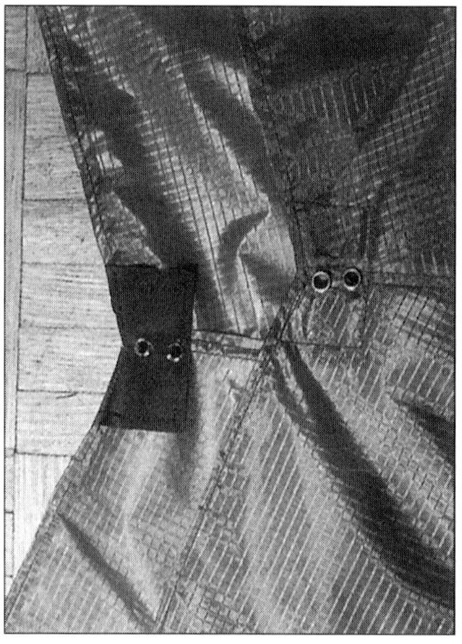

Abb. 9 . . . und den mittleren Außenenden.

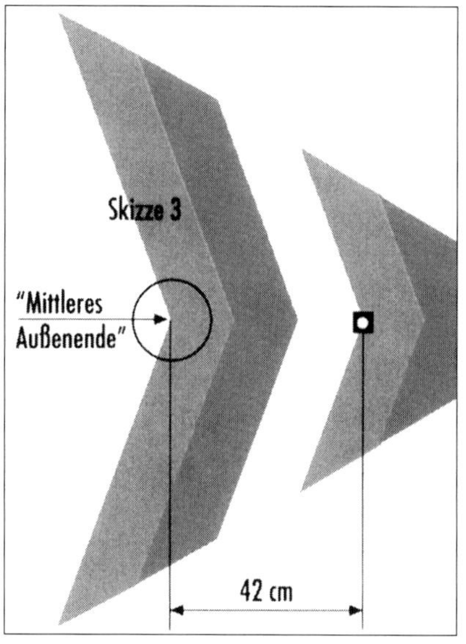

Abb. 10

Für die Befestigung der Spannholme in den Punkten B der Abbildung 11 können wiederum die besagten Verbinder, diesmal jedoch unmodifiziert, benutzt werden.

Die Waage

Zum Abschluß der Arbeiten wird die Waage gemäß Abbildung 13 montiert. Nun sollte dem erfolgreichen Erstflug nichts mehr im Wege stehen, und gerade Einsteiger werden ihre Freude an diesem Drachen haben, da der ECSTASY, bedingt durch das relativ hohe Gewicht, fernab des Schwerpunktes sehr gutmütig reagiert. Drachenfreunde, die sich nicht an einen Eigenbau heranwagen möchten, seien auf den Fachhandel verwiesen, da die Firma Rhombus aus Hamburg diesen Drachen in Kürze auf den Markt bringen wird.

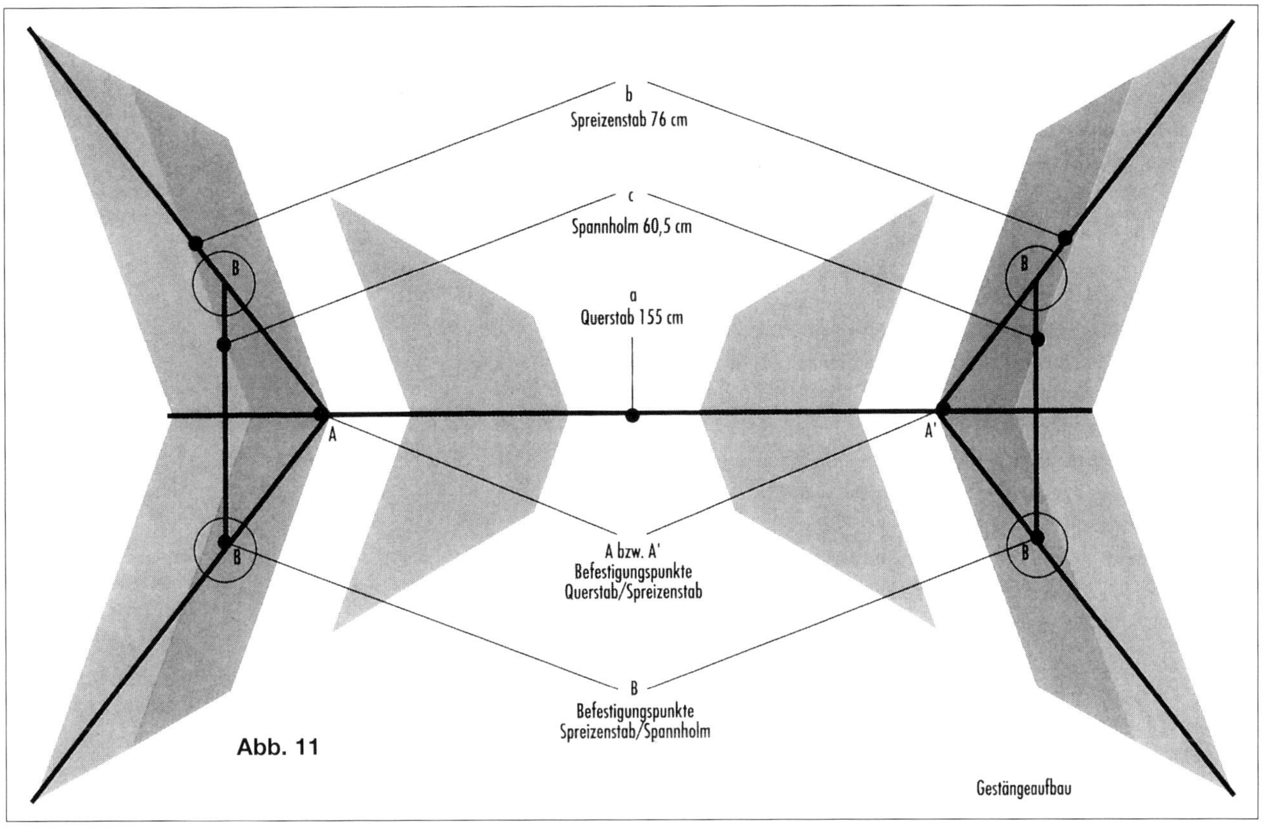

Abb. 11

Abb. 12a Jaco-Verbinder in der Mitte durchtrennen ...

Abb. 12b ... und mit Sekundenkleber auf den Querstab kleben.

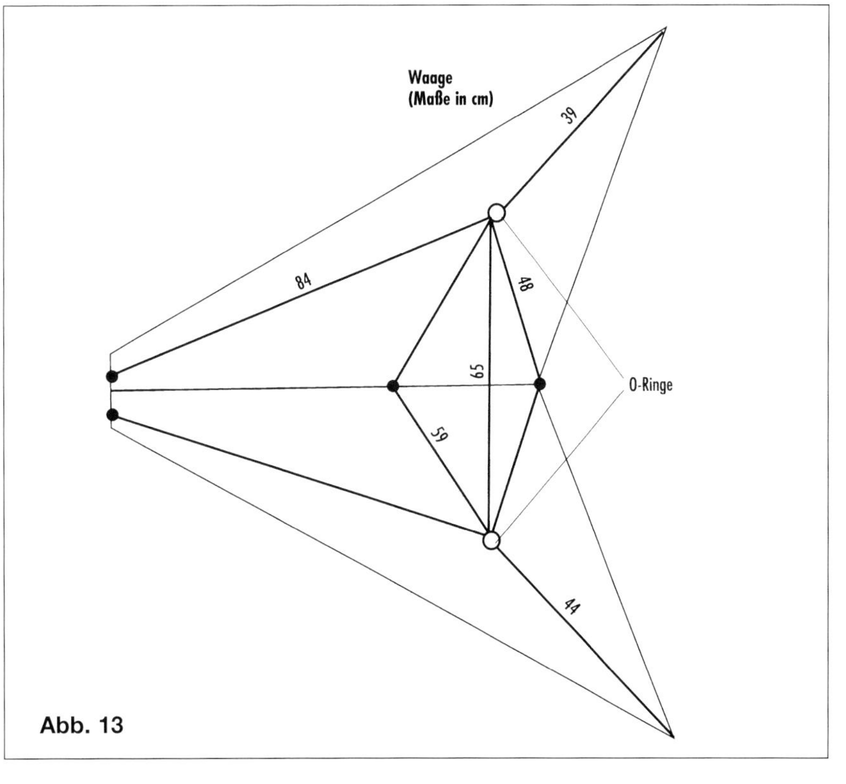

Abb. 13

CEDO

Im Gegensatz zu vielen anderen Lenkdrachen ist der CEDO NULL 1 ganz besonders einfach zu bauen. Denn die Segelpaneele haben ausschließlich gerade Kanten, und auch auf spezielle Features, wie Spannschnüre oder ähnliches, wird verzichtet. Das Ergebnis: Ein Lenkdrachen, der weder pfeilschnell noch extrem langsam ist, jedoch bereits bei mittleren Winden ordentlich Power macht. Entwickelt wurde er von Ron Berkhout aus Rotterdam.

Jede Segelseite des CEDO besteht aus drei Paneelen. In Abbildung 1 finden Sie die Abmessungen der spiegelbildlich anzuordnenden Segelteile. Die dort angegebenen Maße enthalten noch keine Saumzugabe. Die haltbarste Verbindung der Teile ist die echte Kappnaht (Abb. 2). Falls Sie sich diese nicht zutrauen, ist die »falsche« Kappnaht (Abb. 3) ein brauchbarer Ersatz.

Material

3 m Spinnakernylon
Leichtwindversion:
3 x CFK 8 mm Durchmesser, 2000 mm
1 x CFK 8 mm Durchmesser, 1500 mm
1 x CFK 8 mm Durchmesser, 1000 mm
Mittelwindversion:
CFK mit 10 mm Durchmesser
4 Kunststoffendkappen passend zum Gestänge
etwa 50 cm Kunststoffschlauch passend zum Gestänge
1 Kreuzverbinder passend zum Gestänge
etwa 30 cm Klettband- und Flauschband
30 cm Gurtband
Dacronreste für Verstärkungen
7 m Waageschnur 120 kp

Bauanleitung

Das Segel nähen

Zeichnen Sie die Segelumrisse auf dicke Pappe, die als Schablone dient. Die Maße dann mit Bleistift auf das Tuch übertragen und mit Saumzugabe ausschneiden. Vernähen Sie zuerst die Einzelteile je Segelseite, fügen Sie danach die beiden fertigen Segelhälften zusammen.

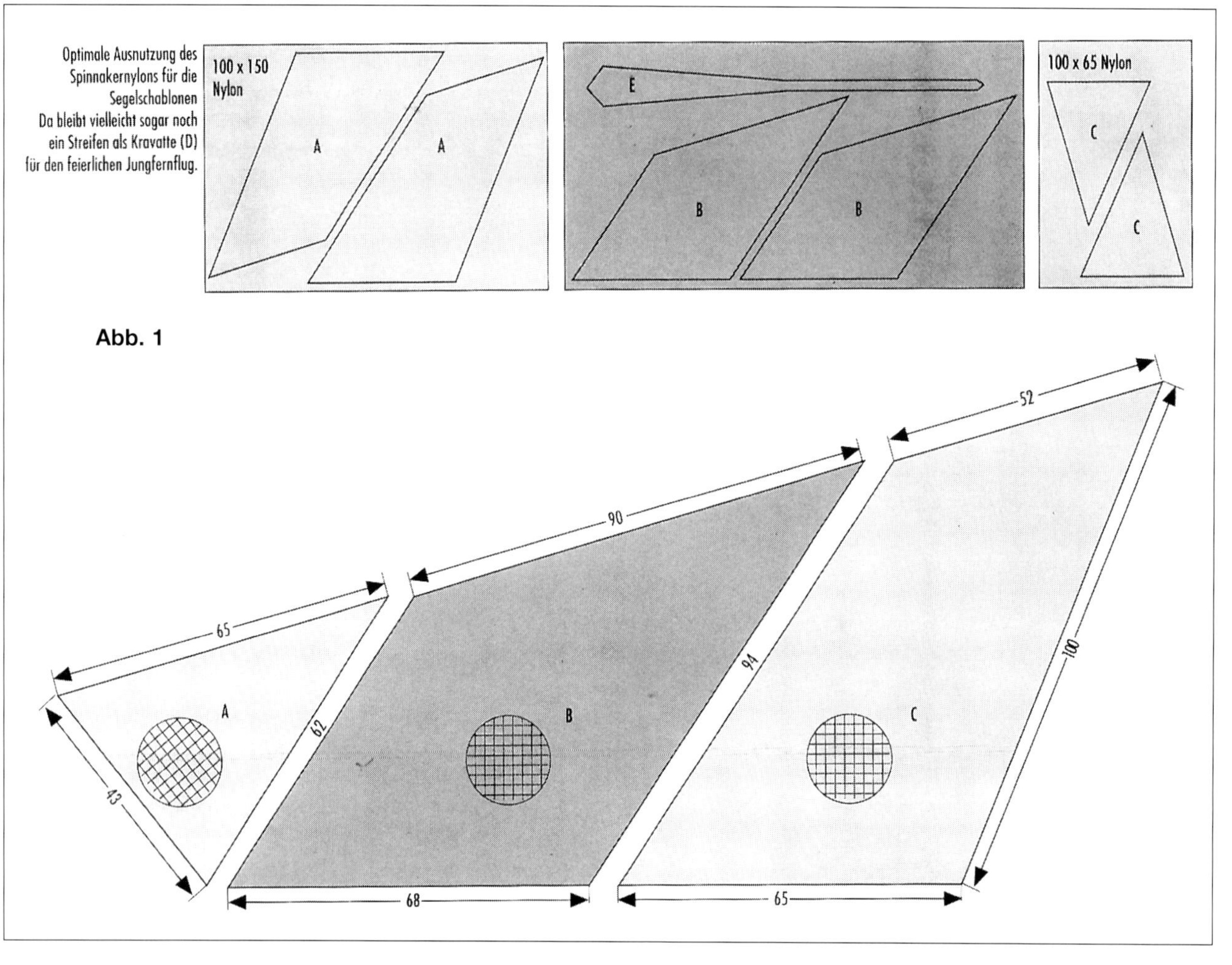

Abb. 1

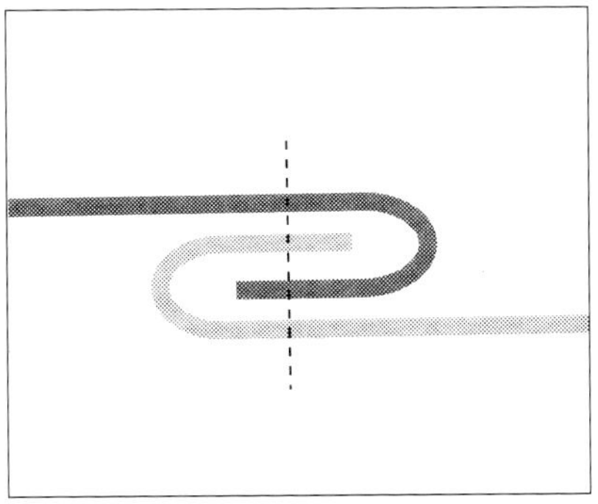

Abb. 2 Echte Kappnaht

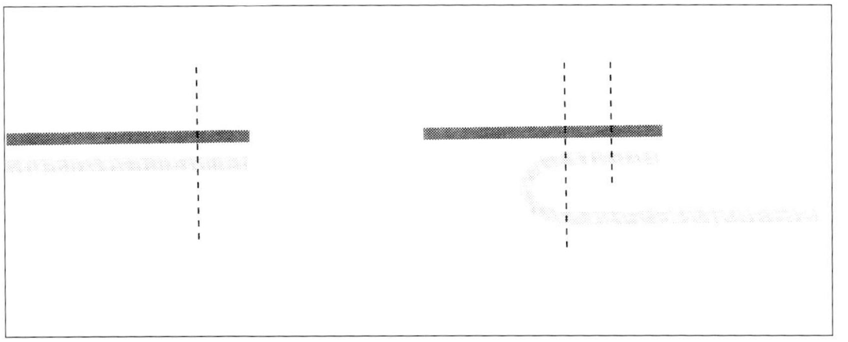

Abb. 3 Imitierte Kappnaht

Der CEDO mit einem dreifarbigen Segel.

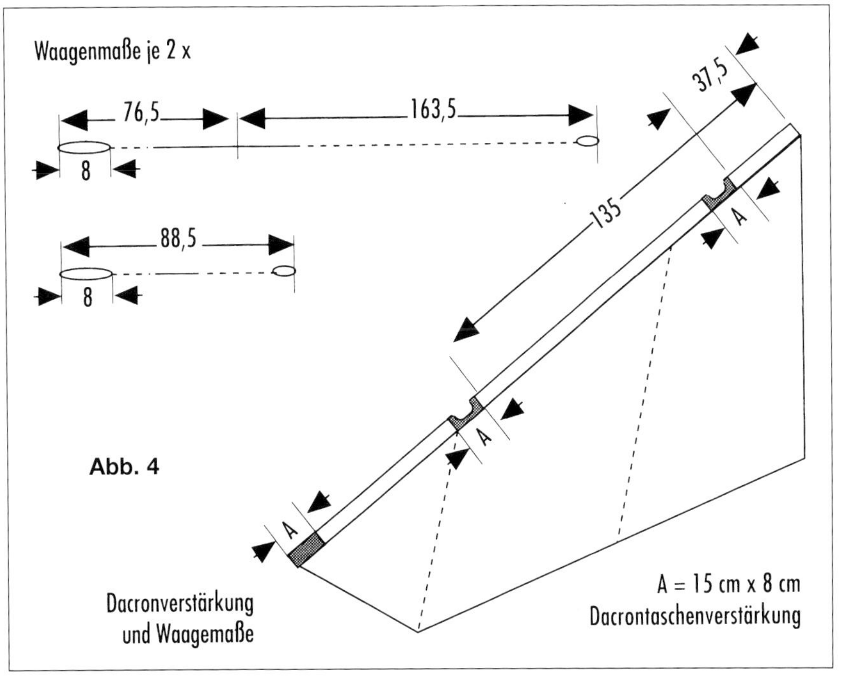

Abb. 4

Dann säumen Sie die gesamte Schleppkante und nähen die Dacrontaschen für die Segellatten auf. Für den Verschluß der Dacrontaschen an der Schleppkante empfehlen wir Klettband. Soll das Segel durch Stand-Offs vorgespannt werden, empfiehlt es sich, die Auffangpunkte zwischen den Segelteilen A und B an der Schleppkante des Segels vorzusehen.
Die Taschen für die Leitkantenstäbe und den Mittelholm, die Ausführung der Kappe aus Gurtband und die Verbinder entstehen auf »traditionelle« Weise, Hinweise dazu entnehmen Sie bitte der Skizze.
Der CEDO hat eine relativ große Segelfläche. Somit sind die Kräfte, die auf das Gestänge wirken, ziemlich groß. Für mittlere Winde sollten Sie als Gestänge 10mm-CFK-Rohr einsetzen.

Waage

Die beiden Leinen vom Mittelkreuz über den Ring zur oberen Spreize bestehen jeweils aus einem Stück. Die Ringe werden mit Lerchenkopf-Knoten eingehängt. Die in Abbildung 4 angegebenen Maße sind, wie üblich, Zirka-Maße. Die Waage in der hier vorgeschlagenen Form liegt an der Grenze dessen, was für Drachen dieser Größe noch vertretbar ist. Sollte sich der Rahmen bei kräftigem Wind zu stark verziehen, müßten Sie an den Leitkanten und an der unteren Querspreize einen weiteren Auffangpunkt vorsehen. Auf jeder Drachenhälfte verläuft eine Auffangschnur von der Mitte der unteren Querspreize, auf der sie durch zwei kleine Schlauchstücke in Position gehalten wird. Die Länge der Schnur ist so zu bemessen, daß sie in dem Moment gestrafft wird, in dem die Waageschenkel straff gezogen sind. Bei unbefriedigenden Flugeigenschaften muß die Waagegeometrie entsprechend geändert werden.

EX-POW

Der erste Lenkdrachen ist für viele Einsteiger ein diamantförmiger, gekaufter Drachen, wie z. B. ein PETER POWELL, ACE oder ACRO-RACER. Diese Modelle sind zwar allesamt ausgezeichnete Flieger, trotzdem werden sie von vielen Piloten schon nach kurzer Zeit ausrangiert – man fliegt eben DELTA. Doch daß diese Drachen nicht für immer in die Drachentasche oder auf den Speicher verbannt werden müssen bzw. sogar recycling-geeignet sind, zeigt das hier vorgestellte Modell von Paul Wesseling, der über dessen Entwicklungsphase schreibt:

»Der Ex-Pow entstand 1991, als unser Sohn Dennis, damals acht Jahre alt, den PETER POWELL STUNTER, gebaut nach W. Schimmelpfennigs Buch ›Drachen bauen und steigen lassen‹, nicht mehr fliegen mochte. So wurde das Segel genommen und zu einem deltaförmigen Lenkdrachen, mit Abspreizung der Flügelenden nach Art des Jet, umgebaut. Es entstand ein Segel mit einer Höhe von 123 cm, einer Flügelholmlänge von 200 cm und einer Spannweite von beachtlichen 310 cm. Der Drachen zeigte auf Anhieb gutes Flug- und Lenkverhalten und war trotz seiner Abmessungen, selbst von Dennis, im Bereich von 3 bis 6 Beaufort noch gut zu beherrschen. Die Entwicklung ging weiter, im Sommer flog der EX-POW II, im Spätherbst dann die Variante III, die endlich meinen Vorstellungen entsprach. Er fliegt schon bei ganz schwachem Wind (1,5 bft) und behält seine guten Flugeigenschaften selbst bei Windstärke 8 – gut für Power-Kiting. Befürchtungen, daß bereits geflogene Segel aus Gründen der unterschiedlichen Dehnung nicht mit fabrikneuem Tuch kombiniert werden können, erwiesen sich als unbegründet.«

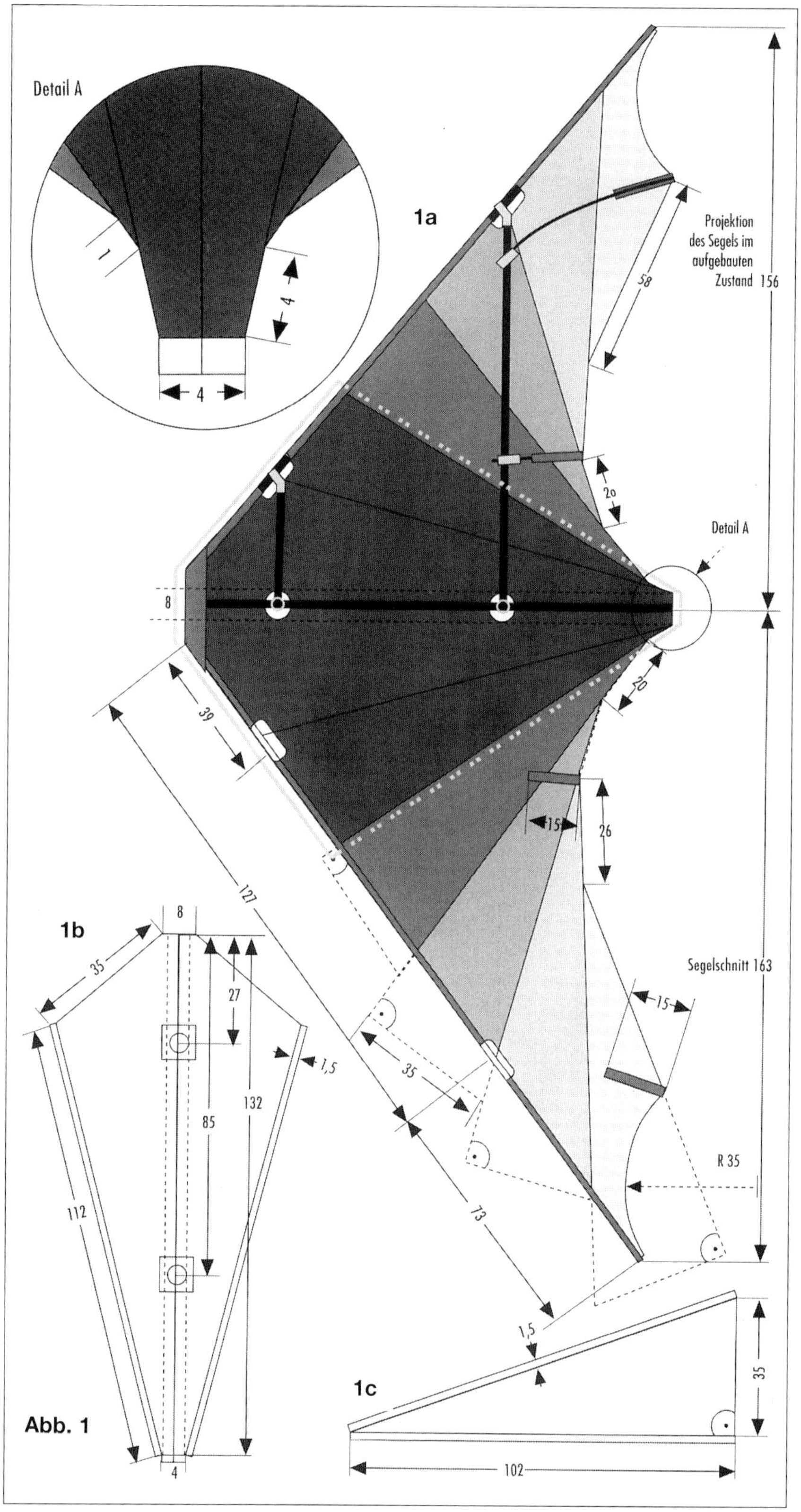

Abb. 1

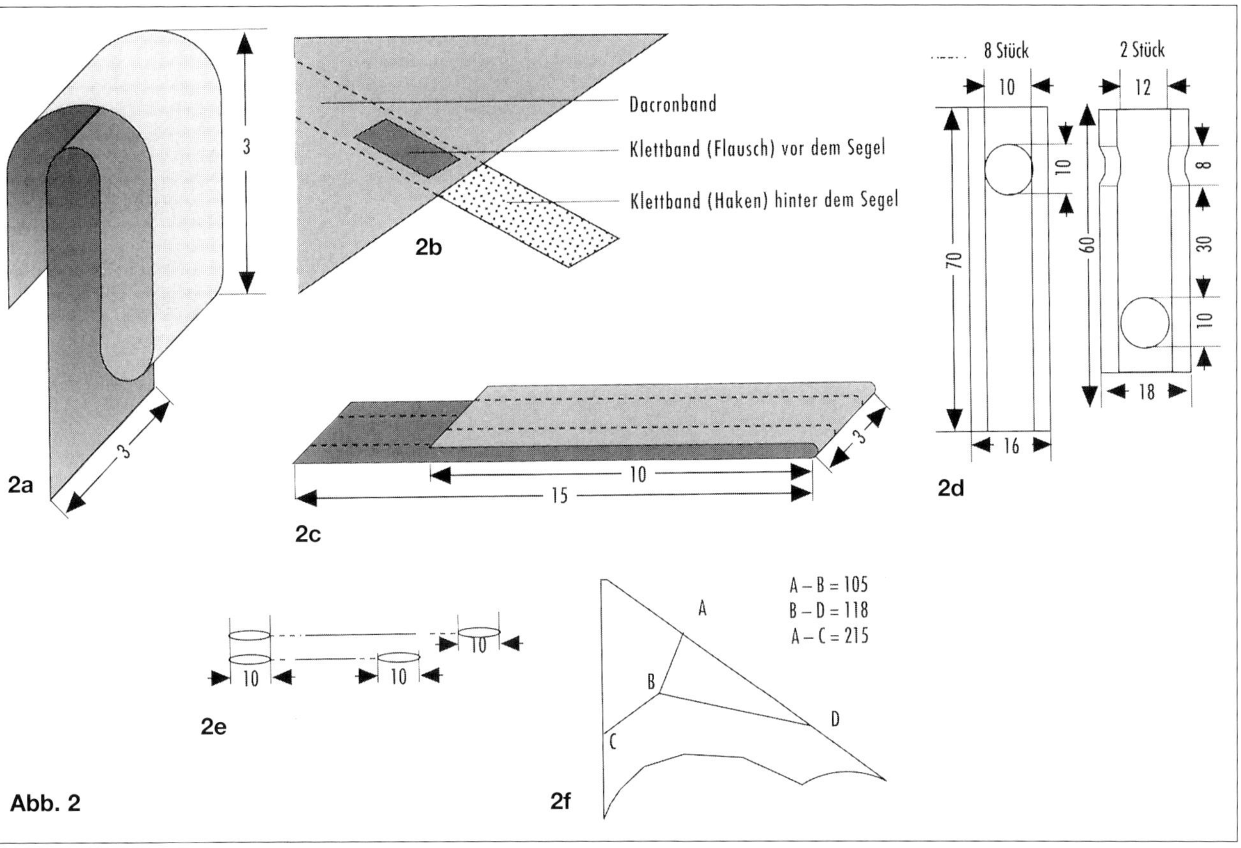

Abb. 2

Material

3 CFK-Rohre 10 × 2000 mm (Flügelholme, untere Spreize)
1 CFK-Rohr 9 × 2000 mm (Mittelholm, obere Spreize)
1 CFK-Rohr 3 × 2000 mm (Stand-offs)
4 Endkappen 10 mm
6 Endkappen 8 mm
8 Endkappen 3 mm
4 Stand-off-Aufnahmen
2 Kreuzverbinder
4 Verbinder Seitenholm/Spreize
alternativ:
1 Alu-Muffe 10 × 70 mm
8 Stücke Gewebeschlauch 10 × 70 mm
2 Stücke Gewebeschlauch 12 × 60 mm
1 ausrangiertes Peter Powell-Segel
2,5 m Spinnakertuch, etwa 45 g/m²
bzw. 3,7 m Tuch (wenn kein gebrauchtes Segel mitverwendet wird)
6,5 m Draconband 6 cm breit
1 m Dacronband 8 cm breit
0,3 m Gurtband 5 cm breit
0,3 m Klettband 3 cm breit
Waageschnur, Waageringe, Textilklebeband zur Fixierung der Verbinder.

Bauanleitung

Wie für alle Bauanleitungen gelten auch für diese zwei grundsätzliche Dinge: Erstens – Bauanleitung ganz durchlesen, bevor man mit der Arbeit beginnt; zweitens – für den Segelzuschnitt Schablonen aus dicker Pappe anfertigen. Es werden zwei unterschiedliche Schablonen für das Segel des EX-POW benötigt bzw. eine einzige, wenn Sie ein vorhandenes Segel verarbeiten wollen. Schauen Sie sich dazu die Abbildung 1a–c an, die den Segelaufbau zeigt. Entweder besteht der Drachen aus 10 Paneelen und einem Peter Powell Segel oder, wenn Sie dieses verschonen wollen, einem Paneel wie in Abb. 1c. Je nachdem, ob Sie einen ACE, ACRO-RACER oder PETER POWELL modifizieren wollen, müssen gegebenenfalls kleine Korrekturen am Paneel gemäß Abb. 1c vorgenommen werden.

Das Segel nähen

Die Segelteile werden entsprechend Abb. 1a aneinandergenäht, am besten mit einer geschlossenen Kappnaht. Dabei ist darauf zu achten, daß der rechte Winkel der äußeren Paneele an der angegebenen Position liegt.
Nach dem Vernähen wird das Segel an der Mittellinie gefaltet, und in einem Arbeitsgang werden die beiden Flügelkanten und die Ausrundungen geschnitten. Jetzt das Segel auseinanderklappen, Schleppkante und Rundung säumen. Dies erfordert, insbesondere an der Rundung, etwas Erfahrung. Wem diese Näharbeit zu kompliziert ist, der kann

aber auch zwei Säume nacheinander nähen, der Aerodynamik tut's keinen Abbruch.
Auf die Segelrückseite an den Durchbruchstellen für die Kreuzverbinder 8 × 8 cm große Dacronstücke aufnähen. Nun werden 142 cm von dem 6 cm breiten Dacronband abgeschnitten, längs gefaltet und mit 2 mm breitem Saum zu einem Schlauch genäht, dann gemäß Abbildung 2a an einem Ende gefaltet, an dem anderen Ende 3 cm breit eingeklappt und der Länge nach, 2 mm vom Rand entfernt, mittig rückseitig auf das Segel genäht, so daß die Enden unten und oben bündig abschließen.
Bevor das untere Ende festgenäht wird, ein Stück Klettband (Hakenseite) gemäß Abb. 2b vorbereiten, unter das Dacronband legen und mit festnähen, vorher das Gegenstück (Flauschseite) auf die Vorderseite des Segels nähen. Die Reihenfolge beachten, sonst kann es passieren, daß man aus Versehen die Tasche beim Festnähen des Flauschbandes zunäht! Die Taschen für die Seitenholme entstehen ebenfalls aus 6 cm breitem Dacronband. Für jede Seite 2 m lange Stücke abschneiden, der Länge nach mittig falten und damit die Seitenkanten des Segels einfassen, dabei an den Enden wie bei der Mittelholmtasche vorgehen. Jetzt das restliche 6 cm breite Dacronband mittig der Länge nach durchschneiden, zu Taschen für die Stand-Offs verarbeiten (s. Abb. 2c) und auf die entsprechenden Stellen der Segelvorderseite nähen.
Als nächstes wird das Reststück des 8 cm breiten Dacrons der Länge nach mittig gefaltet und als Spitzenverstärkung oben über das Segel genäht, anschließend das Gurtband darüber. Bei diesen Arbeitsschritten ist darauf zu achten, daß die Taschen für den Mittel- und die Seitenholme nicht zugenäht werden.
Im nächsten Arbeitsschritt werden die 8 cm langen Aussparungen für die Verbinder Seitenholm/Spreizstäbe sowie die 2 × 4 cm großen Durchbrüche für die Kreuzverbinder heiß mit dem Lötkolben ausgeschnitten, an der Spitze wird das Gurtband mit dem darunterliegenden Dacronband passend geschnitten und verschweißt. Bei diesen Arbeiten muß wegen der auftretenden Dämpfe unbedingt auf ausreichende Belüftung des Arbeitsplatzes geachtet werden!

Zusammenbau

Nun kann mit dem Zusammenbau begonnen werden. Die benötigten Schlauchstücke kann man sich gemäß Abb. 2d stanzen, oder, weitaus einfacher und optisch attraktiver, man greift auf fertige Verbinder zurück, wie sie inzwischen vom Fachhandel angeboten werden. Die Maße der Gestängeteile, obere Spreize 60 cm , untere jeweils 100 cm und Seitenholme je 200 cm, sind Zuschnitt-Maße. In jedem Fall müssen die Teile dem Segel angepaßt werden. Gleichermaßen theoretisch ist die Waagegeometrie gem. Abb. 2e und 2f. Die von A nach C verlaufende Waageleine besteht aus einem Stück, in das der Schenkel BD mit Metallring und Buchtknoten eingeschlauft wird.

Waage einstellen

Bei Startproblemen nach bekannter Faustregel vorgehen: Will der Drachen nicht hoch, sondern sackt gleich wieder ab, muß das Maß A-B reduziert werden. Steigt der Ex-Pow schnell nach oben, um dann seitwärts abzuschmieren, wird das Maß A-B vergrößert. Bei diesen Justierungsarbeiten den Ring nur in sehr kleinen Schritten verschieben, um die Auswirkungen besser beurteilen zu können.

KALIPSO

Dieser Lenkdrachen mit 2,3 m Spannweite von Christoph Gmelin ist in Geometrie und Flugeigenschaften den diversen DARTS ähnlich. Er ist auf eher gemäßigte Windverhältnisse zugeschnitten.

Material

2 m Spinnaker, etwa 1 m breit
3,5 m Dacronband, 60 mm breit
3 m Polyesterschrägband, 20 mm breit, vorgefalzt
0,5 m Gummischnur, etwa 3 mm dick
3 Pfeil-/Splitnocken passend zum Gestänge
2 Endkappen 5 mm Durchmesser
1 Endkappe 6 mm Durchmesser
PVC-Schlauch, Innendurchmesser passend zum Gestänge
12 cm Schnurrest Polyester, 4 cm dick
4 Ösen à 5 mm, 4 Waageringe
etwa 4 m Waageschnur
CFK-Stäbe, 6 mm Durchmesser:
1 × 1,52 m oder 2 × 0,76 m (untere Spreize)
1 × 0,83 m (Mittelstab)
CFK-Stäbe, 5 mm Durchmesser:
2 × 1,5 m (Seitenkanten)
GFK-Stäbe, 3 mm Durchmesser:
2 × 0,33 (Stand-Offs)

Bauanleitung

Segel

Zuerst wird das Segel ausgeschnitten (siehe Abb. 1). Die Nahtzugabe an der Schleppkante beträgt 10 mm. An der Seitenkante ist keine Nahtzugabe nötig. Der Segelschnitt wird mit Hilfe der beigefügten Koordinaten erstellt, dabei muß darauf geachtet werden, daß das Segel an den Flügelspitzen nicht ganz spitz zuläuft, sondern noch etwa 10 mm breit ist, mit Nahtzugabe 20 mm (siehe auch Abb. 2).

Verstärkungen

Das Segel wird am hintersten Punkt und an der Stelle, an der sich unterer Querstab und Längsstab treffen, durch Aufnäher aus Dacron verstärkt.

Saum

Zunächst ist aufzuzeichnen, wo der Stoff später nach hinten umgelegt wird. Dann wird der spätere Saum in regelmäßigen Abständen (2 bis 5 cm) eingeschnitten und an der angezeichneten Linie umgebügelt. Das Bügeleisen dabei auf kleinste Temperaturstufe stellen.
Nun nimmt man 20 mm breites, bereits vorgefalztes Schrägband aus Polyester (Kurzwarenabteilung im Kaufhaus), falzt es nochmals in der Mitte und legt es um die umgebügelte Nahtzugabe. Nahtzugabe und Schrägband werden jetzt festgenäht. So erhält man relativ problemlos runde Säume, die stabil sind und gleichzeitig sauber aussehen.

Seitenkante

60 mm breites Dacronband in der Länge der Seitenkante wird in der Mitte gefalzt (evtl. mit dem Bügeleisen nachhelfen) und um die Seitenkante genäht (s. Abb. 3). An den Flügelspitzen sollte man darauf achten, daß der Saum an der Schleppkante nicht zugenäht wird, hier muß später noch die Spannschnur eingefädelt werden (s. Abb. 2).

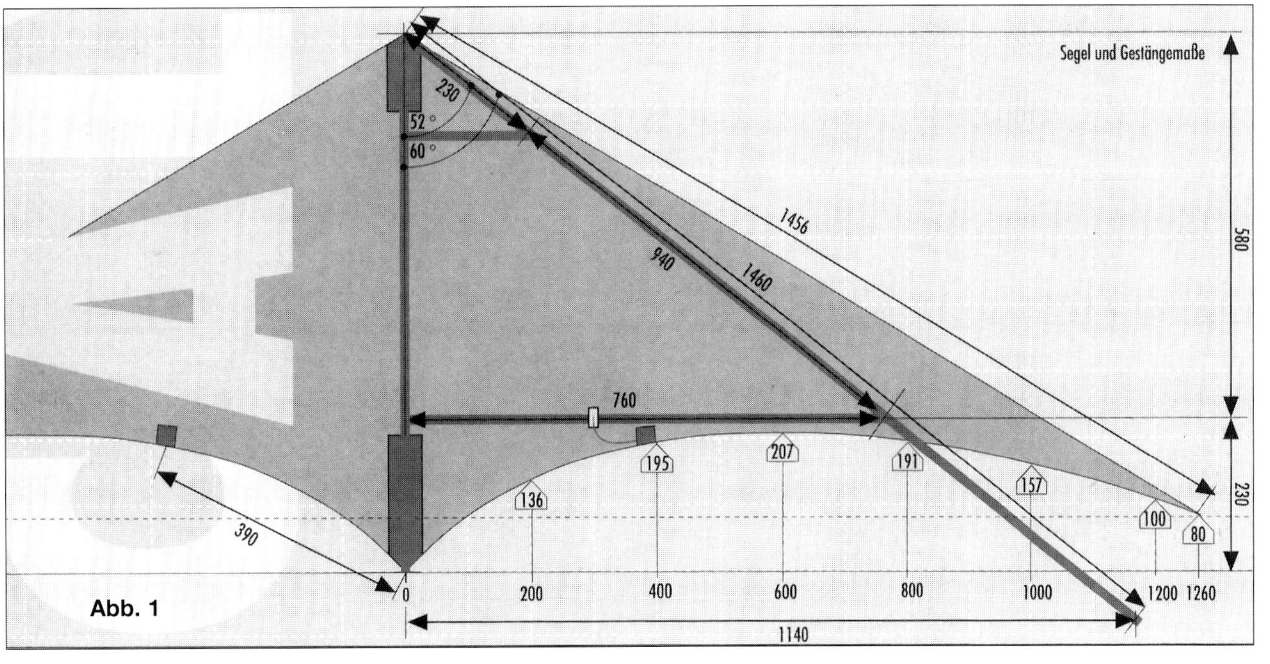

Abb. 1

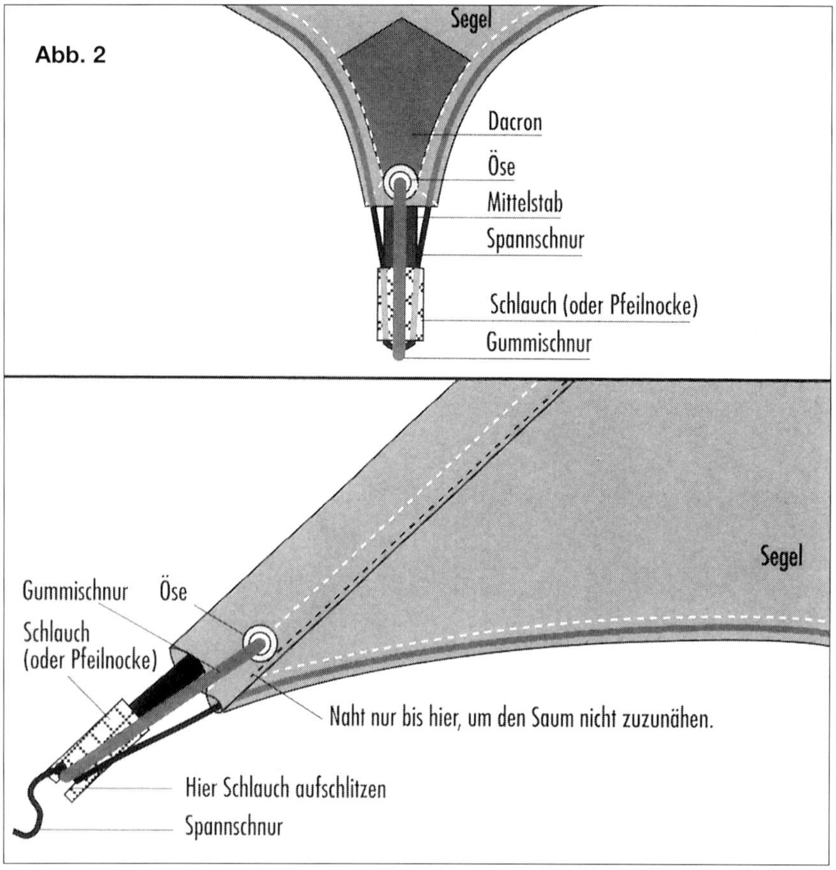

Abb. 2

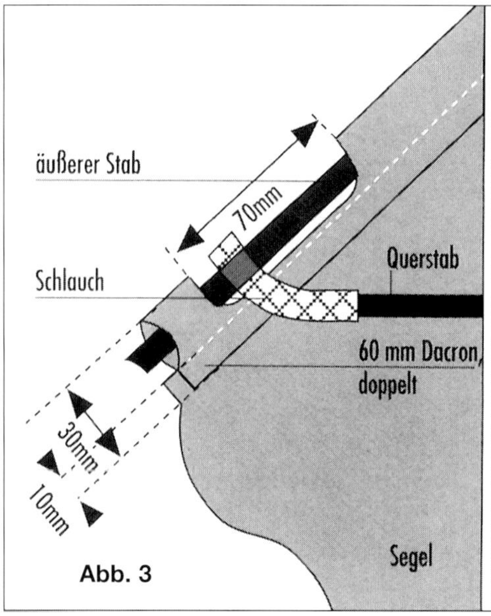

Abb. 3

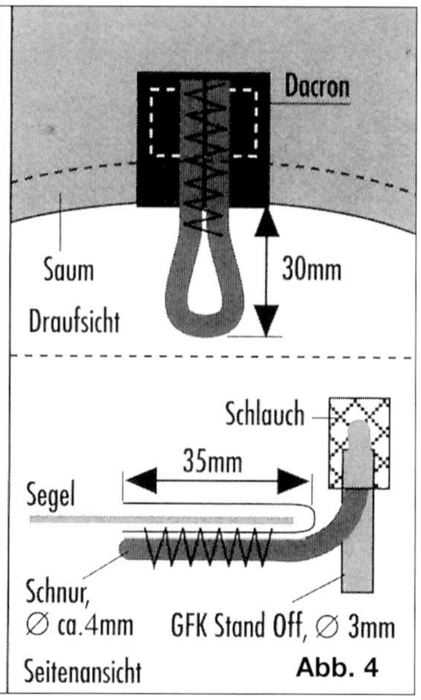

Abb. 4

Aufnahme der Stand-Offs am Segel

Zunächst wird ein etwa 12 cm langes Stück Schnur (4–5 mm dick) mit Zickzack-Stichen auf die Hälfte zusammengenäht, so daß am Ende noch eine kleine Schlaufe verbleibt (s. Abb. 4). Zwei Verstärkungsstücke aus Dacron in der Größe 70 × 30 mm zuschneiden, quer in der Mitte falten und um die Stellen, die später die Segelspanner aufnehmen, an die Schleppkante nähen. Zuletzt wird der zusammengenähte Teil der Schnur auf die Verstärkung genäht, so daß etwa 30 mm überstehen. Bei diesen Arbeiten wieder darauf achten, daß der Saum der Schleppkante zur späteren Aufnahme der Spannschnur durchgängig bleibt.

Ösen, Schlaufen und Ausschnitte

An den Flügelspitzen und an der unteren Mitte des Segels Ösen (etwa 5 mm Durchmesser) einschlagen und Gummischlaufen einknoten. In die Dacrontaschen der Seitenkanten Ausschnitte für die Verbinder schneiden (Lötkolben und Schablone) und dort, wo sich Längsstab und Querstäbe kreuzen, Ausschnitte in das Segel schneiden. Eventuell auch hier Verstärkungen anbringen. Wie bei Lenkdrachen allgemein üblich, verlaufen die Querstäbe vor, der Längsstab hinter dem Segel.

Stabtaschen für den Längsstab

Sie werden auf die Segelrückseite genäht und sind jeweils 30 mm breit und etwa 200 mm lang. Die obere Tasche ist eine »echte« geschlossene Tasche, die untere ist eine Tunneltasche, d. h. der Längsstab läuft durch diese hindurch. Spannsitz erhält der Längsstab über die Gummibandschlaufe, die in die Pfeilnocke auf dem unteren Ende eingehängt wird.

Drachennase

Die Nase (Spitze) des Drachens wird nun gerade geschnitten, anschließend wird eine Kappe aus Dacron erstellt und aufgenäht (s. Abb. 5).

Gestänge

Generell gilt, daß alle Stäbe dem Segel angepaßt werden, nicht umgekehrt. Die Werte in der Zeichnung sind nur Richtwerte, und je nach Segel können beträchtliche Abweichungen auftreten. Die Verbindung aller Stäbe kann mit PVC-Schlauch oder auch mit den für diesen Zweck im Fachhandel erhältlichen Verbindern erfolgen. Beim Prototyp waren die Seitenstäbe aus 5 mm CFK, der Längsstab und die Spreizstäbe aus 6 mm CFK gefertigt. Wie eingangs erwähnt, ist der Kalipso eher für gemäßigte Winde konzipiert. Soll er in frischerer Brise geflogen werden, empfiehlt sich der Einsatz von 6 mm starkem CFK für die Seitenstäbe. Wird der Kalipso mit 5 mm Seitenstäben ausgerüstet, benötigt er sehr wenig Wind (er fliegt bereits ab etwa 1,5 Bft), wird aber auch sehr empfindlich. Es hat sich bei vielen Testflügen herausgestellt, daß der Drachen »alltagstauglicher« wird, wenn durchgehend 6mm-CFK-Rohr verwendet wird. Die Stand-Offs aus GFK sind etwa 330 mm lang.

Spannen der Schleppkante

Die Schleppkante des Segels wird mit Hilfe einer innerhalb des Saumes liegenden Schnur gespannt. Dazu wird ein Schnurende durch das Öhr einer Stopfnadel gesteckt und durch den Saum gefädelt. Bei dieser Arbeit darauf achten, daß die Schnur auch wirklich innerhalb der Nahtzugabe des Segels verläuft. Das Schrägband allein ist nicht haltbar genug (s. Abb. 6). Die Enden der Schnur stehen an den Flügelspitzen etwas über und erhalten einen Kno-

Abb. 5

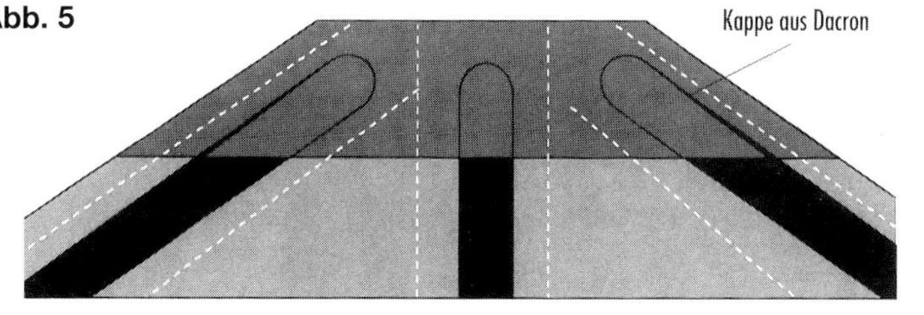

Abb. 6

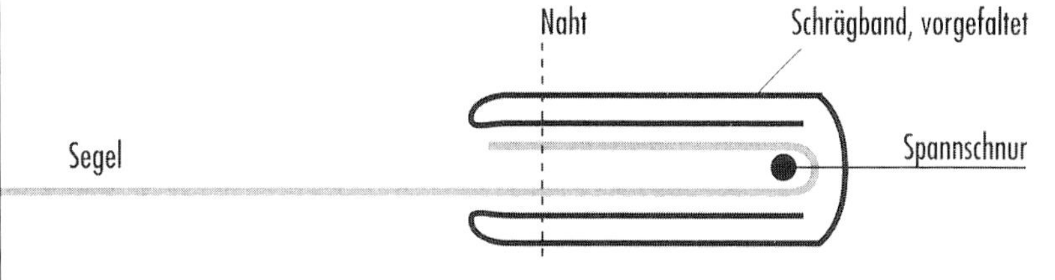

Abb. 7

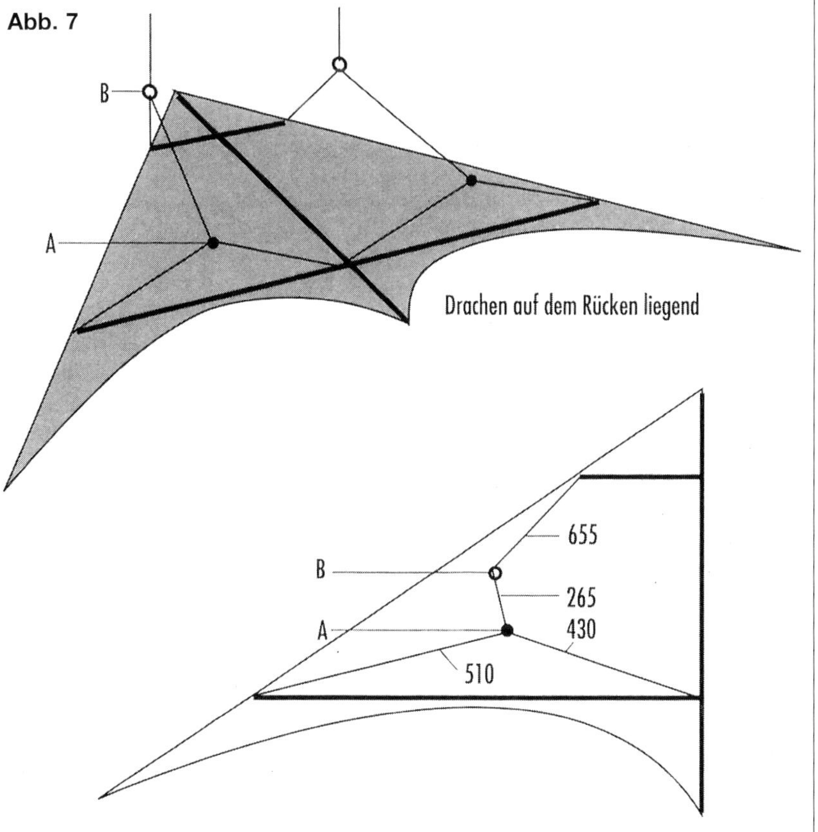

ten, der zwischen den Spitzen der Pfeilnocken auf den Flügelspitzen eingehängt wird. In der Mitte verläuft die Schnur ebenfalls zwischen den Spitzen der Pfeilnocke auf dem unteren Ende des Mittelholms.

Waage

Der Vorteil der gewählten Waage ist, daß die Position der Aufhängungspunkte in Längs- und Querrichtung nahezu unabhängig voneinander hergestellt werden können. Voraussetzung hierfür sind Lerchenkopf-Knoten in den Punkten A und B (siehe Abb. 7).

Einfliegen

Zunächst sollte man die Position, in der sich die Ringe am Anfang befinden, markieren, um eine Kontrolle zu haben, wie weit man ihre Position verändert. Durch Verlegen der Ringe nach hinten vergrößert sich der Anstellwinkel, und der Drachen zieht stärker, fliegt aber auch langsamer.
Hat man Schwierigkeiten beim Start, sollte man den Anstellwinkel verkleinern (Ringe nach vorn); unterschneidet der Drachen im höchsten Punkt der Flugbahn, müssen die Ringe weiter nach unten. Man sollte sich für das Einfliegen viel Zeit nehmen und ausgiebig probieren, bis die Idealposition gefunden ist. Diese wird dann zweckmäßigerweise mit einem Streifen Klebeband o. ä. fixiert.

KALIPSO MINI

Genauso wie sein großer Bruder KALIPSO stammt auch diese verkleinerte Version aus der Werkstatt von Christoph Gmelin.
Es handelt sich jedoch beim KALIPSO MINI nicht einfach um eine lineare Verkleinerung des Drachens. Um das Segel möglichst schnell und rationell herstellen zu können – wichtig für alle, die den KALIPSO MINI als Gespann fliegen wollen –, wurden Bauweise und Segelschnitt in einigen Punkten modifiziert.
Die Höhe des Segels ist mit 52 cm so bemessen, daß bei Verwendung von Spinnakertuch herkömmlicher Breite kaum Verschnitt entsteht. Aus diesem Grund zeigt die Übersichtsskizze (Abb. 1) auch die Segelmaße einschließlich Saumzugabe.
Im folgenden sind nur die Punkte beschrieben, in denen sich die Bauweise des KALIPSO MINI von der seines großen Bruders unterscheidet.

Material

1 m Spinnakertuch
5 mm CFK-Rohr
2 × 1000 mm (Seitenkanten)
1 × 980 mm
1 × 550 mm (Mittelholm)
1 × 400 mm
1 m Dacronband 60 mm breit
1,8 m Polyesterschrägband, 20 mm breit, vorgefalzt
3 Endkappen 5 mm Innendurchmesser
3 Splitnocken Innendurchmesser 5 mm
50 cm PVC-Schlauch Innendurchmesser 5 mm
alternativ fertige Verbinder
50 cm Gummischnur 2 mm
4 Ösen 5 mm
4 Waageringe

Bauanleitung

Segel

Die Abstände des Kreisbogens der Schleppkante zu einer gedachten Linie von Flügelspitze zum unteren Ende des Mittelholms (s. Abbildung) beziehen sich beim KALIPSO MINI auf die Nahtzugabe, nicht auf das gesäumte Segel.
Der Segelumriß wird zuerst auf eine Schablone übertragen, mit deren Hilfe dann der Stoff heiß zugeschnitten wird; bei der Arbeit mit dem Lötkolben ist unbedingt auf ausreichende Belüftung am Arbeitsplatz zu achten.
Auf das ausgeschnittene Segel werden zunächst alle Dacronverstär-

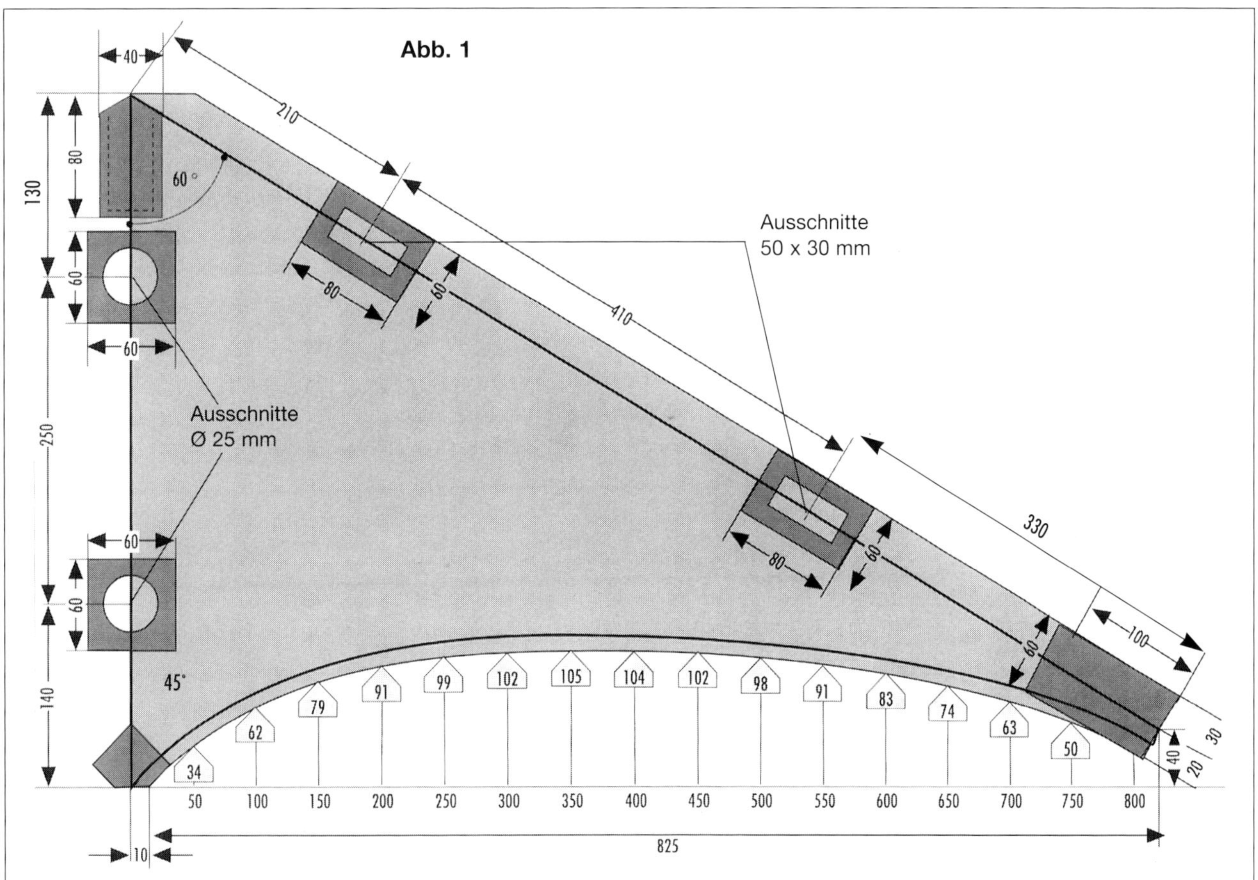

kungen aufgenäht. Dann säumt man die Schleppkante. Wie beim großen KALIPSO verwendet man dazu Schrägband, mit dem man die Schleppkante so einfaßt, daß darin eine Spannschnur eingezogen werden kann. Die Nahtzugabe an der Seitenkante wird nach hinten umgeklappt und festgenäht, sie ergibt den Tunnel für die Seitenstäbe. Bei der Mini-Version verzichtet man aus Gewichtsgründen auf einen Dacrontunnel. Aufpassen, daß man den Saum an der Schleppkante nicht zunäht, damit die Spannschnur frei hindurchgeführt werden kann.
Die Anfertigung der Nase erfolgt »traditionell« durch Begradigung mit einem Lötkolben bzw. mit anschließender Anbringung einer Kappe aus Dacron. Zum Abschluß werden die Aussparungen gemäß der Abbildung mit dem Lötkolben ausgeschnitten. Auch bei diesem nur kurzen Einsatz des Lötkolbens wegen der dabei entstehenden schädlichen Dämpfe auf gute Belüftung achten!

Gestänge

Beim Anpassen der Gestängeteile an das Segel müssen die unteren Spreizen so bemessen sein, daß das Maß von Flügelspitze zum unteren Mittelholmende 750 mm beträgt.

Einfliegen

Genauso wie bei seinem großen Bruder sollte das Einfliegen und Einstellen der Waage auch bei der Mini-Version vorgenommen werden. Bedenken Sie hierbei bitte, daß die Positionen wirklich nur millimeterweise verändert werden.

PARAWING

Wie bei allen Bauplänen in diesem Buch gilt auch und gerade für diesen, daß Nachbauten ausschließlich für den privaten Gebrauch gestattet sind. Der PARAWING ist patentrechtlich geschützt, und wir danken Wolf Beringer für die Erlaubnis, diesen Bauplan zu veröffentlichen.

Zum besseren Verständnis stellen wir an dieser Stelle erst einmal die wichtigsten Unterschiede zwischen dem PARAWING und seinem Verwandten, der PARAFOLIE, dar. Während bei der PARAFOLIE die Lufteintrittsöffnungen an der Stirnseite liegen, ist der PARAWING an der Stirnseite geschlossen. Bei ihm tritt die Luft durch kleine, runde Löcher ein, die unmittelbar hinter der Vorderkante des Drachens an der Bauchseite liegen.
Im Gegensatz zur PARAFOLIE ist der PARAWING sehr effektiv zu lenken. Die Lenkstange wird aber nicht, wie der Lenkdrachenpilot glauben könnte, immer waagerecht gehalten, sondern vorwiegend senkrecht. Die Neigung der Lenkstange bestimmt den Anstellwinkel des PARAWINGS.
Der folgende Bauplan ist für einen PARAWING von 2,7 m² Fläche ausgelegt. Selbstverständlich lassen sich auch andere Größen realisieren, indem man die Abmessungen maßstäblich verändert. Wir empfehlen jedoch, der Versuchung zu widerstehen, sehr große PARAWINGS zu bauen. Diese entwickeln enorme Kräfte, und es wird zunehmend problematischer, sie zu kontrollieren, ganz abgesehen vom großen Materialbedarf. Für den hier beschriebenen PARAWING werden etwa 12 m² Spinnaker benötigt, die empfohlene Tuchstärke beträgt 32 g/m² Rohgewicht, dies entspricht ca. 42 g/m² Fertiggewicht incl. Beschichtung.

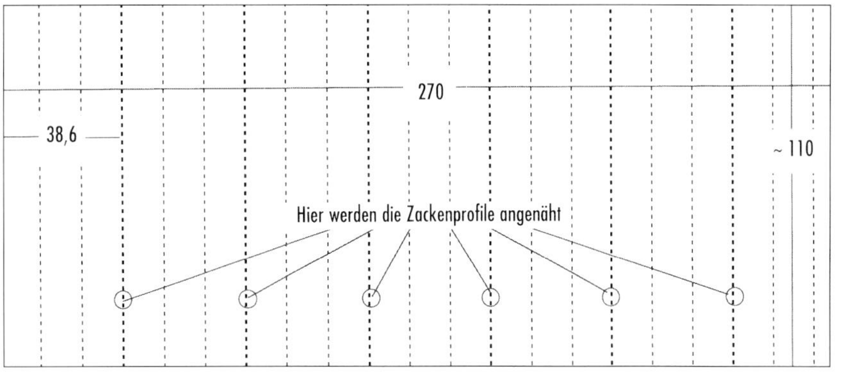

Abb. 1 Ein Rückenteil

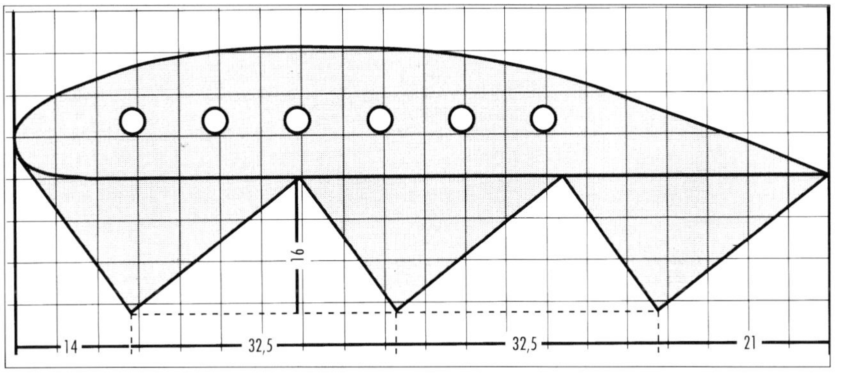

Abb. 2 Sechs innere Zackenprofile

Material

12 m Spinnakernylon
Dacronreste für Verstärkungen
100 m Waageschnur 60 kp
1 Stück Alu-Rohr 30 mm Durchmesser 70 cm lang
Lenkerband (Fahrradfachhandel)
2 Ringschrauben M 12×40 mm DIN 444
2 Muttern M 12

Bauanleitung

Es wird dringend empfohlen, für die unterschiedlichen Profile jeweils eine Pappschablone zu fertigen, damit alle Profile exakt gleich groß werden. Dazu die Schablonen auf das Tuch legen und die Umrisse mit einem dünnen Fettstift auf das Tuch zeichnen. Dabei aber auch alle Hilfs- und Bezugslinien mit Fettstift auf die Segelteile zeichnen. Tip: Die Bezugslinien scheinen besser durch helles als durch dunkles Tuch.
Dann alle Segelteile zuschneiden zuzüglich 1,5 cm Nahtzugabe über die Bezugslinien hinaus. Das Rückenteil (Abb. 1) entsteht aus drei zusammengenähten Bahnen Spinnaker. Unbedingt auf gute Belüftung des Arbeitsraumes achten, wenn Sie heiß schneiden!
Die Zacken der Zackenprofile säumen, dabei die Eckverstärkungen der Spitzen mit einfassen (siehe Abb. 2). An die Spitzen etwa 5 mm breite Schlaufen aus doppelt gelegtem Dacron nähen.
Luftaustauschlöcher in die Kammerprofile (Abb. 3), Zackenprofile (Abb. 2) und Bauchteile (Abb. 4) schneiden, aber beachten, daß die Außenprofile (Abb. 5) keine Löcher bekommen.
Die Profile nun auf das Rückenteil aufnähen, dabei auf exakte Positionierung der Hilfslinien achten. An einem Ende beginnen und in folgender Reihenfolge vorgehen:

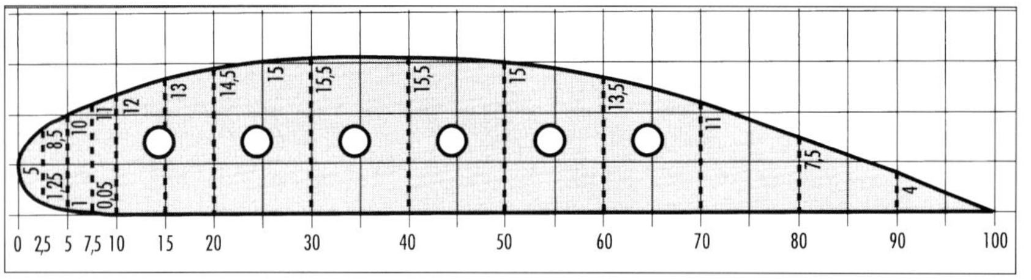

Abb. 3 Vierzehn Kammerprofile

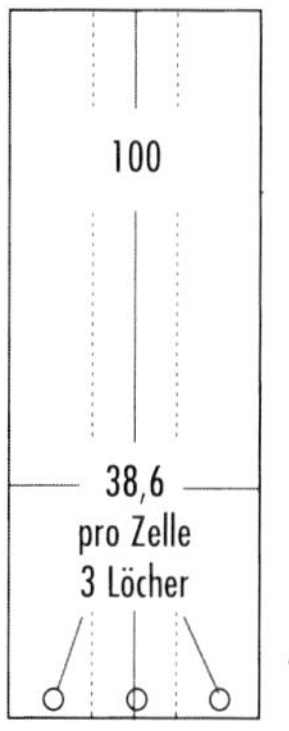

Abb. 4 Sieben Bauchteile

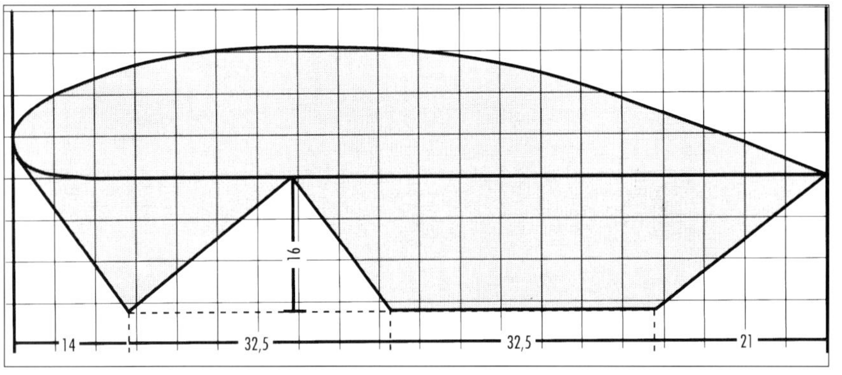

Abb. 5 Zwei Außenprofile mit Zacken

1. Außenprofil – 2 Kammerprofile – Zackenprofil – 2 Kammerprofile – Zackenprofil – 2 Kammerprofile – usw. bis zum 2. Außenprofil.
Danach die Bauchteile einsetzen. Dabei ebenfalls an einer Außenseite beginnen, also nicht wahllos in der Mitte anfangen. Nach jedem Bauchteil die Nahtzugabe nach innen legen und so die Frontseite verschließen.
Die Rückseite des Segels einmal etwa 5 mm breit umlegen und mit einer geraden Naht schließen.

Verbindung vom PARAWING zur Lenkstange

Als Lenkstange eignet sich ein Aluminiumrohr von etwa 3 cm Durchmesser und 70 cm Länge, es wird mit Lenkerband (Fahrradhandel) umwickelt. Als Befestigungsmöglichkeit für die Steuerschnüre bieten sich Ringschrauben aus Edelstahl nach DIN 444 M 12 × 40 an, die durch radial angebrachte Bohrungen in die Stange geschraubt werden. Jeweils drei Seilstränge verbinden PARAWING und Steuerstange. Ein Seilstrang geht von der oberen Flossenreihe an die linke Seite der Stange, einer von der mittleren in die Mitte und einer von der unteren Flossenreihe an die rechte Seite der Stange.
Die empfohlene, effektive Länge der Steuerleinen beträgt 420 cm in der Mitte und wird nach außen hin etwas kürzer, um ein Einschlagen der Außenkanten zu verhindern. Die optimale Länge muß jedoch durch Probieren ermittelt werden.
Es hat sich als hilfreich erwiesen, die Steuerleinen über Schnurspanner zu führen, da diese eine sehr genaue Dosierung der Leinenlängen ermöglichen. Der PARAWING ist für eine Vielzahl von Sportgeräten das ideale Antriebsmittel. Ski, Schlittschuhe, Rollschuhe, Rollerskates, Surfbretter, Strandbuggies – der Phantasie sind kaum Grenzen gesetzt.

Das Steuern des Drachens ist denkbar einfach: Je flacher die Steuerstange gehalten wird, desto flacher wird der Anstellwinkel des Drachens, und desto kräftiger werden die Zugkräfte bzw. um so schneller wird die »Reisegeschwindigkeit«. Eine schräg zur Windrichtung gehaltene Lenkstange verändert entsprechend die Fahrtrichtung.
Bei eventuellen Fragen zum Bauplan und auch zur Steuertechnik hilft der Erfinder des PARAWING gern weiter:
Wolf Beringer, Noldeweg 1, 73547 Lorch, Tel. 07172/5472.

TANGO

Der TANGO ist ein kleiner, flotter und präzise zu steuernder Lenkdrachen mit insgesamt sechs Segellatten, die das Segel nahezu flatterfrei halten. In der vorliegenden Ausführung wird der Drachen relativ leicht und fliegt schon bei wenig Wind. Wer den Drachen etwas robuster machen möchte, sollte auf die Zugabe von 35 mm (Abb. 1) an der Anströmkante verzichten und statt dessen einen 60 mm breiten Streifen Dacron als Tasche aufsetzen. Die beschriebene Bauweise ist sicher nicht die einfachste, hat aber den Vorteil, daß die Segellatten ein kleines Stück über dem Segel liegen und das Segel so bei entsprechender Vorspannung schon leicht gewölbt wird, was den Flugleistungen zugute kommt.

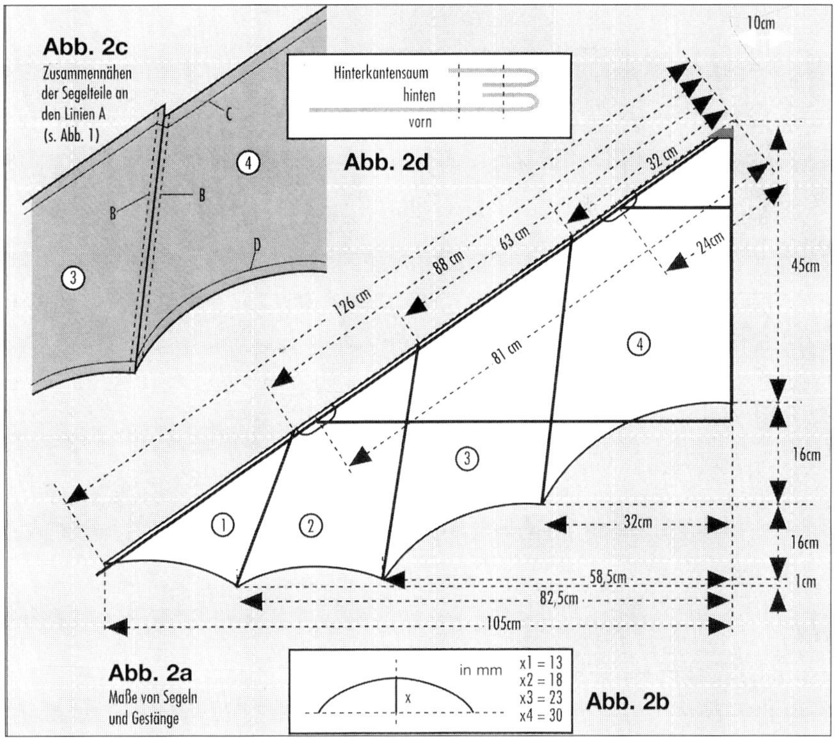

Abb. 2c Zusammennähen der Segelteile an den Linien A (s. Abb. 1)

Abb. 2d

Abb. 2a Maße von Segeln und Gestänge

Abb. 2b

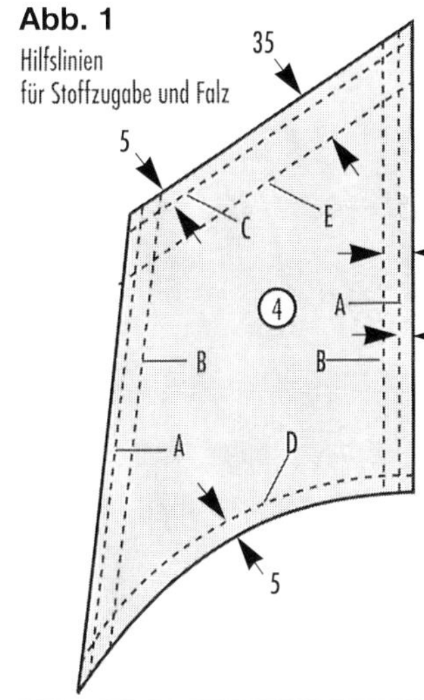

Abb. 1 Hilfslinien für Stoffzugabe und Falz

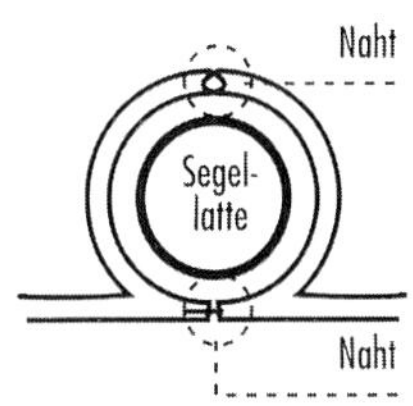

Querschnitt durch den Segellattentunnel

Abb. 3

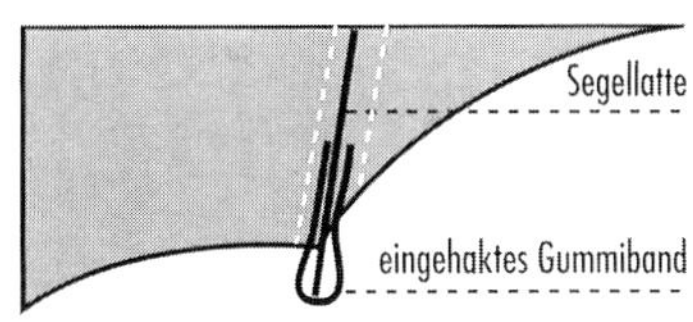

Das Gummiband wird in die Segellatte eingehakt, um damit das Segel zu spannen.

Abb. 4

Material

2 m Spinnakertuch
Gurtband, etwa 1 m, 9 mm breit
30 cm Gurtband, 50 mm breit für die Nase
Dacron für die Spitze und für Verstärkungen
2 × 125 cm GFK-Rohr, 7 mm Durchmesser
135 cm GFK-Rohr, 8 mm Durchmesser
40 cm GFK-Rohr; 8 mm Durchmesser
etwa 100 cm GFK-Stab, 3 mm (Segellatten)
etwa 150 cm GFK-Stab, 2 mm (Segellatten)
PVC-Schlauch
Gummiband oder -schnur
Waageschnur
Kleinteile
– für eine modernere Version komplett 6 mm CFK sowie einige zusätzliche Kleinteile, wie Splitkappen für Seitenstäbe und Segellatten.

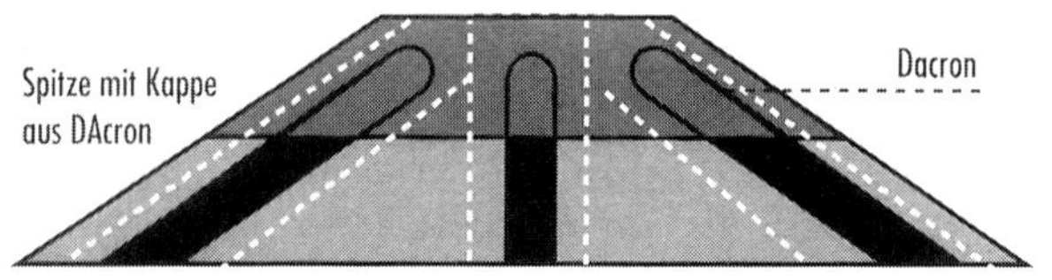

Abb. 5

Abb. 7

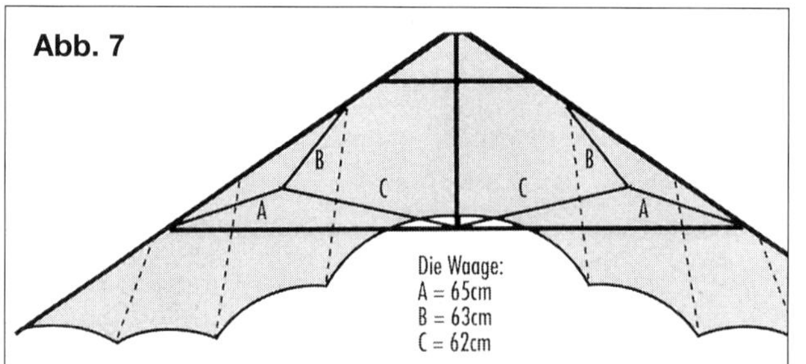

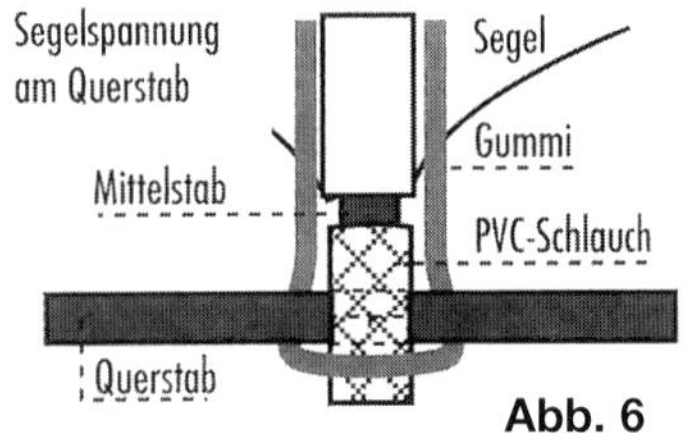

Abb. 6

Bauanleitung

Wie bei allen Bauanleitungen empfiehlt es sich, den Text erst einmal ganz durchzulesen. Abbildung 2a und b zeigen die Hauptskizze.

Anfertigung des Segels

Zuerst werden die Segelteile mit den entsprechenden Naht- bzw. Saumzugaben ausgeschnitten. Stoffzugabe an den Leitkanten 3,5 cm, an den Seiten zu den Segellatten hin 1,5 cm, an der Unterkante 0,5 cm. Die Teile 4 erhalten zur Mittellinie hin statt 1,5 cm Stoffzugabe 2,5 cm.

Es empfiehlt sich, die Nahtlinien exakt und gut sichtbar zu markieren (Abb. 1). Jetzt werden die Segelteile an den Linien A zusammengenäht. Die ersten 0,5 cm Nahtzugabe stehen jetzt nach vorne ab. Man muß darauf achten, daß später, wenn an den Linien B genäht wird, die eigentlichen Ecken der Segelteile aufeinanderliegen (Abb. 2c).
Als nächstes wird der Besatz für den Saum der Segelunterkante ausgeschnitten. Die Form entspricht der jetzt vorhandenen Unterkante, Breite = 2 cm. Der Besatz wird von vorn an der Linie D auf die Unterkante genäht, anschließend an dieser Naht nach hinten umgeschlagen und ca. 0,5 cm und 1 cm von der Unterkante entfernt von hinten festgenäht (Abb. 2d). Eine andere, etwas einfachere Lösung ist es, die Nahtzugabe an der Schleppkante 15 mm statt 5 mm breit zu machen, einfach zweimal umschlagen und säumen (geht trotz der Rundung in der Schleppkante mit etwas Übung relativ einfach).

Die Taschen für die Segellatten entstehen dadurch, daß man das Segel an den Nahtlinien B zusammennäht. Die Segellatten liegen hinter dem Segel (Abb. 3). Genauso erhält man die Tasche für den Mittelstab, auch er liegt später hinter dem Segel. In das hintere Ende dieser Nähte wird jeweils eine Schlaufe aus schmalem Gurtband mit eingenäht. Hier werden später die Gummischlaufen eingehängt, um das Segel zu spannen (Abb. 4). Analog wird für den Mittelstab verfahren.
Jetzt wird an der Leitkante der Tunnel für das Seitengestänge gesäumt (an Linie C nach vorn umschlagen und festnähen). Vor dem nächsten Arbeitsgang müssen die Tunnel für die Segellatten am oberen Ende verschlossen werden. Sie werden einfach flachgedrückt und an der Linie E zugenäht (mehrfach hin- und hernähen).
Die Stoffzugabe, die später die Taschen für die Seitenstäbe ergibt, wird jetzt an der Linie E entlang nach vorn geklappt und festgenäht. Dabei muß man darauf achten, die Taschen für die Segellatten nicht zuzunähen, sie werden übersprungen. Dadurch, daß man die Stoffzugabe nach vorn umschlägt, wird erreicht, daß die Seitenstäbe vor den Segellatten liegen und deren Bewegung nicht behindern.
An den Flügelspitzen wird vorher noch je eine Schlaufe aus schmalem Gurtband eingenäht, um später die Spanngummis für die Segelspitzen aufzunehmen. Die Segelspitze wird nun gerade geschnitten und erhält eine Kappe aus Gurtband (Abb. 5). Wenn anschließend die Ausschnitte für die Querspreizen ausgeschnitten sind, ist das Segel fertig.

Gestänge

Auf jeden Fall sollte das Segel komplett sein, bevor das Gestänge gefertigt wird. Die endgültigen Maße richten sich nach dem Segel, die Angaben in der Skizze sind nur Richtwerte, da jedes Segel etwas anders ausfällt.

Zuerst werden Mittel- und Seitenstäbe angepaßt, dann die Segellatten. Alle Stäbe müssen am Ende ca. 3 bis 5 cm über das Segel hinausragen, damit das Segel gespannt werden kann. Die Verbindung zwischen den Querspreizen und Seitenstäben erfolgt wie üblich mit Schlauchstükken, der Mittelstab sitzt in einem dicken Schlauchstück auf der unteren Querspreize (ähnlich wie beim HAWAIIAN), in das auch das Gummiband eingehängt wird, um das Segel in der Mitte zu spannen

(Abb. 6). Die unteren Querspreizen werden so weit abgelängt, daß die Segelspitzen genau 200 cm voneinander entfernt sind, dann stimmt auch die Höhe der Segeltunnel.

Waage

Die Waage wird an den Ansatzpunkten der Querspreizen an den Seitenstäben und am Mittelkreuz festgeknotet. Die in Abbildung 7 angegebenen Längen sind wiederum nur Anhaltspunkte, die endgültige Länge muß man »erfliegen«. Gerade

bei der Einstellung der Waage empfiehlt es sich sehr, etwas zu experimentieren. Sicher kann man den Drachen, insbesondere das Segel, auch wesentlich weniger aufwendig bauen, z. B. mit durchgehendem Segel und von hinten aufgenähten Segellattentaschen aus Dacron. Jedoch hat sich der Drachen so, wie er hier beschrieben wird, ausgezeichnet bewährt.

SUCCESS

Seinen Namen, zu deutsch Erfolg, hat sich dieser Lenkdrachen von Thomas Schick redlich verdient. Mit extrem abgerundeten Schleppkanten, Segellatten und Stand-Offs erweist sich der SUCCESS als präziser, geräuschloser und, bei hohen Windgeschwindigkeiten, sehr schneller Lenkdrachen. Optimale Flugeigenschaften entwickelt er bereits ab 3 Bft., was ihn auch für windschwächere Regionen tauglich macht.

Material

220 cm Spinnaker
400 cm Dacronband, 6 cm breit
150 cm Dacronband, 3 cm breit
25 cm Gurtband
5 × 150 cm CFK-Rohr, 6 mm
2 × 82,5 cm CFK-Rohr, 6 mm
2 × 57 cm GFK-Stab, 3 mm
4 Gummimuffen, 3 mm
6 Gummimuffen, 6 mm
4 Pfeilnocken, 6 mm
2 Aluringe für die Waage
100 cm Gewebeschlauch, Innendurchmesser 6 bzw. 9 mm
100 cm Gummischnur
500 cm Waageschnur
20 cm Gewebe-Klebeband

Bauanleitung

Zuerst wieder die ganze Bauanleitung durchlesen, studieren Sie dabei die Übersichtsskizze (Abb. 1) des Drachens, ehe Sie mit der Arbeit beginnen.

Segelteile anfertigen

Entsprechend den Schnittmustern werden drei Schablonen aus Pappe angefertigt. Die Maßangaben verstehen sich ohne Saumzugabe. Achten Sie auf die 4 cm Zugabe für die Segellattentasche bei den Teilen Nr. 2. Die Radien an der Schleppkante sind Näherungswerte, verbindlich für die Segelform sind die Winkelangaben in Abb. 2. Wenn Sie die Segelteile heiß ausschneiden, sorgen Sie unbedingt für eine gute Belüftung des Arbeitsplatzes! 1,5 cm Nahtzugabe für Naht und Saum für jeder Segelseite nicht vergessen.

Das Segel nähen

Mit Geradeausstich, Stichlänge 3 bis 4 mm, werden als erstes die 108 cm langen Kanten bei Teil 2 und 3 gesäumt. Danach wird die Schleppkante gesäumt. Sie sollte nach Möglichkeit doppelt umgeschlagen werden. Allerdings: Ist schon bei geraden Segelkanten ein doppelter Saum nicht ganz unproblematisch, so kann er bei gebogenen Kanten zum Alptraum werden. Daher empfiehlt sich das Säumen in zwei Arbeitsgängen. Tip: Um die Kurven sauber hinzubekommen, nähen Sie in kurzen Nähschritten.

Dann werden die Teile 2 und 3 zusammengesetzt. Sie werden so vernäht, daß Teil 2 etwa 3,5 cm übersteht (Abb. 3a). Diesen überstehenden Streifen umklappen und auf Teil 2 festnähen. Somit liegt der Saum von Teil 2 jetzt innen (Abb. 3b). Nun werden beide Flügelhälften an das Mittelteil (Teil 1) genäht, wahlweise mit offener oder geschlossener Kappnaht, wobei letzterer eindeutig der Vorzug zu geben ist, auch wenn's etwas kniffliger ist. Nachdem die Segelteile nun komplett zusammengenäht sind, werden die Seitenkanten einfach gesäumt.

Verstärkungen aufsetzen

Im nächsten Arbeitsgang wird das 3 cm breite Dacronband auf die Segelmitte genäht, ebenso wie die Verstärkung (6 × 6 cm) für den mittleren Ausschnitt (Abb. 4). Am unteren Ende entsteht eine Stabtasche aus einem der Länge nach gefalteten Dacronstück.

Seitenholmtaschen aufsetzen

Diese Taschen entstehen aus dem 6 cm breiten Dacronband. Für jede Seite wird ein 124 cm langes Stück so auf der Mittelachse gefalzt, daß ein doppellagiges Stück mit den Maßen 120 × 3 cm entsteht. Tip: Wenn Sie den Falz mit dem Bügeleisen (Temperatureinstellung Wolle) fixieren, erleichtern Sie sich die Verbindung mit den Seitenkanten des Segels (Abb. 5). Die letzten 8 cm vor der Schleppkante werden nach hinten umgelegt, als Verstärkung für das Gummiband, das später hier eingesetzt wird (Abb. 6).

Stoßfänger bzw. Kopfstück

Für viele eine der schwierigsten Arbeiten am Drachen. Es ist jedoch einfacher, als es auf den ersten Blick aussieht. Hat die Devise »sauber und genau arbeiten« beim Drachenbau generell Bedeutung, ist sie an dieser Stelle ganz besonders ernst zu nehmen. Die Kopfseite des SUCCESS ist 19 cm breit, das Material für das Kopfstück sollte allerdings etwas länger sein. Der Überschuß wird nach Fertigstellung mit dem Lötkolben (gute Belüftung nicht vergessen!) weggeschnitten. Nehmen Sie also dafür je 25 cm Gurt- und Dacronband, falten beides auf der Längsachse, fassen damit die Drachennase (Dacronband innen) ein, indem Sie diese Verstärkung sorgfältig mit dem Segel vernähen (siehe Abb. 7). Passen Sie aber auf, daß Sie dabei nicht die Taschen für die Segellatten und Seitenholme zunähen! Berücksichtigen Sie dabei

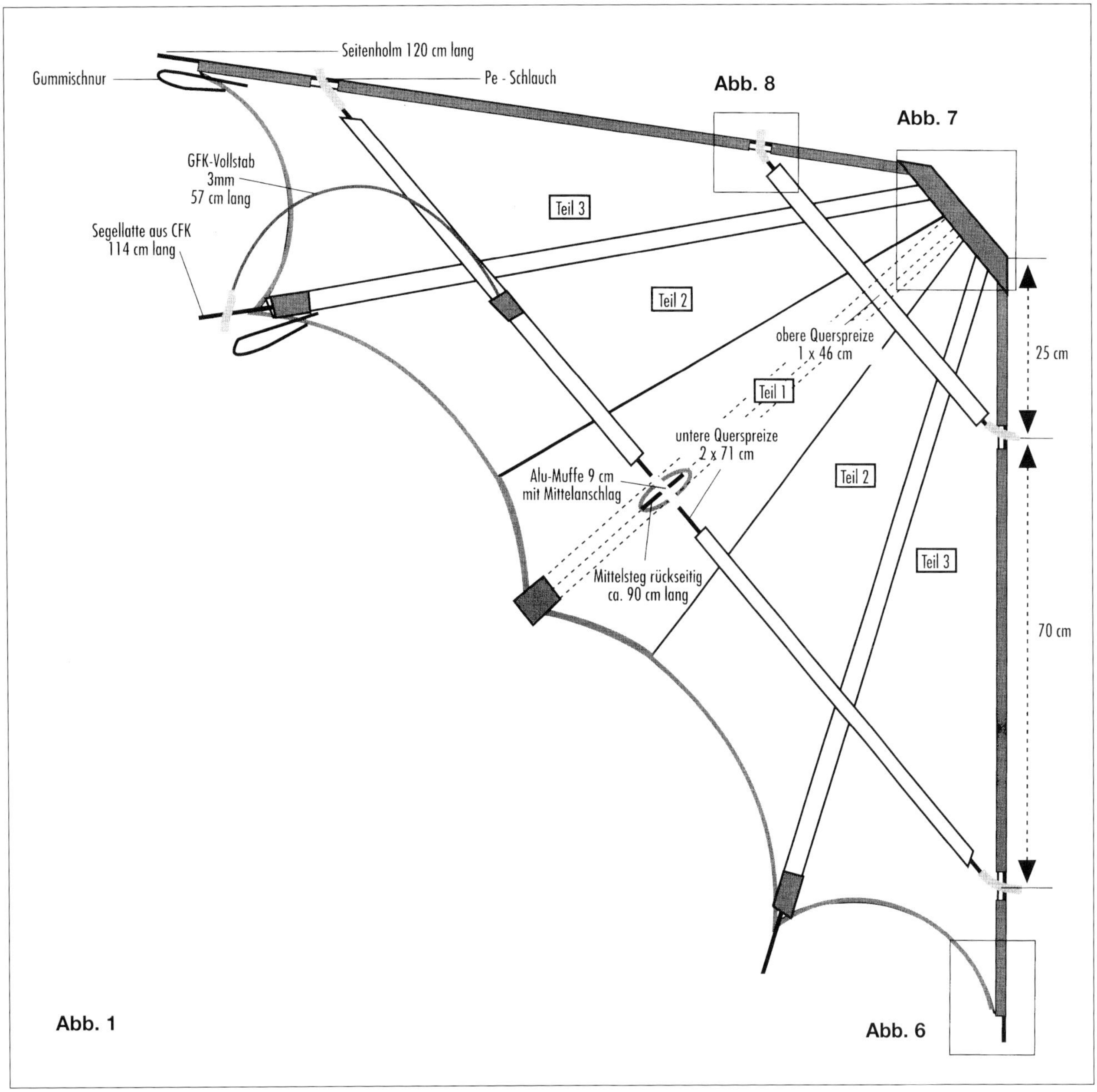

Abb. 1

auch, daß sich die Größe der Taschen nicht nur nach dem Stabdurchmesser richtet, sondern auch nach den Gummikappen. Legen Sie zudem die Nähte so, daß eine weitere Tasche für die obere Aufnahme des Mittelstabes entsteht.

Wahrscheinlich müssen Sie für diese Näharbeiten den Füßchendruck Ihrer Maschine reduzieren, denn es werden immerhin zwei Lagen Gurtband, Dacron und das Segel unter dem Füßchen liegen. Einmal langsam und sorgfältig nähen – das ist besser als schnell genäht und wieder aufgetrennt!

Wenn Sie abschließend die Überstände mit dem Lötkolben angeschnitten haben, schneiden Sie auch gleich die Öffnungen für die PE-Schläuche in die Seitenkanten (Position s. Abb. 1) sowie die Löcher für die Gummispannschnüre am unteren Ende der Segellattentaschen und der Seitenkanten (Abb. 6 und 8).

Für die Löcher der Gummispannschnur gibt es noch eine aufwendigere, aber auch haltbarere Alternative in Form von Metallösen. Bewährt haben sich Ösen der Firma Prym (Bezugsquelle: Kurzwarenabteilung im Kaufhaus oder Eisenwarenhandlung). Oft werden Ösen zusammen mit dem Einschlagwerkzeug im Set angeboten. Der Vorteil der Ösen liegt auf der Hand: Die Kräfte der Spanngummis wirken auf die Ösen, nicht auf die Dacronverstärkung.

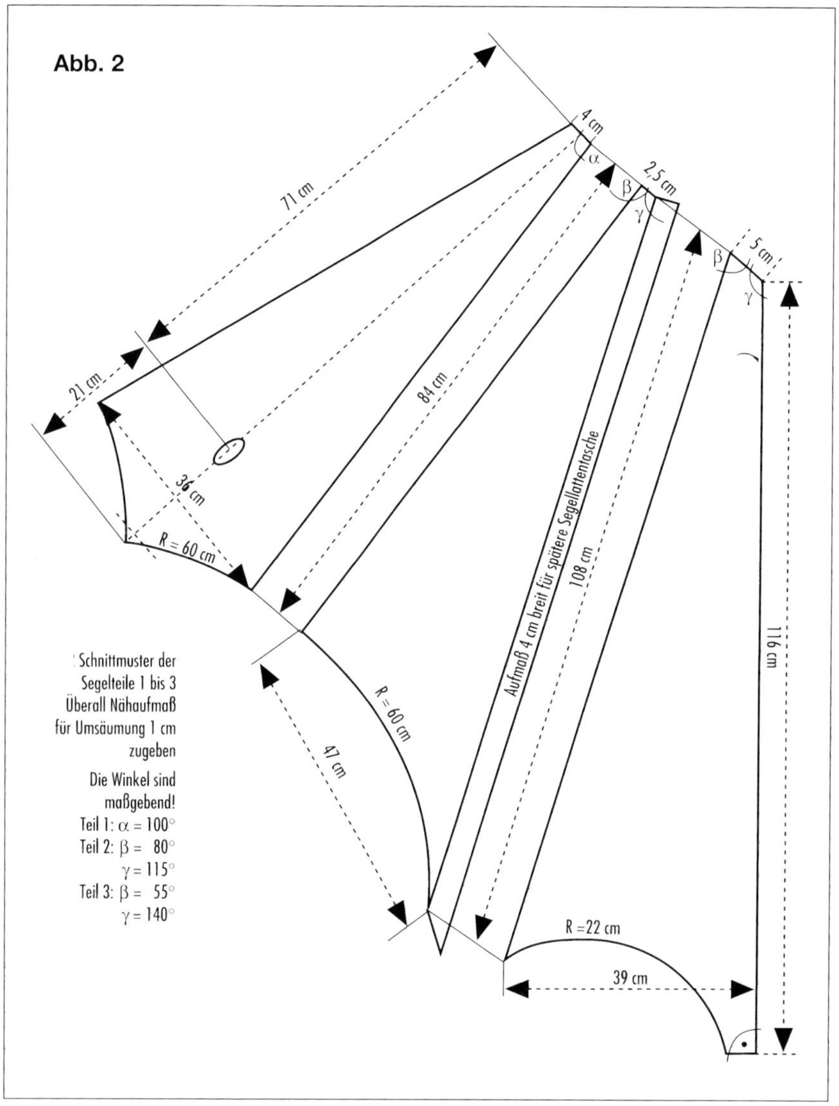

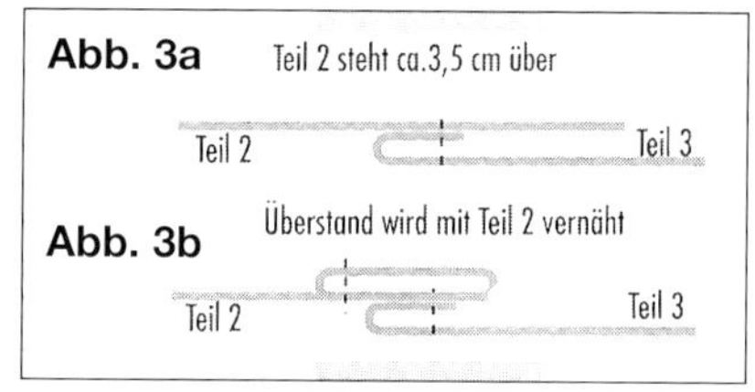

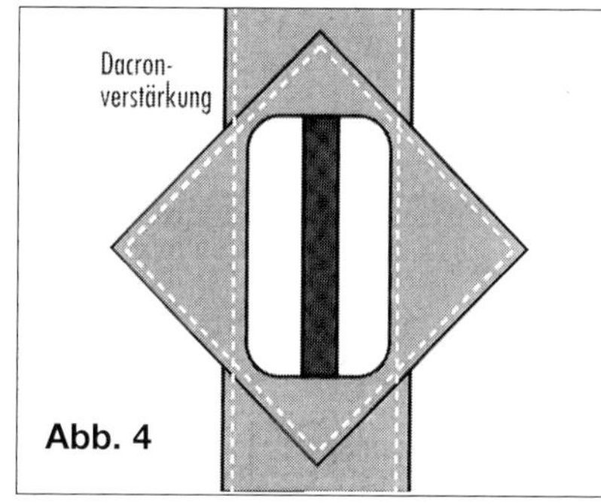

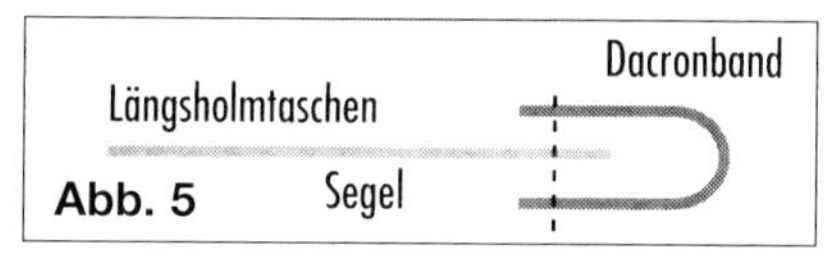

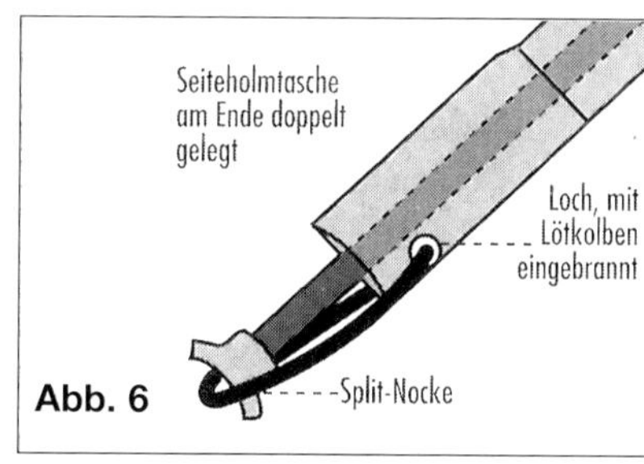

Das Gestänge einsetzen

Selbst auf die Gefahr hin, daß wir uns wiederholen: Die Stäbe werden dem Segel angepaßt, nicht umgekehrt! Zuerst ist der Mittelstab einzusetzen: PE-Schlauch für den Aluverbinder auf den Stab schieben, Gummikappen aufstecken und den Stab einschieben. Dann die Seitenholme entsprechend verarbeiten. Dabei werden während des Einschiebens an den Aussparungen der Seitenkanten die Schlauchverbinder (Abb. 8) auf den Stab gesteckt. Bevor das Ende des Stabes, nach Passieren der oberen Aussparung der Seitenkante, in der, hoffentlich sorgfältig vernähten, Tasche des Kopfstückes verschwindet, wird auch hier eine Gummikappe zum Schutz aufgesetzt.
Nun zu den Segellatten: PE-Schlauch aufschieben, Gummikappe aufsetzen und in die Tasche stecken. Abschließend die Querspreizen unten und oben einpassen. Bei den unteren nicht vergessen, einen Schlauchabschnitt aufzuschieben.

Abschlußarbeiten

Setzen Sie die Pfeilnocken auf die unteren Enden der Seitenstäbe und Segellatten, knoten Sie die Gummispannschnüre ringartig in die Löcher bzw. Ösen, und spannen Sie sie über die Pfeilnocken. Jetzt setzen Sie die GFK-Stäbe als Spannstäbe zwischen den Schlauchstücken auf den unteren Enden der Segellatten und den Schlauchstücken auf den unteren Querspreizen ein. Das Ergebnis sollte ein straffes, symmetrisch gewölbtes Segel sein. Ist dies bei Ihrem SUCCESS nicht der Fall, prüfen Sie die Position des Schlauchstückes, das den GFK-Stab auf den Spreizen aufnimmt. Das Schlauchstück sollte ziemlich genau in der Mitte einer Segelhälfte sitzen. Eventuell müssen Sie auch einen etwas längeren (oder kürzeren) GFK-Stab nehmen.

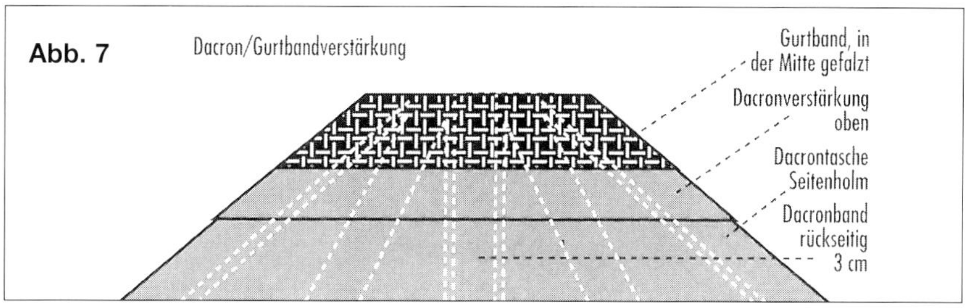

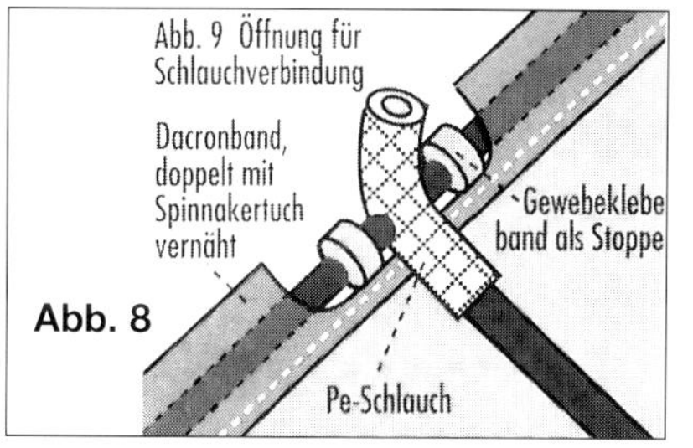

Sitzt alles stramm und paßt, dann sichern Sie die Position aller Schlauchverbinder mit Gewebe-Klebeband. Sicherheitsfanatiker überstreichen das Klebeband zusätzlich mit Alleskleber, damit nichts mehr verrutschen kann.

Waage

Bevor Sie Ihren SUCCESS erfolgreich in die Luft bringen können, muß natürlich noch die Waage angebracht werden. Die ca. 48 cm langen Schnüre bestehen aus einem etwa 96 cm langen Stück (plus Knotenzugabe), das mit einem Lerchenkopf-Knoten in den Aluring eingehängt wird. Die 57 cm langen Außenschnüre (plus Knotenzugabe) werden um die unteren Schlauchverbinder der Seitenholme geschlungen und auf der anderen Seite am Aluring verknotet. Die hier angegebenen Längen der Waageschenkel sind Richtmaße, wahrscheinlich müssen Sie sie den Eigenschaften Ihres SUCCESS noch anpassen. Diese Anpassung erfolgt durch Verschieben des Aluringes auf der durchgehenden Schnur, die vom Mittelkreuz zum oberen Schlauchstück verläuft. Verhält sich der Drachen träge beim Start und will nicht so richtig aufsteigen, muß der Aluring nach unten verschoben, d. h. der obere Zügel verlängert werden. Schießt dagegen der Drachen nach oben, um sofort darauf seitwärts in Richtung Boden zu flattern, muß der obere Zügel verkürzt, d. h. der Aluring nach oben geschoben werden.
Die Veränderungen der Zügellängen sollten nur in sehr kleinen Schritten vorgenommen werden, denn so hervorragend der SUCCESS bei optimaler Einstellung fliegt, er ist, wie eigentlich alle Lenkdrachen, sehr empfindlich gegen überzogene Manipulationen an der Waage.

BEBOP

Stablose Lenkdrachen sind derzeit »in«. Ursache dafür sind hauptsächlich die Vorteile, die stablose gegenüber konventionellen Lenkdrachen haben, als da sind: kleines Packmaß, keine Gestängebrüche, problemloses Handling und, bei entsprechender Auslegung, hohe Zugkraft. Dem gegenüber steht jedoch ein erheblicher Mehraufwand beim Bau und das unter Umständen sehr zeitraubende Trimmen, bis die »Matratze« einwandfrei fliegt.
Der Flugzeug-Ingenieur Christoph Gmelin verwendete für die folgende Bauanleitung ein computerberechnetes Flügelprofil. Dabei herausgekommen ist eine zugkräftige und präzise zu lenkende Matte.

Nähtechnisch ist BEBOP alles andere als ein Anfängergerät, trotzdem ist er nachzubauen, vorausgesetzt, man nimmt sich etwas Zeit. Der BEBOP bietet eine unspektakuläre äußere Form, er wartet eher mit inneren Werten auf. Bei diesem Drachen wird ein Tragflügelprofil eingesetzt, das speziell zugeschnitten wurde auf die Belange von Gleitschirmen und stablosen Drachen.
Um die Bedeutung des Flügelprofils besser verstehen zu können, ist ein kleiner Ausflug in die Theorie der Aerodynamik und Flugmechanik nötig. Wer in erster Linie an der Bauanleitung interessiert ist, der möge die folgenden Abschnitte überspringen.

Kräftegleichgewicht am Drachen

Jeder Lenkdrachen fliegt erst durch das Zusammenspiel von vielen unterschiedlichen Kräften, die sich im Gleichgewicht zueinander befinden müssen. Dieser Sachverhalt wird deutlich, wenn plötzlich eine der am Drachen angreifenden Kräfte wegfällt, und das Gleichgewicht der Kräfte gestört wird, z. B. bei einem Leinenriß fällt schlagartig die Haltekraft des Piloten weg, der Drachen stürzt zu Boden. Abb. 1 zeigt einen Lenkdrachen im Horizontalflug in der Mitte des Windfensters und die am Drachen angreifenden Kräfte. Die folgenden Ausführungen beziehen sich auf genau diese Situation; fliegt der Drachen am Rande des Windfensters, verändern sich zwar die Winkel zwischen den auftretenden Kräften, die aerodynamischen Gesetzmäßigkeiten bleiben jedoch dieselben. In Abbildung 1 sieht man die auftretenden Geschwindigkeiten. Für den Drachen und dessen Aerodynamik maßgeblich ist Größe und Richtung der Anströmgeschwindigkeit in bezug auf den Drachen (»relativer Wind«). Sie setzt sich zusammen aus der Windgeschwindigkeit (»absoluter Wind«) und der zusätzlichen Anströmgeschwindigkeit durch die Bewegung des Drachens. Die am Drachen auf-

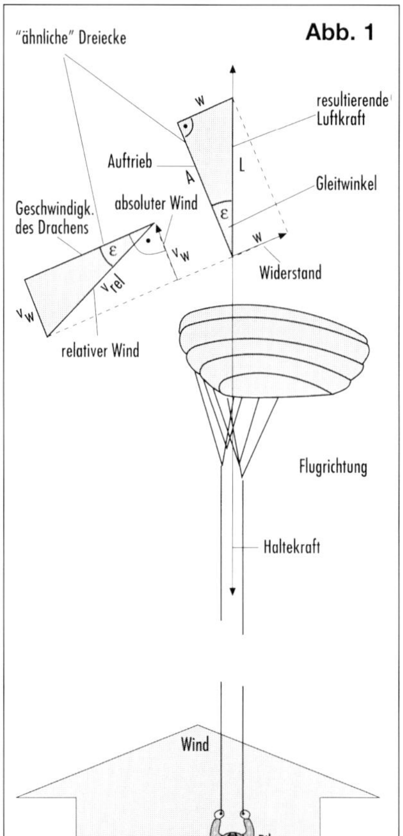

tretenden Kräfte lassen sich zu drei »Hauptkräften« zusammenfassen (vgl. Abb. 1):
– Auftrieb (A) in Richtung des relativen Windes,
– Widerstand (W) senkrecht zur Richtung des relativen Windes,
– Haltekraft, wird vom Piloten aufgebracht.

Die zusätzlich eingezeichnete resultierende Luftkraft (L) ist die Summe aus Auftrieb und Widerstand.
Die (vektorielle) Summe aus Auftrieb und Widerstand, also die resultierende Luftkraft, ist gleich der Haltekraft (Betrag gleich – Richtung entgegengesetzt).
Hier sieht man auch, daß der Auftrieb praktisch der »Motor« ist, der den Drachen nach vorn zieht, während der Widerstand bestrebt ist, den Drachen abzubremsen. Die Kräfte und ihr Verhältnis zueinander ändern sich mit den Anströmbedingungen am Drachen, d. h. mit dessen Eigengeschwindigkeit und der vorherrschenden Windgeschwindigkeit. Der Drachen paßt also ständig seine Eigengeschwindigkeit den sich ändernden Windgeschwindigkeiten an mit dem Resultat, daß immer ein Gleichgewicht zwischen Auftrieb, Widerstand und Haltekraft herrscht. Damit erklärt sich auch, warum ein Drachen bei viel Wind schneller fliegt als bei wenig Wind. Der eingeschlossene Winkel zwischen Auftrieb und resultierender Luftkraft wird als Gleitwinkel E (Epsilon) bezeichnet. Er stellt ein Maß für die aerodynamische Leistungsfähigkeit jedes Fluggerätes dar.
Betrachtet man nun die beiden Geschwindigkeits- und Kraftdreiecke (in Abb. 1 mit Strichlinien gekennzeichnet), so fällt auf, daß es sich um »ähnliche« Dreiecke handelt, d. h. die Winkel und das Seitenverhältnis sind in beiden Dreiecken gleich. Da die Dreiecke (in der Mitte des Windfensters) immer ähnlich sind, folgt, daß eine Veränderung im Seitenverhältnis des Kraftdreiecks sofort ein anderes Seitenverhältnis im Geschwindigkeitsdreieck nach sich zieht. Verändert sich also das Verhältnis von Auftrieb zu Widerstand, so ändert sich auch automatisch das Verhältnis von Eigengeschwindigkeit des Drachens zur Windgeschwindigkeit.
Im Detail bedeutet das: Vergrößert man z. B. bei einer bestehenden Drachenkonstruktion den Auftrieb, ohne den Widerstand zu erhöhen, wird der Gleitwinkel kleiner, der Drachen wird aus aerodynamischer Sicht besser. Die Folge ist, da auch das Geschwindigkeitsdreieck spitzer wird, die Eigengeschwindigkeit des Drachens wird also bei gleichgehaltener Windgeschwindigkeit höher.
Um möglichst hohe Fluggeschwindigkeiten zu erzielen, sollte man also versuchen, den Gleitwinkel klein bzw. das Verhältnis von Auftrieb zu Widerstand groß werden zu lassen!

Auftrieb und Widerstand

Um zu sehen, wo eine Optimierung in die beschriebene Richtung am besten ansetzt, muß man die auftretenden Kräfte im einzelnen betrachten: Auftrieb und Widerstand wachsen mit zunehmender Fläche und Anströmgeschwindigkeit. Der Auftrieb hängt darüber hinaus im wesentlichen vom Anstellwinkel A (Alpha) ab (s. auch Abb. 2), der sich aus Gleitwinkel und geometrischem Anstellwinkel (durch Waageeinstellung) ergibt.
(Der Anstellwinkel variiert während eines Fluges beträchtlich, so wird der Drachen beim Start fast senkrecht von unten angeblasen, während der Anstellwinkel in der Mitte des Windfensters oft nur wenige Grad beträgt.)
Der Widerstand läßt sich in drei Anteile aufspalten:

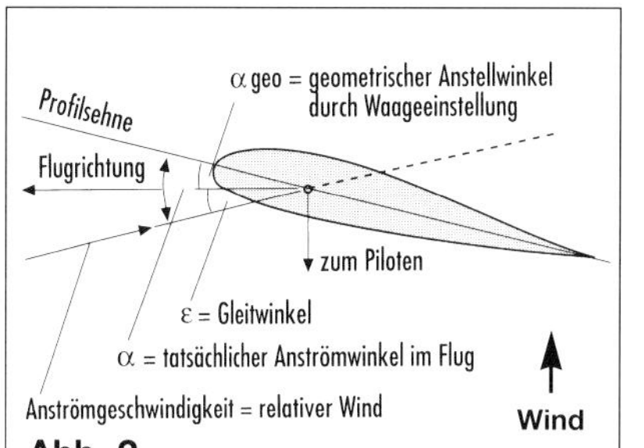

Abb. 2

1. Profilwiderstand – abhängig vom Anstellwinkel und vom gewählten Tragflügelprofil;
2. induzierter Widerstand – entsteht durch den Druckausgleich zwischen Ober- und Unterseite. Er kann z. B. durch die Formgebung des Flügels beeinflußt werden. Ein schlanker, elliptischer Flügel ist günstiger als ein rechteckiger, dicker Flügel;
3. Restwiderstand – wird durch alles hervorgerufen, was »bremst«. So erzeugen Waage, Leinen, Drachenschwänze und flatternde Segelteile einen beträchtlichen Zusatzwiderstand, den man im allgemeinen so gering wie möglich halten sollte.

Hier sieht man schon, daß ein guter Entwurf immer ein Kompromiß zwischen verschiedenen Forderungen ist. Versucht man zum Beispiel, einen induzierten Widerstand durch einen sehr schlanken Flügelgrundriß zu minimieren, so werden bei einem stablosen Drachen automatisch mehr Waageleinen nötig, was dann den Restwiderstand ansteigen läßt. Bei den »normalen« Lenkdrachen geht übrigens der Trend genau in diese Richtung, wie die Entwicklung von der traditionellen Diamantform zum modernen Delta gezeigt hat. Natürlich spielt bei der Festlegung der Segelkontur auch das Handling eine gewichtige Rolle, was im Moment jedoch unberücksichtigt bleiben soll.

Profil

Beim vorliegenden Entwurf BE-BOP lag der Schwerpunkt auf der Reduzierung des Profilwiderstands und der Erprobung eines speziell

Stromlinienverlauf und Wanderung des Staupunktes bei verschiedenen Anstellwinkeln

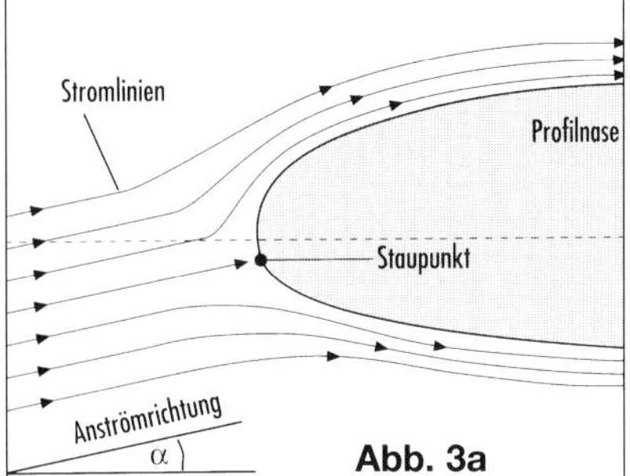

Abb. 3a

bei einem größeren Anstellwinkel wandert der Staupunkt weiter nach hinten.

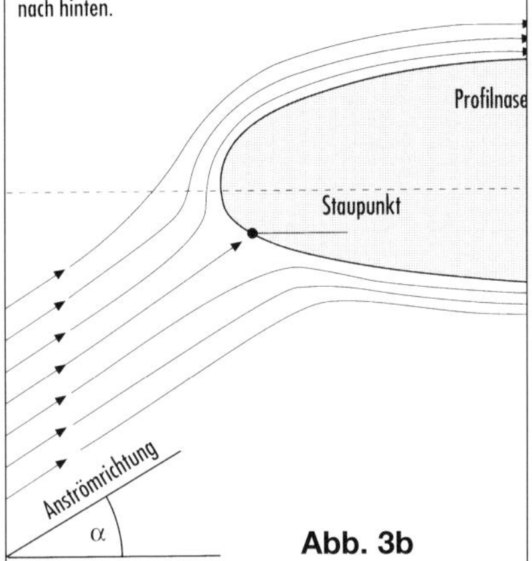

Abb. 3b

für Gleitschirme entwickelten Profils. Das Profil MH 93 (Koordinaten s. Tabelle) wurde 1992 an der Universität Stuttgart von Martin Hepperle mit Hilfe eines speziellen Computerprogramms, dem Eppler-Airfoil-Code, entworfen. Ursprünglich für den Einsatz in Gleitschirmen vorgesehen, erwies sich das Profil auch für unsere Belange als äußerst gut geeignet.
Das Profil hat Eigenschaften, die es von anderen, bisher verwendeten, Profilen unterscheidet:
– geringer Profilwiderstand,
– geringe Wanderung des Staupunktes an der Profilnase bei Veränderung des Anstellwinkels.
Dazu muß man folgendes wissen: Der Staupunkt ist derjenige Punkt auf der Profilnase, an dem sich die Strömung teilt und der höchste Druck auf der Profilkante auftritt (s. Abb. 3a). Der Staupunkt bewegt sich bei Änderung des Anstellwinkels, d. h. er wandert mit wachsendem Anstellwinkel nach hinten (siehe Abb. 3b).
Damit unser (stabloser) Drachen in allen Lebenslagen seine Form behält, muß der Staupunkt immer innerhalb der Luftöffnung an der Stirnseite des Drachens liegen. Bei »08/15«-Profilen mit dicker, runder Profilnase ist deshalb eine riesige Luftöffnung erforderlich, die natürlich die Umströmung des Flügels stört und dadurch den Profilwiderstand stark ansteigen läßt. Beim Profil MH 93 genügt eine relativ schmale Luftöffnung, die dazu noch mit Hilfe eines Gazestreifen stabilisiert wird, um den Drachen in jeder Situation mit ausreichend Druck zu versorgen.
Ein wichtiges Detail ist auch der sogenannte S-Schlag der Skelettlinie (s. Abb. 4). Er ist ein Zeichen dafür, daß der Großteil des Auftriebs im vorderen Teil des Profils erzeugt wird, dadurch genügen drei Aufhängungspunkte in der vorderen Profilhälfte, um das Profil zu stabilisieren (Abb. 5 und 6).
Es hat sich herausgestellt, daß sogar auf den letzten Aufhängungspunkt ganz verzichtet werden kann. Diese Maßnahme reduziert zwar den Restwiderstand durch Wegfall einer Waageleine, verschlechtert aber auch die Starteigenschaften, da sich die Kappe schlechter füllt.
Natürlich hat die verwendete Profilform auch Nachteile, beispielsweise ist die geschlossene, recht spitze Nase wesentlich widerspenstiger beim Nähen als die offenen Profilnasen herkömmlicher Profile.

Koordinatensystem Flügelprofil BEBOP

Die linke Tabelle bezieht sich auf ein 70 cm tiefes Profil (MH 93), wie es im Bauplan verwendet wurde.
Die Koordinaten der rechten Tabelle beziehen sich auf die Länge 1, sie dient zur Umrechnung auf andere Profiltiefen.

X	Y	N	X	Y
70,00	0,00	1	1,00	0,00
69,74	0,00	2	0,99630	0,00
68,97	0,02	3	0,98530	0,00023
67,71	0,08	4	0,96728	0,00113
65,99	0,21	5	0,94272	0,00305
63,86	0,43	6	0,91223	0,00619
61,36	0,75	7	0,87651	0,01066
58,54	1,15	8	0,85149	0,01416
55,47	1,63	9	0,85144	0,01417
52,19	2,18	10	0,85140	0,01418
48,76	2,77	11	0,85135	0,01419
45,22	3,39	12	0,85130	0,01419
41,62	4,01	13	0,83631	0,01641
38,00	4,60	14	0,79241	0,02332
34,4	5,14	15	0,74558	0,03116
30,85	5,62	16	0,69653	0,03964
27,39	6,02	17	0,64597	0,04844
24,05	6,32	18	0,59454	0,05722
20,85	6,51	19	0,54282	0,06566
17,82	6,58	20	0,49137	0,07344
15,00	6,53	21	0,44070	0,08029
12,39	6,35	22	0,39127	0,08595
10,01	6,03	23	0,34351	0,09023
7,87	5,59	24	0,29784	0,09297
5,97	5,02	25	0,25464	0,09405
4,32	4,34	26	0,21428	0,09334
2,92	3,60	27	0,17702	0,09072
1,79	2,80	28	0,14300	0,08618
0,93	1,96	29	0,11240	0,07980
0,34	1,13	30	0,08528	0,07166
0,04	0,34	31	0,06165	0,06206
0,04	-0,33	32	0,04167	0,05141
0,46	-0,90	33	0,02555	0,03996
1,33	-1,45	34	0,01327	0,02801
2,56	-1,99	35	0,00485	0,01613
4,13	-2,52	36	0,00052	0,00492
6,02	-3,01	37	0,00057	-0,00457
8,19	-3,47	38	0,00655	-0,01291
10,63	-3,86	39	0,01893	-0,02070
13,31	-4,20	40	0,03656	-0,02846
16,21	-4,46	41	0,05903	-0,03597
19,29	-4,64	42	0,08596	-0,04305
22,55	-4,74	43	0,11701	-0,04952
25,94	-4,76	44	0,15185	-0,05518
29,43	-4,72	45	0,19017	-0,05994
32,97	-4,60	46	0,23155	-0,06368
36,55	-4,41	47	0,27563	-0,06626
40,12	-4,17	48	0,32211	-0,06768
43,64	-3,87	49	0,37055	-0,06805
47,06	-3,52	50	0,42036	-0,06741
50,37	-3,11	51	0,47104	-0,06573
53,53	-2,66	52	0,52214	-0,06306
56,52	-2,19	53	0,57312	-0,05955
59,32	-1,71	54	0,62337	-0,05530
61,89	-1,26	55	0,67230	-0,05028
64,18	-0,85	56	0,71951	-0,04448
66,16	-0,51	57	0,76471	-0,03804
67,78	-0,26	58	0,80750	-0,03126

X	Y	N	X	Y
68,99	-0,10	59	0,84746	-0,02446
69,74	-0,02	60	0,85402	-0,02332
70,00	0,00	61	0,85407	-0,02331
0,00	0,00	62	0,85412	-0,02330
0,00	0,00	63	0,85417	-0,02329
0,00	0,00	64	0,85421	-0,02328
0,00	0,00	65	0,88409	-0,01799
0,00	0,00	66	0,91685	-0,01217
0,00	0,00	67	0,94515	-0,00734
0,00	0,00	68	0,96832	-0,00373
0,00	0,00	69	0,98561	-0,00143
0,00	0,00	70	0,99635	-0,00030

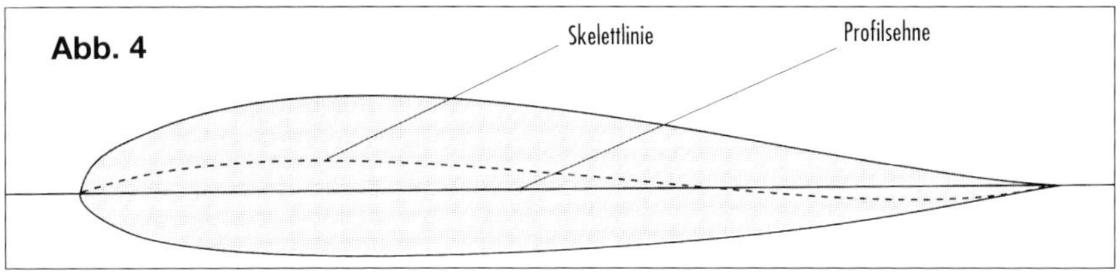

Abb. 4

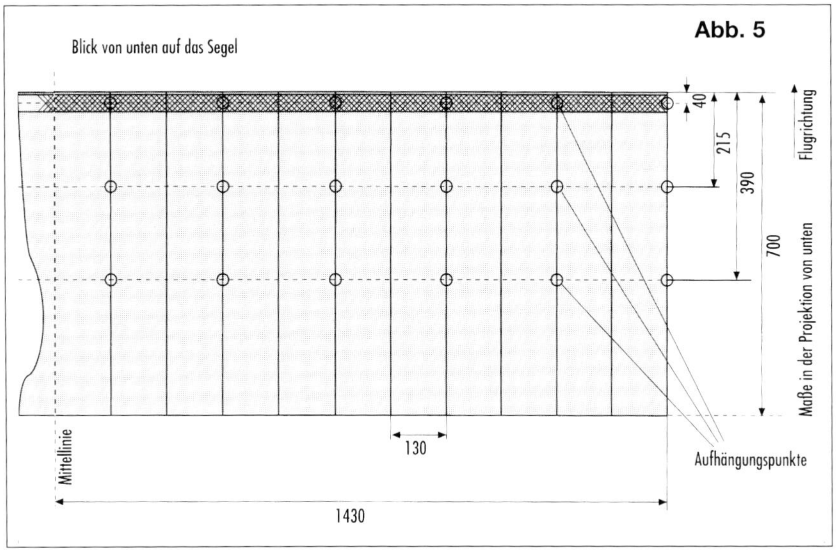

Abb. 5

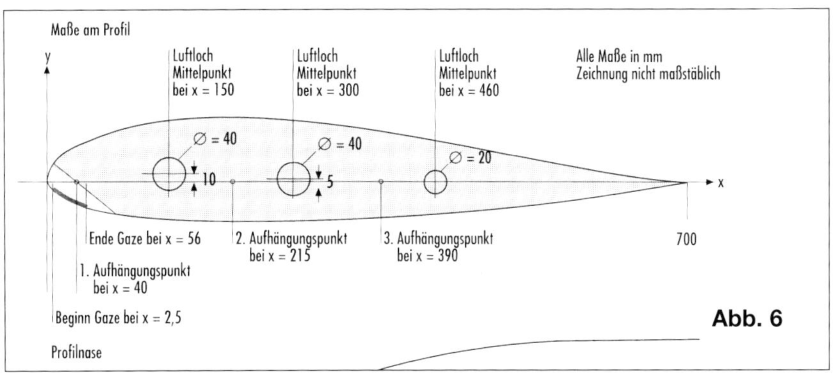

Abb. 6

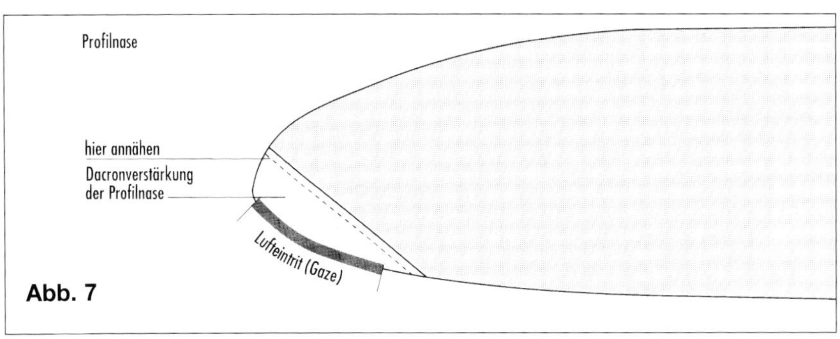

Abb. 7

Material

6–7 m Spinnaker
2 m Dacron, 60 mm breit
1 m^2 Gaze für den Lufteintritt (Fliegengaze für Zelte oder Gardine)
10 m Gurtband o. ä. für die Aufhängungspunkte, 20 mm breit
Schnur und 2 Ringe für die Waage

Bauanleitung

Näharbeiten

Alle, die die vorausgegangenen Seiten nur überflogen haben, können jetzt aufatmen und weiterlesen, denn jetzt folgt die eigentliche Arbeitsanleitung zum Bau von BEBOP. Wie immer: Anleitung vollständig durchlesen und mitdenken! Beim BEBOP bestehen das obere und das untere Decksegel aus einzelnen Bahnen, in deren Nahtzugabe von innen die Profile eingenäht werden. Der Drachen ließe sich wahrscheinlich auch, abweichend von dieser Beschreibung, ganz anders aufbauen (also im Prinzip wie FLEXIFOIL, PARAFLEX etc.), doch hat die auf den ersten Blick unnötig komplizierte Bauanleitung ihre Gründe:
1. die Profilkontur wird gut eingehalten,
2. es gibt keine offenen Nähte von außen,
3. optimale Einleitung der Haltekräfte über Schlaufen direkt in die Rippen des Segels.

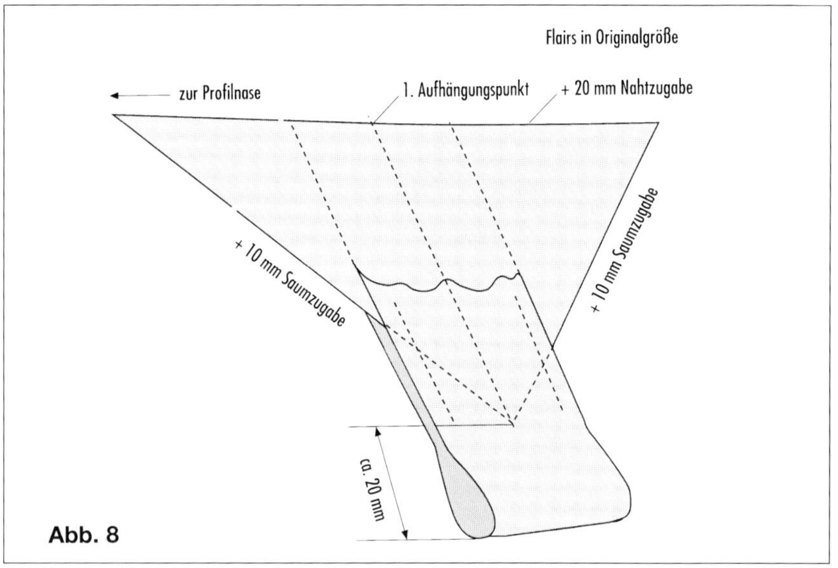

Abb. 8

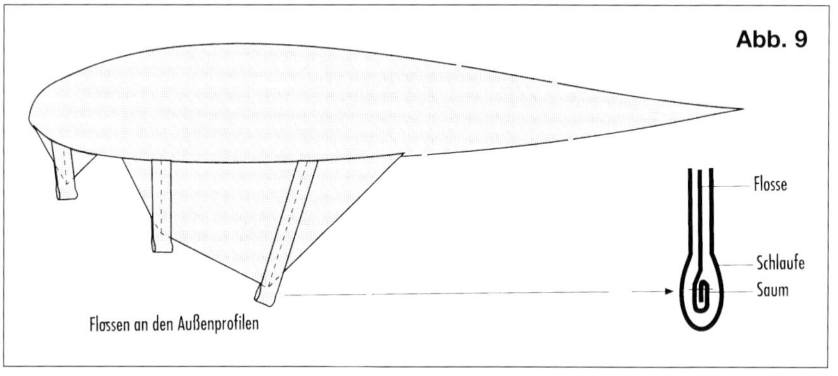

Abb. 9

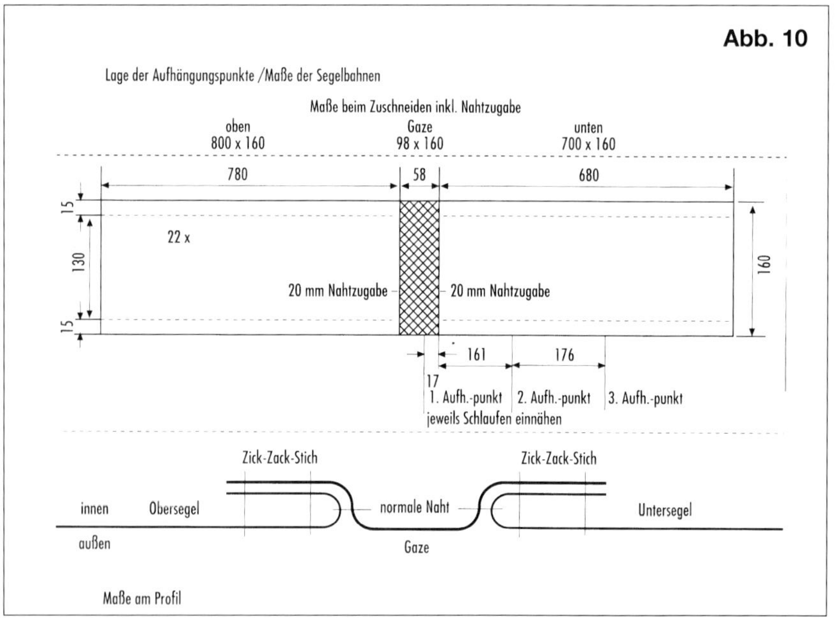

Abb. 10

Profilschablone anfertigen

Zunächst muß aus dickem Karton oder Pappe eine Schablone zum Ausschneiden der Rippen hergestellt werden. Dazu wird zuerst das Profil mit Hilfe der Koordinaten aufgezeichnet und ausgeschnitten. Die einzelnen Punkte werden in ein x/y-Koordinatensystem eingezeichnet und anschließend mit einer weichen Kurve (Kurvenlineal) verbunden. Die Kurve, die später die Profilkontur ergibt, beginnt am Profilende, verläuft über die Oberseite, Profilnase, Unterseite und endet wieder am Profilende. Die Profilnase liegt dabei genau im Ursprung des Koordinatensystems. Gerade bei der Herstellung der Schablone, und auch anschließend beim Ausschneiden der Rippen selbst, sollte man sehr exakt arbeiten, um das Profil möglichst genau zu reproduzieren. Jetzt werden noch die Löcher für den Druckausgleich ausgeschnitten (Abb. 6) und die Position des Lufteintritts sowie der Dacronverstärkung an der Profilnase eingezeichnet (Abb. 7).

Rippen und Segel

Die 21 innenliegenden Rippen werden nun mit Hilfe der Schablone heiß ohne Nahtzugabe ausgeschnitten, ebenso die Löcher zum Druckausgleich. Beim Ausschneiden wird das Dacron für die Nase zwischen Schablone und Spinnaker gelegt und gleich mit ausgeschnitten. Dabei verschmelzen die Ränder von Dacron und Rippenmaterial, und die Verstärkung wird fixiert.
Anfangs- und Endpunkt der Gaze werden auf jeder Rippe genau und deutlich markiert. Es ist übrigens vollkommen egal, auf welcher Seite der Rippe sich die Dacronverstärkung befindet. Anschließend werden die Verstärkungen zusätzlich durch eine Naht gesichert.
Zwei Rippen für die Außenprofile werden ohne Luftlöcher, aber dafür mit einer Nahtzugabe von 2 cm

rundherum ausgeschnitten (Dacronverstärkungen liegen hier im Segel, also einmal links und einmal rechts von der Rippe).
Die Kiele für die Flügelenden werden gemäß Zeichnung (Nahtzugabe nicht vergessen!) zugeschnitten, unten, also dort, wo die Nahtzugabe 1 cm beträgt, gesäumt und mit den Schlaufen für die Aufhängungspunkte versehen (s. Abb. 8 und 9).
Die Einzelteile für Ober- und Untersegel werden je 22 mal nach den Maßen aus Abb. 10 zugeschnitten. Dann wird je ein Oberteil, ein Unterteil und ein Streifen Gaze zu einem Segelsegment verbunden (Abb. 10) und die Lage der Aufhängungspunkte deutlich markiert. Jetzt werden die Segelsegmente zum kompletten Decksegel zusammengefügt, wobei bei jeder zweiten Naht Befestigungsschlaufen (vorher zuschneiden) für die Waage eingenäht werden (Abb. 5 und 11a). Die Nahtzugabe der Segelbahnen muß natürlich nach innen zeigen.

Einnähen der Profile

Was nun folgt, ist der schwierigste Teil des Drachenbaus: Das Einnähen der Profile sowie das Schließen des Segels und der Kammern ist eine ziemlich mühsame Angelegenheit. Begonnen wird mit dem linken Außenprofil. Die Unterseite des Profils wird auf den entsprechenden Segelrand genäht. Die Naht geht dabei von der Vorderkante der Gaze über die Gaze und die Segelunterseite bis zur Hinterkante. Dabei werden die Kiele mit eingenäht, wobei sie eventuell mit Stecknadeln oder ähnlichem festgesteckt werden müssen. Bei allen Nähten muß man am Anfang und am Ende einmal hin- und hernähen, um zu verhindern, daß sie wieder aufgehen (was sehr unangenehm wäre bei einem stablosen, in sich geschlossenen Drachen!). Die Nahtzugabe liegt wieder im Segel (Abb. 11b).
Die 21 Innenprofile werden der Reihe nach von links nach rechts auf

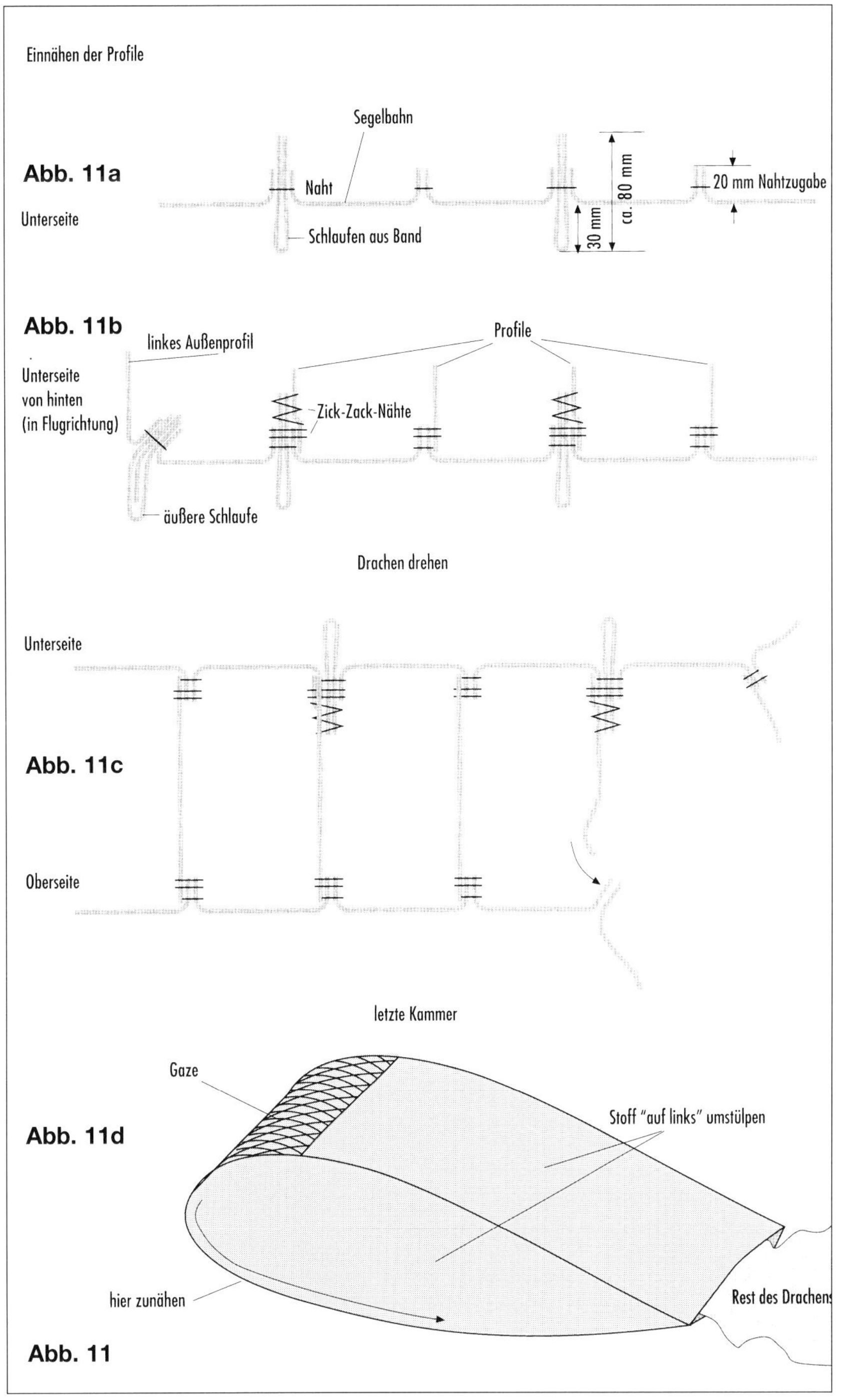

Abb. 11

der Segelunterseite eingenäht (Naht wieder von Vorderkante Gaze bis Hinterkante Profil). Wichtig: Dabei liegen die Profile links und das Segel rechts vom Nähfüßchen. Das Ganze geschieht mit Zickzack-Stich so, daß die Profilkontur genau auf der Längsnaht des Decksegels liegt. Die Enden der Schlaufen, die in das Segel hineinragen, werden mit Zickzack-Stich auf die Rippen genäht. Die Unterseite wird mit der Montage des rechten Außenprofils (s. o.) beendet.
Der letzte Arbeitsgang für die Unterseite besteht in einer penibeln

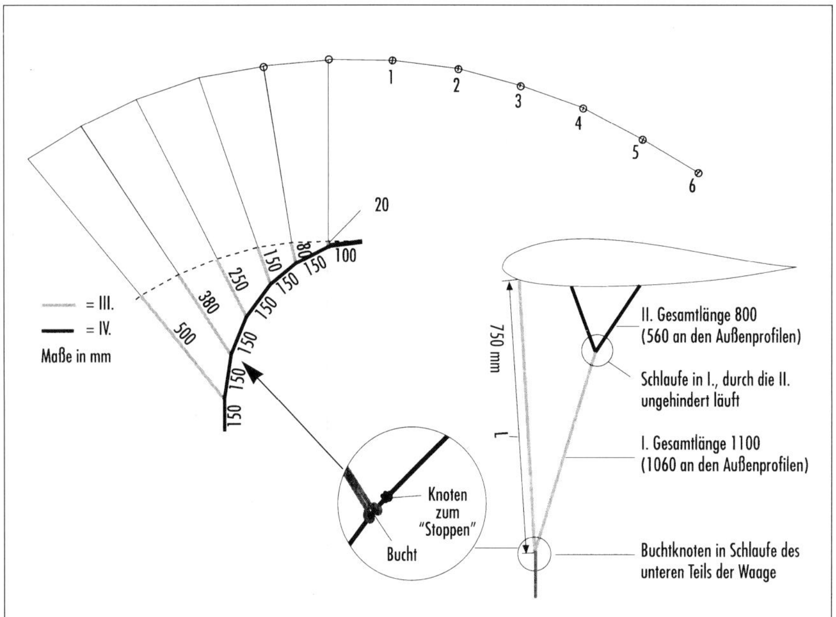

Abb. 12

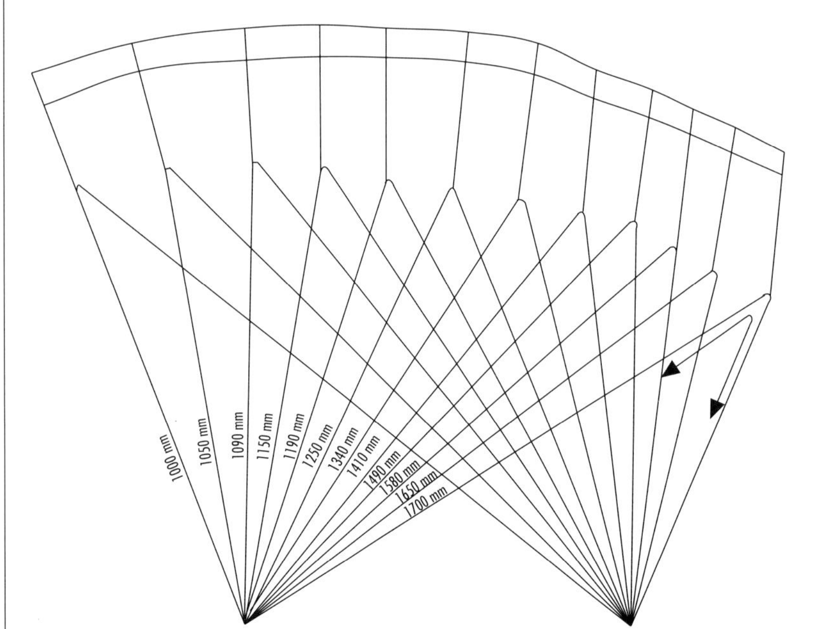

Abb. 13

Kontrolle aller Nähte sowohl von außen als auch von innen, denn jetzt sind Ausbesserungen noch möglich, nach Schließen des Segels nicht mehr.

Danach wird der Drachen auf links gewendet und die Oberseitennaht des rechten Außenprofils genäht (von Vorderkante Gaze über Oberseite zur Hinterkante). Jetzt wird es mühsam, denn es wird nun von rechts außen nach links durchgehend Kammer für Kammer geschlossen (Abb. 11c). Dabei liegt der Drachen auf dem Rücken, und beim Nähen liegt das jeweilige Profil rechts und der Rest des Segels links vom Nähfüßchen. Auf den ersten 2 bis 3 cm verwendet man am besten einen relativ schmalen Zickzack-Stich, um den engen Nasenradius besser nähen zu können, später ist ein breiter Stich besser. Auch hier liegt die Profilkontur genau auf der jeweiligen Segellängsnaht. Unter Umständen muß hier im Nasenbereich die Nahtzugabe der Segelbahnen, die ins Segel hineinzeigt, wenig (!) eingeschnitten werden.

Zuletzt wird mit dem linken Außenprofil die letzte Kammer geschlossen. Die Kammer wird praktisch um den restlichen Drachen herumgelegt (Innenseite liegt außen) und zugenäht. Anschließend wird die Kammer durch die noch offene Hinterkante auf rechts gestülpt.

Um die Hinterkante des Segels zu schließen, näht man zunächst genau an der Hinterkante (von Profilende zu Profilende) entlang und schneidet dann das Segel ca. 2 cm hinter dieser Naht glatt ab. Dadurch lassen sich auch kleine Ungenauigkeiten begradigen. Die so entstandene Nahtzugabe wird zweimal umgeschlagen und sauber festgenäht: Fertig ist der Hinterkantensaum. Somit ist das Segel fertig.

Waage

Generell gilt, daß kleine Ungenauigkeiten bei der Einstellung der Waage relativ unwichtig sind, viel entscheidender ist ihre Symmetrie. Die Maße des oberen Teils der Waage sind Abb. 12 zu entnehmen. Die Schnüre I und II (30–50 kp) sind jeweils durchgehend, wobei II lose durch eine Schlaufe am Ende von I läuft. Der obere Teil der Waage wird durch einen Lerchenkopf-Knoten (Buchtknoten) in I mit dem unteren Teil verbunden.

Für den unteren Teil (Abb. 12) werden zunächst die Verbindungsschnüre III vorbereitet, d. h. Schlaufen an beiden Enden, dann die durchgehende Hauptleine IV (120–150 kp) mit Knoten in den entsprechenden Abständen versehen. Jetzt werden die Verbindungsleinen mit Lerchenkopf-Knoten in die obere Waage eingehängt und nacheinander auf die Hauptleine aufgefädelt (Lerchenkopf- bzw. Buchtknoten, s. Abb. 13). Nachdem an die Enden der Hauptleine jeweils ein Ring geknotet wurde, ist die Waage fertig, es fehlt nur noch die richtige Trimmung.

Trimmung

Zunächst wird an jeder Zelle der vordere Waageschenkel auf eine Länge von 75 cm gebracht (grobe Grundeinstellung). Die Feineinstellung muß natürlich später beim Fliegen erfolgen; dazu gibt es im wesentlichen zwei Anhaltspunkte:

– Wird eine Zelle im Horizontalflug von oben zugedrückt oder klappt eine Seite des Drachens in Kurven nach unten ein, muß dort der Anstellwinkel vergrößert werden, d. h. der vordere Waageschenkel wird etwas verlängert.

– Füllt sich eine Zelle beim Start schlecht oder ist der Solostart allgemein schwierig, sollte der Anstellwinkel verringert werden, d. h. der vordere Waageschenkel wird etwas verkürzt.

Flugeigenschaften

BEBOP bietet ein absolut problemloses Handling bei großen Zugkräften. Der Drachen kann, was die Geschwindigkeit angeht, mit den meisten »Matratzen« locker mithalten. Solostarts sind überhaupt kein Problem, bei starkem Wind muß der Drachen zum Ausrollen der Flugleinen etwas beschwert werden.

Nachtrag

Zwischenzeitlich wurden am BEBOP diverse Waagekonfigurationen getestet. Die besten Flugeigenschaften ergaben sich bei der Verwendung einer Kreuzwaage, ähnlich wie an der PEEL von Peter Lynn. Der obere Waageteil (zwischen Kappe und den Leinen III) bleibt davon jedoch unbeeinflußt (Maße s. Abb. 13). Der Vorteil dieser Waage besteht darin, daß die Kappe besser steht. Dadurch ist vor allem die Neigung, sich in engen Kurven ziehharmonikaartig zusammenzuziehen, verlorengegangen. Weiterer Nebeneffekt ist eine Zunahme des Zuges in engen Kurven.

SILENT WING

Text und Fotos: *Christoph Hartkamp*

Geräuscharme Lenkdrachen erfordern im allgemeinen einen hohen Bauaufwand, wie rundgeschnittene Schleppkanten, z. T. sogar mit innen liegenden Spannschnüren. Getreu nach dem Motto: »Was einfach ist, muß nicht unbedingt schlecht sein«, möchten wir Ihnen hier einen vergleichsweise einfach zu bauenden Lenkdelta vorstellen.

Material

140 cm Spinnaker bei einfarbigem Zuschnitt des Segels
300 cm Dacronband, 60 mm breit
2 × 150 cm CFK, 8 mm für die Seitenholme
1 × 82,5 cm CFK, 8 mm für die obere Querspreize
1 × 150 cm CFK, 10 mm für die untere Querspreize
2 Stabendkappen, 8 mm
1 Muffe, 8 mm
20 cm Gewebeschlauch, innen 8 mm
10 cm Gewebeschlauch, innen 10 mm
alternativ passende Fertigverbinder aus dem Fachhandel
1 Gardinenring, etwa 20 mm
700 cm Waageschnur, etwa 100 daN Reißfestigkeit
2 Alu-Ringe, 20 mm Durchmesser
2 Alu-Ringe, 12 mm Durchmesser
Gewebeklebeband zum Fixieren der Muffe

Bauanleitung

Der SILENT WING ist ein Lenkdrachen, der vom SPEEDWING 999 abgeleitet ist. Dieser moderne Klassiker hat wegen seiner guten Flugeigenschaften und auch seines verhältnismäßig günstigen Anschaffungspreises in den vergangenen Jahren viele Freunde gefunden, trotz seiner verblüffend einfachen Konstruktion.
Der SILENT WING baut auf dem bewährten Prinzip der Kreuzwaage und des fehlenden Mittelstabes auf, unterscheidet sich jedoch von seinem Vorbild in einigen wesentlichen Punkten:
– Das Segel des SILENT WING hat eine größere Streckung, d. h. das Verhältnis zwischen Spannweite und Höhe ist größer, was zwangsläufig auch zu einem größeren Nasenwinkel führt.
– Leit- und Schleppkanten sind leicht gekrümmt. Beide Segelhälften werden mit einer ebenfalls leicht gekrümmten Naht zusammengenäht. Diese Veränderungen geben dem Segel im Wind ein Profil, erhöhen die Spannung der Schleppkante und reduzieren so die Geräuschentwicklung des Drachens im Flug.
– Auf die Flügelspitzen ist jeweils eine Windtasche aufgesetzt und mit einer Steppnaht versehen. Diese Taschen werden vom Wind leicht aufgebläht. Auch diese Maßnahme führt zu einer erhöhten Spannung der Schleppkante. Sie kann nicht mehr so stark flattern, mit dem Ergebnis einer geringeren Geräuschentwicklung.

Im Ergebnis ist der SILENT WING ein mittelgroßer Lenkdrachen (Spannweite ca. 190 cm), der sehr gut für leichte bis mittlere Winde geeignet ist. Ein Drachen für das Binnenland. Er eignet sich nicht für starken Wind, weil dann wegen der hohen Belastung die untere Spreize durchbiegen kann und der Anstellwinkel des Drachens sich ändert.

Wer ihn trotzdem bei stärkerem Wind fliegen will, sollte in die untere Querspreize von 10 mm Durchmesser zusätzlich ein 8mm-CFK-Rohr gleicher Länge einziehen.
Die Anleitung beschreibt den Nachbau in wesentlichen Zügen. Sie geht nicht auf Einzelheiten der Nähtechnik ein. Bevor mit dem Bau begonnen wird, sollte die Bauanleitung ganz durchgelesen werden.

Schablone und Segelzuschnitt

Zunächst wird für den Segelzuschnitt eine Schablone nach Abb. 1a angefertigt. Die Maße enthalten bereits eine Zugabe von 15 mm für den Schleppkantensaum und die Mittelnaht. Um ohne großen Aufwand eine einigermaßen gleichmäßige Krümmung der Leitkanten zu erzie-

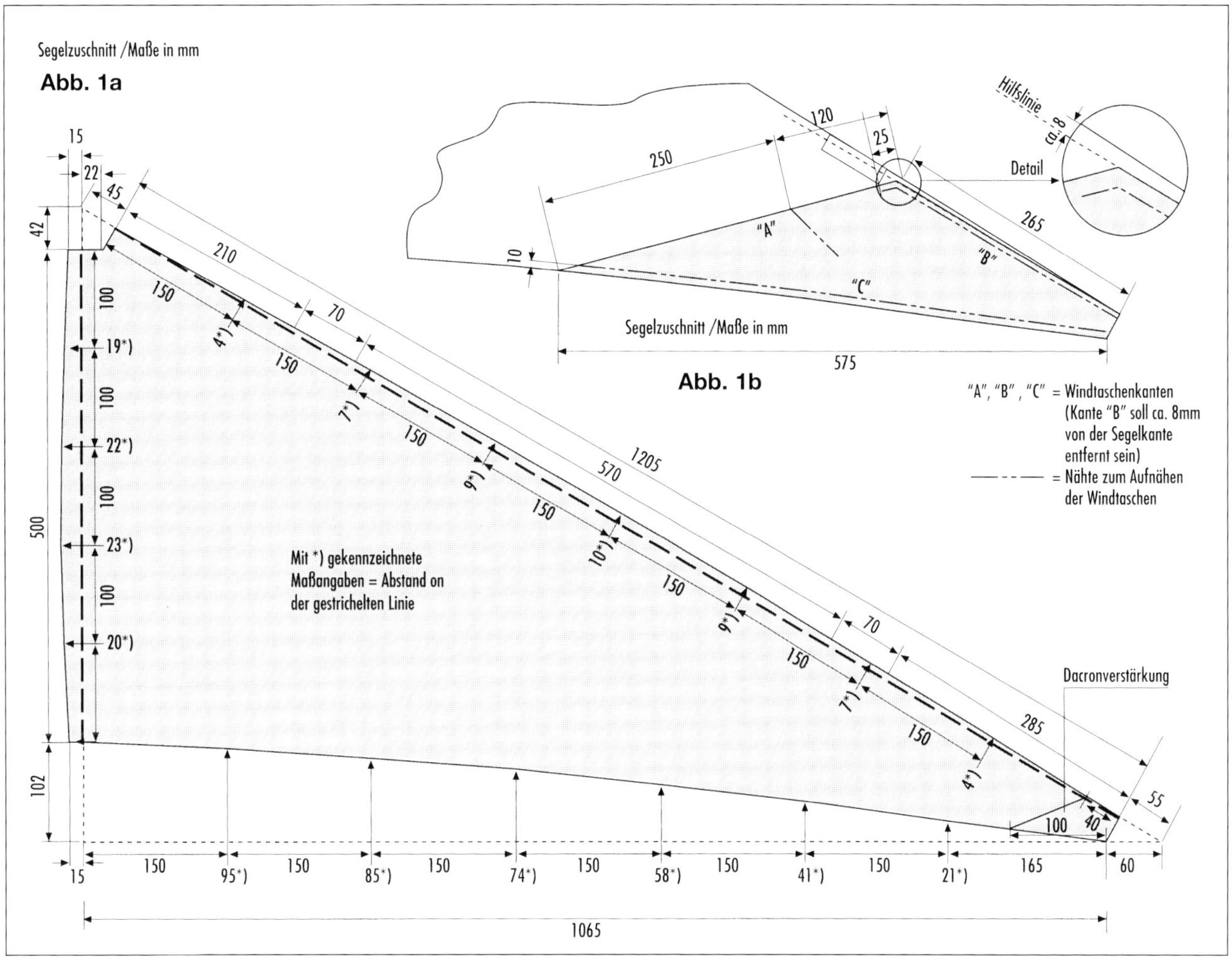

len, werden zunächst die geraden Hilfslinien sowie alle Segelmaße (gestrichelt) auf den Karton übertragen.
Danach werden, nach Maßgabe der Zeichnung, ausgehend von der jeweiligen Hilfslinie (gestrichelt), die Krümmungsmaße abgetragen. Ein GFK-Stab wird so gebogen, daß er alle markierten Punkte miteinander verbindet. Die so entstandene Krümmungslinie wird nachgezeichnet. Anschließend wird die Schablone für die Windtaschen angefertigt (s. Abb. 1b). Werden Segel- und Windtaschenhälften mit dem Lötkolben, also heiß, zugeschnitten, achten Sie bitte auf eine gute Belüftung des Arbeitsplatzes.

Nähen der Segelteile

Die Drachenhälften werden deckungsgleich aufeinandergelegt und dann mit einem Abstand von 15 mm entlang der gekrümmten Mittelnaht aufeinandergenäht. Danach werden die Hälften auseinander gefaltet und der von der Naht überstehende Streifen als geschlossene Kappnaht auf der Drachenrückseite vernäht. Da der Drachen keinen Mittelstab hat, entsteht durch diese Naht eine geringfügige Gewichts-Asymmetrie, die aber keinen Einfluß auf das Flugverhalten hat. Allerdings muß man beim Nähen der zweiten Naht (Schließen der Kappnaht) auf absolut gleichmäßigen Abstand der ersten und zweiten Naht zueinander achten und auch darauf, daß keine Falten eingenäht werden, damit die beabsichtigte Krümmung an der Mittelachse des Segels nicht verlorengeht. An beide Flügelspitzen werden anschließend entsprechend der Abbildung 1a Dacronverstärkungen auf die Drachenrückseite genäht. Als nächstes werden die Windtaschen wie folgt auf die Vorderseite des Segels genäht:
Zuerst werden die Windtaschen an der Kante A (s. Abb. 1b) einfach gesäumt. Dann wird eine Windtasche deckungsgleich auf eine Flügelspitze gelegt. Der gerade genähte Saum der Windtasche liegt innen, zum Segel hin. Nun wird die Tasche an der Schleppkantenseite (Kante C) auf das Segel genäht, ca. 10 mm vom Rand der Schleppkante entfernt. Anschließend wird die Tasche an

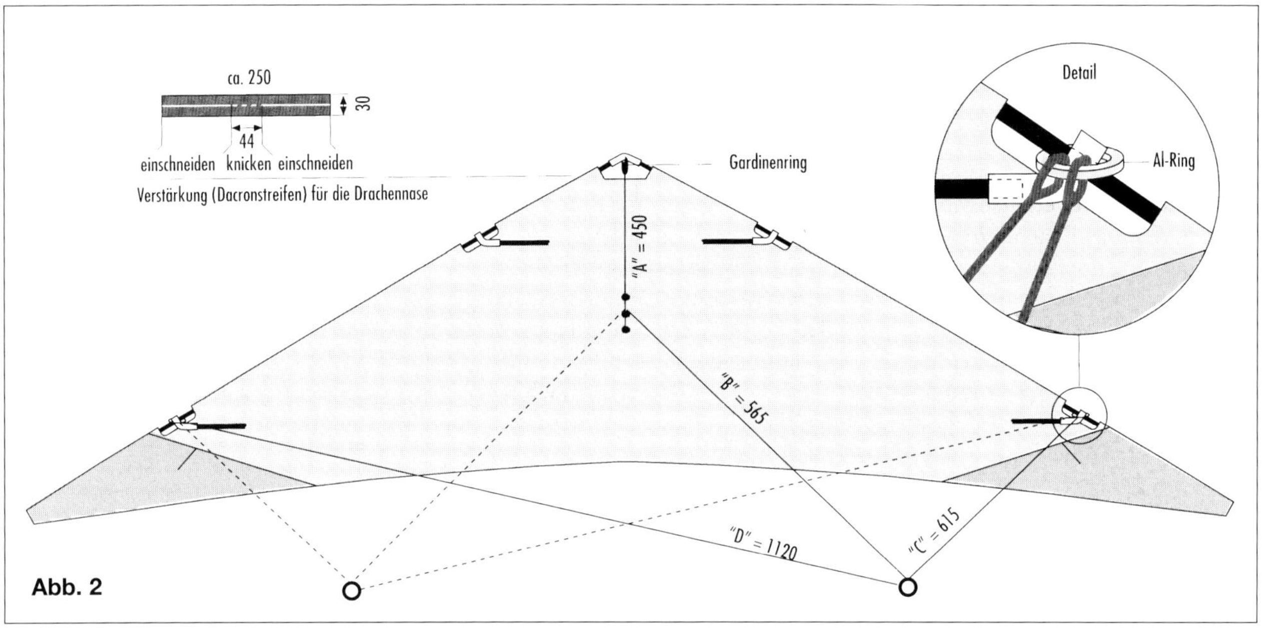

Abb. 2

der Eintrittskante, wie aus Abb. 1b ersichtlich, entlang der Hilfslinie (gestrichelt) aufgenäht. Die etwa 3,5 cm lange Steppnaht wird, wie in Abb. 1b gezeigt, angebracht. Mit der zweiten Windtasche wird an der anderen Flügelspitze analog verfahren.

Abschließende Näharbeiten

Die Schleppkante erhält einen geschlossenen Saum. Für die Drachennase wird aus einem 2 bis 3 cm breiten und etwa 25 cm langen Dacronstück das Verstärkungsteil so aufgenäht, daß die eingeschnittenen Streifen des Verstärkungsteils jeweils auf der Vorder- und Rückseite des Drachens liegen. Für die Stabtaschen an den Seitenkanten werden zwei Dacronstreifen von je etwa 130 cm der Länge nach gefalzt und dann jeweils so an die Flügelkante genäht, daß sie genau im Falz liegt. Der Dacronstreifen sollte an den Flügelspitzen um etwa 2,5 cm überstehen. Dieser Überstand wird als Verstärkung nach hinten umgelegt und festgenäht. Dabei darauf achten, daß die durch das Aufnähen des Dacrons entstandene Tasche nicht zugenäht wird.

Nun werden nach Maß die Ausschnitte für die Spreizen-Verbinder geschnitten.

Gestänge und Waage

Für die Drachennase wird zunächst durch die Mitte eines etwa 7 cm langen Schlauchstücks (8 mm) ein 2–3 mm großes Loch gestanzt, durch das dann der Gardinenring gefädelt wird. Die Schlauchverbinder entstehen auf herkömmliche Weise, bzw. es werden fertige Verbinder genommen.
Die Waage wird nach Maßskizze (Abb. 2) vorbereitet. Die Maße sind Nettomaße, d. h. ohne Zugabe für Knoten und Schlaufen. Bei der Vorbereitung der Waage ist folgendes zu beachten:
Die Schnur B-C ist jeweils eine durchlaufende Schnur, in die ein Zugring eingehängt wird. Am Ende von B erhält diese Schnur eine etwa 7 cm lange Schlaufe, am Ende von C wird die Schnur am großen Alu-Ring befestigt.
An diesem Zugring wird jeweils die Waageschnur D mit einem festen Knoten befestigt, das andere Ende wird an dem großen Alu-Ring verknotet, an dem bereits das Ende von C verknotet wurde. Die Schnur A erhält an einem Ende eine Schlaufe und wird dann mit einem Lerchenkopf-Knoten in den Gardinenring der Drachennase eingehängt. Im Abstand von etwa 40 cm, 42 cm und 44 cm vom Gardinenring werden in die Schnur A einfache Stopperknoten (doppelt knoten) angebracht. Zur Änderung des Kurvenflugverhaltens können über diese Stopperknoten Anpassungen vorgenommen werden, allerdings muß dann am Zugring die Waage entsprechend verändert werden.

Zusammenbau

Der Drachen kann nun zusammengesetzt werden: Die Seitenstäbe werden aus den 150 cm langen CFK-Stäben auf die richtige Länge von etwa 123,5 cm gestutzt. Doch Achtung: Lieber erst auf 125 cm und bei Bedarf weiter kürzen. Aus den Resten wird die obere Spreize hergestellt, indem die beiden Enden per Muffe verbunden und mit Sekundenkleber oder Klebeband gesichert werden. Alternativ können Sie den oberen Spreiz natürlich auch aus einem Stab entsprechender Länge herstellen.

Das Gestänge wird von der Drachennase aus eingeschoben, und an den Ausschnitten der Seitenholme werden die Verbinder aufgefädelt. Über den unteren Stabverbinder jeweils den großen Alu-Ring so schieben, daß er nicht verrutschen kann (Abb. 2, Detail). Nachdem der untere Stabverbinder aufgefädelt ist, vergessen Sie nicht, die Endkappe aufzusetzen. Zum Schluß die Querspreizen ablängen und einsetzen, Richtmaße: oben 48 cm, unten 140 cm. Auch hier gilt: Lieber erst einmal etwas länger lassen und hinterher kürzen.
Jetzt müssen nur noch die Schlaufen der Waageschenkel B mit einem Lerchenkopf-Knoten (= Buchtknoten) vor den mittleren Stopperknoten des Waageschenkels A eingehängt und der Zugring nach Maßskizze eingestellt werden.

Einfliegen und Justieren der Waage

Für alle, die schon mal einen selbstgebauten Drachen eingeflogen haben, sind die folgenden Hinweise »ein alter Hut«, für Einsteiger aber sind sie unverzichtbar.
– Der Drachen steigt schnell auf, dreht aber nur weite Kreise, kommt möglicherweise »über Kopf« im Flattersturz auf den Piloten zu. Dann ist die Waage zu flach eingestellt. Abhilfe: Durch schrittweises Verschieben des Zugringes gleichmäßiges Verlängern des Waageschenkels B.
– Dreht der Drachen zu einer Seite enge, zur anderen Seite weite Kreise, sind vermutlich die Waageschenkel nicht gleichmäßig eingestellt; entsprechend korrigieren.
– Der Drachen steigt nicht, oder nur mühsam, auf, dreht während des Starts in Bodennähe schnell weg, wird dann unkontrollierbar. Oder er fliegt nach mühsamem Start sehr eckig. In diesem Fall ist die Waage zu steil eingestellt, die vorderen Waageschenkel müssen gleichmäßig, schrittweise verkürzt werden.

Segeldekoration

Hier ein paar Hinweise für diejenigen, denen meine Segeldekoration gefällt. Das Segel aus polyurethanbeschichtetem Spinnakertuch wurde mit Seidenmalfarbe bemalt, z. B. von Deka oder Marabu, die nach Vorschrift mit dem Bügeleisen fixiert wurde. Da Spinnaker die Seidenmalfarbe ganz anders aufnimmt als Seide, müssen die Motive auf dem Drachensegel 2–3mal übereinander gemalt werden, um eine kräftige Farbwirkung zu erzielen. Um ungewolltes Ineinanderlaufen der Farben zu vermeiden, sollten die einzelnen Motive sorgfältig durch ein Konturmittel abgegrenzt werden.

STÜCKWERK

Für den Nachbau dieses Prachtstücks sollten Sie auf jeden Fall Ihre ersten Erfahrungen im Drachenbau hinter sich haben und gut mit der Nähmaschine umgehen können. Und auch hier gilt, wie bei all unseren Bauanleitungen: Bitte versuchen Sie beim Durchlesen der kompletten Anleitung diese gedanklich nachzuvollziehen, bevor Sie sich auf den Zuschnitt stürzen. Noch ein Tip: Die meisten Paneele für diesen Drachen sind so klein, daß sie sehr gut aus Spinnakerresten genäht werden können. Daher ja auch der Name für dieses Modell . . .

Material

Spinnakerreste – bis zu 21 Farben
120 cm Saumband z. B. Yvonne von IKEA, Art.Nr. 51951100
430 cm Dacronband, 3 cm breit
330 cm Dacronband, 6 cm breit
10 cm Rest Gurtband, 6 cm breit
ca. 40 cm dickes Gummiband zum Abspannen von Vorspann-/Mittel-/Außenstab
2 GFK-Stäbe, etwa 94 cm lang, 2 mm
2 CFK-Hohlstäbe, etwa 17 cm lang, 4 mm, dazu 2 passende Pfeilnocken
Etwa 670 cm CFK-Stäbe, 6 mm, dazu 5 passende Pfeilnocken
4 (Schlauch-)Verbinder sowie ein Kreuzstück passend zum 6 mm Stab
für die Waage 2 O-Ringe und etwa 500 cm Waageschnur

Bauanleitung

Zuschneiden und nähen

Fertigen Sie für jedes Paneel eine stabile Schablone an (s. Abb. 1). Achten Sie bitte genau auf die angegebenen Winkel. Schneiden Sie dann, mit Lötkolben und dessen Führung entlang einer Aluminiumschiene, von jedem Paneel je zwei Stück, und achten Sie dabei unbedingt auf den Fadenlauf. Wichtig: Die Schablonen enthalten keine Nahtzugaben! Und Puristen bedenken, daß jedes Paneel, in bezug auf die Beschichtung des Spinnakers, je einmal seitenrichtig und seitenverkehrt zugeschnitten wird. Übrigens: Um Spinnaker zu sparen, werden die Paneele 1f und 2f in je zwei Stücken zugeschnitten und zusammengenäht.
Pro Segelhälfte werden zuerst die Teile 1-2-3 aneinandergenäht. Anschließend wird die Nahtzugabe jeder Naht, in bezug auf die fertige Segelhälfte, nach oben bzw. außen gelegt und mit einer weiteren Naht befestigt. Da dieser Schritt auf alle Paneele zutrifft, werden wir ihn in der weiteren Anleitung nicht mehr beschreiben.
Es folgen die Teile 1a-2a-3a, und die so entstandenen Streifen werden zusammengenäht (Übersicht Abbildung 2). Dann folgen die Teile 1b-2b-3b, und dieser Streifen ist wiederum dem vorigen, bereits zusammengenähten, Teil anzufügen.
Nun folgen die Teile 1c-1d-1e . . .
Die Arbeitsschritte bleiben die gleichen bis zum letzten Streifen. Hierbei werden erst die Teile 1f-2f zusammengenäht, dann folgt das Teil 3f.
Jetzt werden die beiden Segelhälften zusammengenäht und anschließend gemäß Abbildung 3b gesäumt. Das Säumen zwischen der Mittelachse und dem vorgesehenen Vorspannstab erfolgt mit Saumband, der üb-

Abb. 1

BAUANLEITUNG IN STICHWORTEN

1. Schablonen anfertigen
2. Paneele ausschneiden (je 2 x)
3. Teile 1, 2, und 3 zusammennähen
4. 1a, 2a, und 3a zusammennähen und mit dem fertigen Streifen (1, 2, und 3) verbinden
5. 1b,2b, 3b-Streifen annähen
6. Arbeitsschritte wiederholen mit ...c, ...d, ...e
1f an 2f, dann an 3f nähen
zweite Segelhälfte ebenso
7. Segelhälften zusammennähen, säumen
(z.T. mit Daronverstärkung, z.T. mit Saumband)
8. Die Tasche für Vorspannstab
(auf Segelfrontseite zwischen c und d)
9. Dacrontaschen (3cm) für Außenstäbe und Mittelstab
10. Verstärkungen an Mittelstabtasche (3 x 4 cm)
und Kopfteil (Gurtband)
11. Gummiband an der Vorspannstabtasche
12. Verbindungsaussparungen ausschneiden
13. Loch am Verbinder für Stand Off
14. Gestänge anfertigen
15. CFK-Hohlstab anpassen
16. Waage vermessen

Abb. 2a

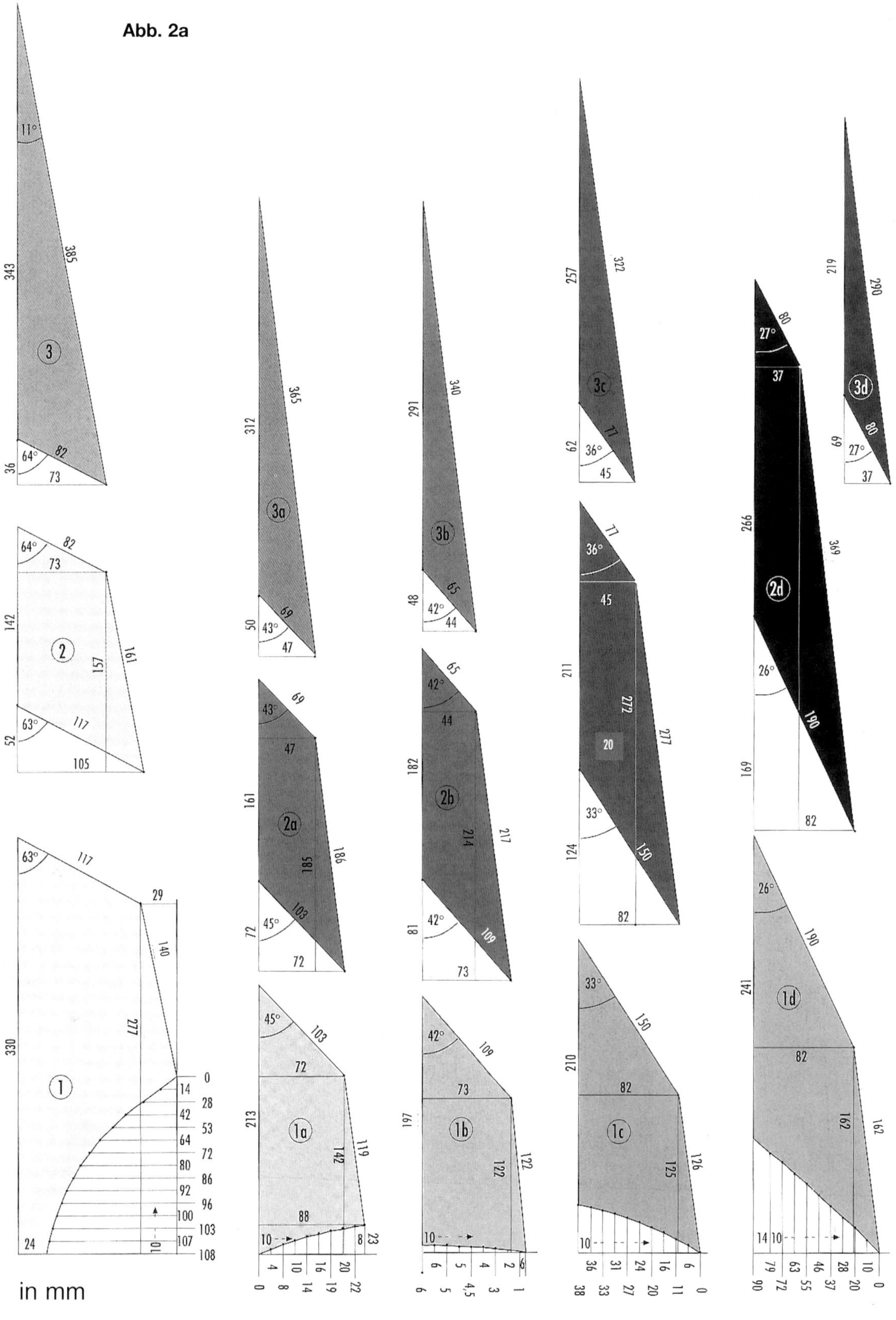

Abb. 2b

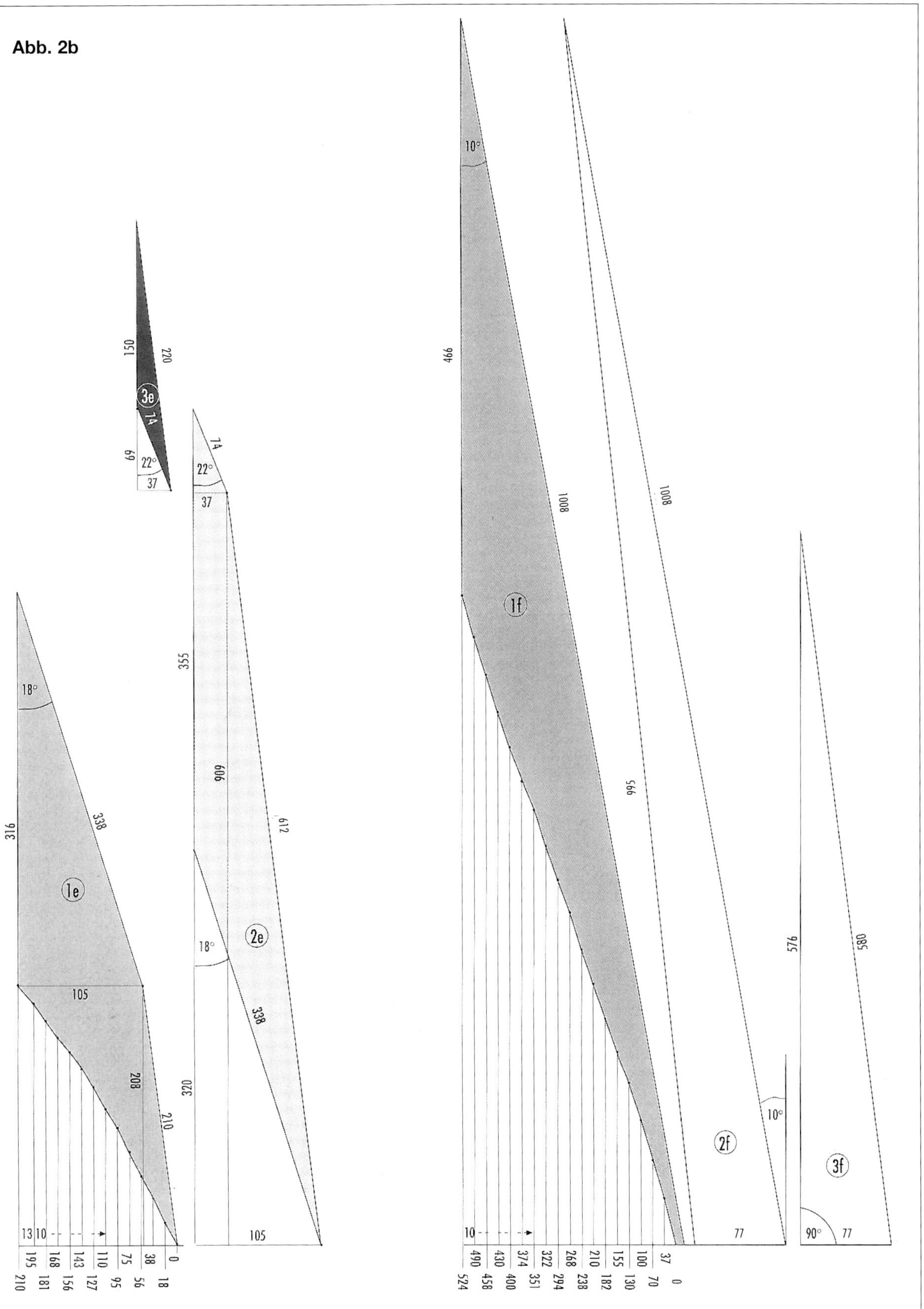
3e
150
220
74
69
22°
37
2e
74
22°
37
355
909
612
18°
338
320
105
1e
18°
316
338
105
208
210
13 10
195 168 143 110 75 38 0
210 181 156 127 95 56 18
1f
10°
466
1008
1008
566
10
490 430 374 322 268 210 155 100 37
524 458 400 351 294 238 182 130 70 0
2f
10°
77
3f
576
580
90°
77

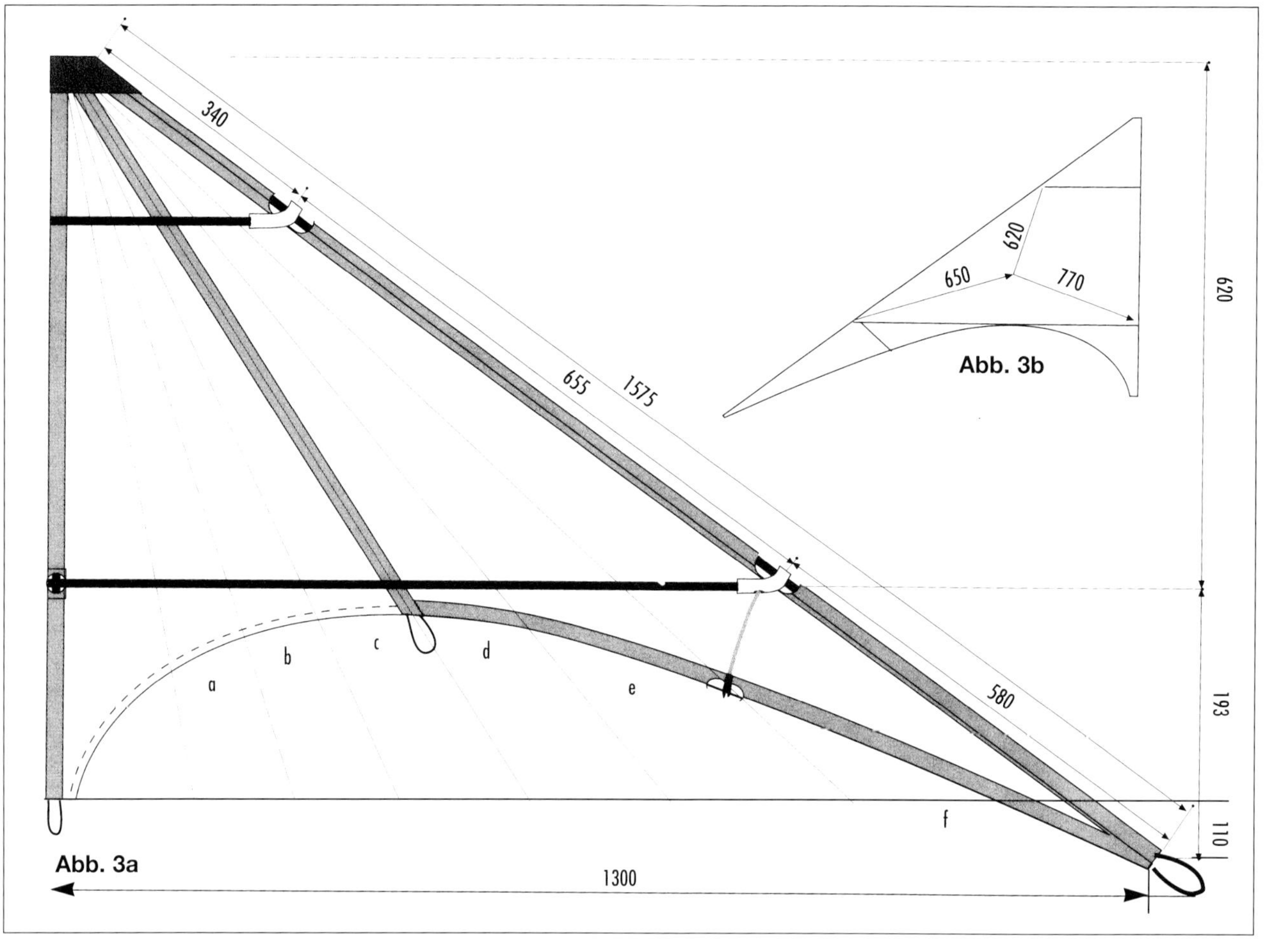

Abb. 3a

Abb. 3b

rige Saum wird eingefaßt mit 3 cm breitem, mittig gefalztem Dacronstreifen. In den so entstandenen hohlen Saum wird nach Beendigung der Näharbeiten ein 2mm-GFK-Stab in voller Länge eingezogen.

Taschen nähen

Der nächste Schritt sind die Taschen für den Vorspannstab. Hierzu wird der 3 cm breite Dacronstreifen wieder mittig gefalzt und jeweils auf die Naht zwischen den Streifen 1c-1d auf die Vorderseite der Segelhälften genäht (s. Abbildung 3a). Dabei darf der Dacronsaum nicht zugenäht werden!

Es folgen aus 6 cm breitem Dacronstreifen die Taschen für die Außenschenkel sowie aus 3 cm breitem Dacronstreifen eine Tasche für den Mittelstab. An der Mittelstabtasche wird vor dem Aufnähen eine 3×4 cm große Verstärkung angebracht, das Kopfteil wird mit einem Rest Gurtband verstärkt.

Das Ende der Tasche für den Vorspannstab wird mit einem Gummiband versehen.

In die Dacronverstärkung der Mittelstabtasche wird mit dem Lötkolben ein Loch zur Aufnahme eines zum Gestänge passenden Kreuzteils geschnitten, desgleichen in die Taschen der Außenschenkel Öffnungen für die (Schlauch-)Verbinder zur Aufnahme der Spreizen. Alle Maße entnehmen Sie bitte der Abbildung 3b.

Für den Stand-Off wird mit dem Lötkolben in den unteren Verbinder ein Loch zur Aufnahme des 4 mm Hohlstabs gebrannt, in dem Dacronsaum wird so viel weggeschmolzen, daß die Pfeilnocke an der unteren Spitze des Stand-Off's gerade über den 2mm-GFK-Stab im Saum paßt (s. Detailskizze 3b).

Gestänge

Aus der Abbildung 2 sind die Maße abzulesen, die jedoch Rohmaße sind: Maßgeblich ist allein Ihr fertig genähtes Segel. Gestänge kann man zur Not kürzen, aber nicht verlängern. Vergessen Sie nicht den Vorspannstab mit Pfeilnocke.

Der CFK-Hohlstab mit Pfeilnocke für den Stand-Off sollte etwas unter Spannung stehen.

Waage

Nun folgt noch die Waage, Maße gemäß Abbildung 3b, Zugaben zum Befestigen sind dabei noch nicht berücksichtigt.

BATMAN

Die Gründe, einen neuen (Lenk)-Drachen zu entwerfen, sind vielfältig. Der, den uns Oliviero Olivieri, Präsident des italienischen Drachenclubs AIA, für seinen BATman verriet, gehört eher zu den ungewöhnlichen: »Immer nur gerade Nähte zu fabrizieren ging mir auf den Geist!« Oliviero verriet uns noch ein bißchen mehr, zum Beispiel die Konstruktionsmerkmale des Vierleiner-BATman. Hier sind sie.

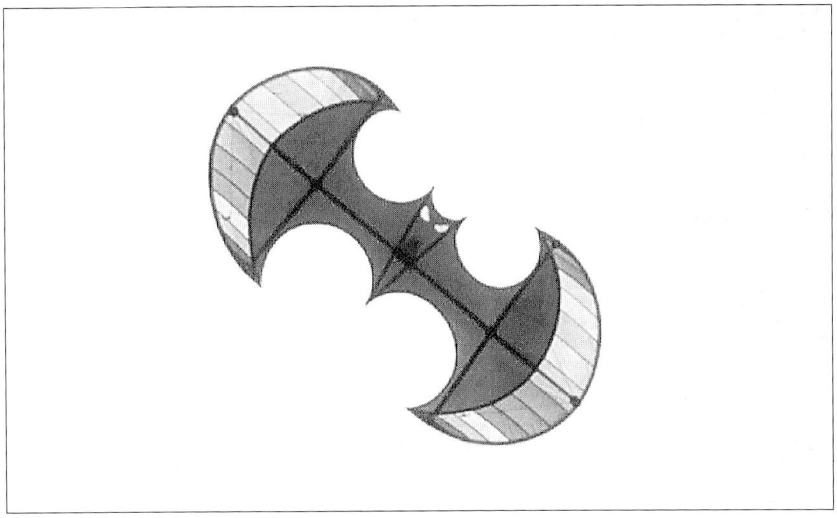

Material

3 m Spinnakernylon
Dacronreste für Verstärkungen
1 x GFK 3 mm Durchmesser, 2000 mm
2 x CFK 8 mm Durchmesser, 1000 mm
1 x CFK 8 mm Durchmesser, 2000 mm
2 x Ramin 6 mm Durchmesser, 1000 mm
ca. 25 cm PVC-Schlauch außen 15 mm, innen 8,2 mm
ca. 20 cm PVC-Schlauch außen 10 mm, innen 3 mm
6 m Waageschnur 40 kp

Abb. 1

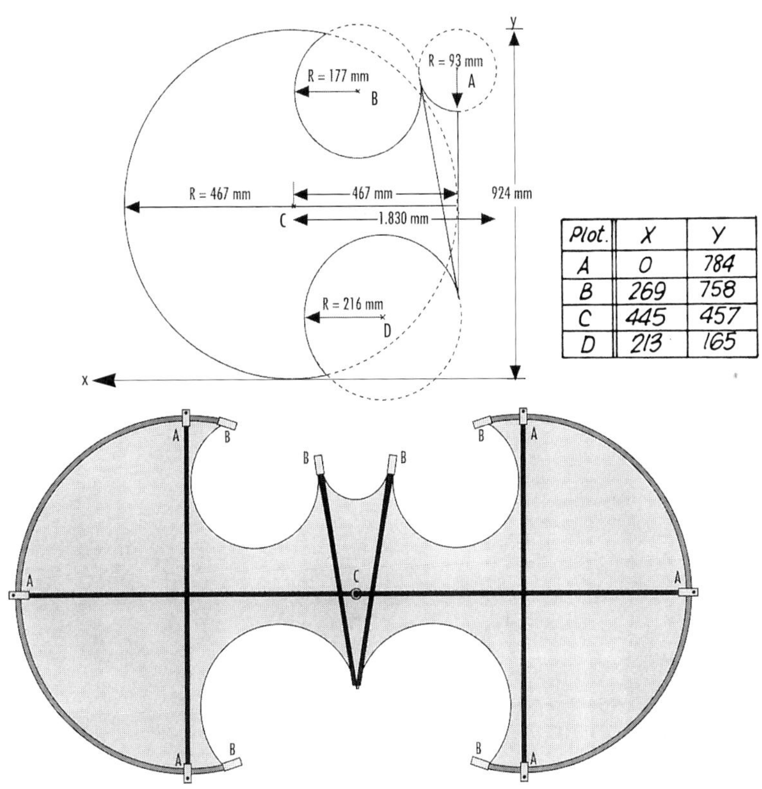

Plot	X	Y
A	0	784
B	269	758
C	445	457
D	213	165

Bauanleitung

Für den Segelzuschnitt des BATman ist eine Schablone unerläßlich. Um eine optimale Symmetrie zu erzielen, wird die Schablone für eine Drachenhälfte hergestellt. Sie müssen sich nicht unbedingt sklavisch an die vorgegebenen Maße halten, wohl aber an die Proportionen.

Zur Herstellung der Schablone gehen Sie am besten wie folgt vor: Skizzieren Sie auf einem ausreichend großen Stück Papier die halbe waagerechte Achse (in unserem Beispiel 912 mm) sowie die ganze senkrechte Achse (hier 924 mm). Mit einem Zirkel (provisorisch aus einer ausreichend langen Holzleiste gefertigt, mit Bleistift und Nagel in Bohrungen mit entsprechenden Abständen) werden die Kreise so geschlagen, daß sich die Kreisbögen schnei-

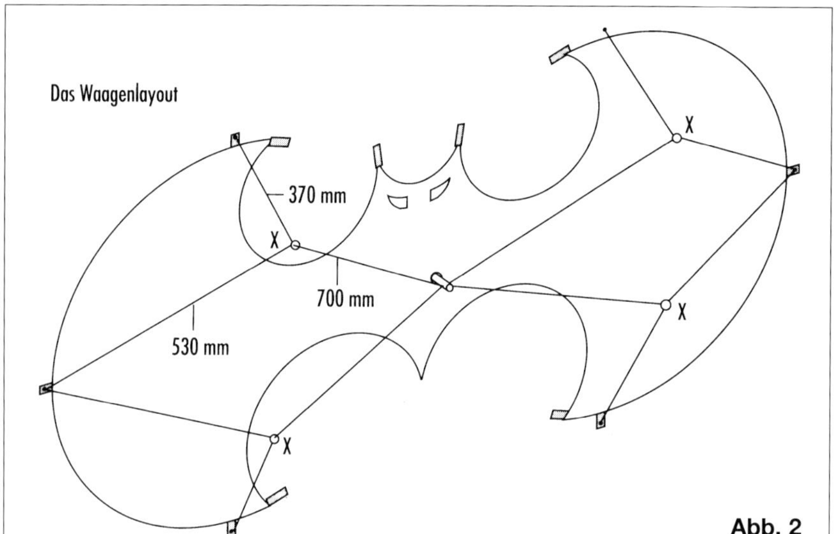

Abb. 2

den, wie es aus Abbildung 1 ersichtlich ist.
Kleben Sie die Papierschablone auf ein Stück Pappe und schneiden Sie sie aus. Beachten Sie, daß die Schablone keine Saumzugaben berücksichtigt. Schneiden Sie die beiden Segelhälften zu, und verbinden Sie die geraden Seiten mit einer einfachen Kappnaht.

Runde Säume verlieren ihre Schrekken, wenn Sie sich mit folgendem Trick behelfen, der jedoch leider sehr viel Spinnaker verschlingt: Schneiden Sie ein Quadrat von 1 m² Spinnaker diagonal durch und von der so entstandenen Diagonale beider Dreiecke jeweils einen 25 mm breiten Streifen ab. Beide Streifen der Länge nach falten, und dann recken Sie die Streifen der Länge nach, Stück für Stück, zwischen Daumen und Zeigefinger beider Hände. Durch diese Dehnung erhalten die Streifen eine spiralförmige Form und lassen sich anschließend relativ einfach um die runden Kanten legen und festnähen. Dieses Verfahren können Sie für alle runden Säume verwenden. Für die außen liegenden Bögen, deren Säume die 3mm-GFK-Stäbe aufnehmen und die bei einem Crash stärker beansprucht werden, empfiehlt es sich, zwei Spiralstreifen von je 10 mm Breite herzustellen, die dann an die Seiten eines 10 mm breiten Dacronbands genäht werden. Sie erhalten so eine Art »Fahrradreifen«, bei dem das Dacron die Lauffläche bildet und die Seiten aus Spinnaker bestehen. Eine durch Dehnung hergestellte Spirale kann man aus Dacron allein nicht herstellen, da es nicht dehnbar genug ist.

An den Stellen, an denen die Rahmenverbindungen sitzen, werden in den »Fahrradreifen« Aussparungen für die Endkappen A und B geschnitten. Diese und der Zentralverbinder C entstehen nicht, wie sonst üblich, aus PVC-Schlauch, da der zu weich ist und der Drachen sich zu stark werfen würde. Stellen Sie die Teile aus Abschnitten von Kunststoffstäben her (s. Branchen-Fernsprechbuch: Kunststoff-Halbzeuge), empfehlenswertes Material ist Nylon (Polyamid) oder Polyäthylen.

Bei diesem Drachen erfolgt, im Gegensatz zu den meisten anderen Drachen, die Verbindung von Rahmen und Segel fast ausschließlich durch die auf das Segel genähten Spannschnüre und die Verbindungsstücke. Lediglich in der Mitte der Unterseite müssen Sie eine V-förmige Tasche aufnähen.
Verwenden Sie für den Quer- und die beiden Vertikalholme 8mm-Kohlefaser, für die V-förmig verlaufenden Mittelholme 6mm-Raminholz, für die rundlaufenden Spannstäbe in den Kanten 3mm-GFK-Vollstäbe. Die Maßangaben im Waagelayout (siehe Abb. 2) verstehen sich netto, das heißt ohne Knotenzugabe. Wenn Sie Ihren BATman zum ersten Mal in die Luft lassen, empfehlen wir Ihnen lange Steuerleinen, nicht unter 45 bis 50 Meter, zu verwenden, da der Drachen sehr sensibel auf Lenkbewegungen reagiert.

DELTA FORCE

Was macht man, wenn alle bekannten Drachen entweder zu zugkräftig oder zu langsam sind? Wenn in der einschlägigen Literatur der Traumdrachen nicht zu finden ist? Selbst einen konstruieren! Der nachfolgende Beitrag soll zeigen, daß dieses Vorhaben keine unüberwindlichen Schwierigkeiten darstellt. Er ist bewußt nicht im Stil einer Bauanleitung mit genauer Vorgabe jedes einzelnen Arbeitsschrittes geschrieben, sondern versteht sich als Anregung zu Eigenkonstruktionen. Nebenbei erfahren Sie, wie ein neues Modell entsteht, von den ersten gedanklichen Spielereien bis hin zum flugfertigen Modell.

Material

1,5 m^2 Spinnaker
250 cm Nahtband
300 cm Dacronband, 6 cm breit
30 cm Gurtband
50 cm Gewebeschlauch
3 × 200 cm CFK-Rohr, 6 mm
1 × 86,5 cm CFK-Rohr, 6 mm
8 Stabendkappen, 6 mm
2 Aluhülsen à 7 cm
2 Aluringe für die Waage
Waageschnur
Kleber, z. B. Technicoll
ca. Spreizmaße:
obere 46,3 cm
untere außen 49 cm
untere Mitte 30,6 cm
ca. Waagemaße ohne Schlaufen und Knoten:
107,5 cm – langer Waageschenkel, von oben außen nach unten außen, nach 48 cm von oben den Aluring einschlaufen
47,5 cm – unterer innerer Schenkel

Bauanleitung

Ralf Garbade und Andreas Röpnack berichten:
Zum Drachenfliegen sind wir gekommen, wie viele andere wohl auch: Man besucht eine Drachenausstellung, hier war es 1988 in der Bremer Stadthalle, und fängt an, Interesse an der Sache zu finden. Der Preis für einen ACE wird als zu hoch empfunden, um ihn zu kaufen. Ein Jahr später kauft man dann aber doch einen – und los geht's mit dem Drachenfliegen. Schon nach kurzer Zeit fingen wir an, selbst Drachen zu bauen und an Drachenfesten teilzunehmen. Während einer langweiligen Vorlesung (wir studieren Informatik an der Uni Bremen) hatten wir nichts Besseres zu tun, als über den »Hawk« eines guten Freundes nachzudenken. Kurz zuvor hatten wir diesen nämlich im Auftrag gebaut und bei gut 6 Bft geflogen. Von Anfang an waren wir von der Geschwindigkeit des Drachens begeistert und wollten uns auch so einen schnellen Drachen bauen. Nur: Unser Drachen sollte einfacher zu starten sein und nicht so gewaltige Zugkräfte entwickeln. Nach einer kurzen Literaturrecherche waren wir der Meinung, daß keiner der bekannten Drachen unsere Forderungen nach hoher Geschwindigkeit bei relativ geringen Zugkräften erfüllen konnte.
Also dachten wir während besagter Vorlesung über einen neuen Drachen nach und hatten schließlich die Idee, den senkrechten Mittelstab wegzulassen und statt dessen zwei Stäbe zu verwenden, die von der Drachennase in einem spitzen Winkel zur Schleppkante verlaufen. Wir hofften, daß durch das Weglassen des Mittelstabes dort eine Wölbung entsteht. Diese Wölbung sollte im Gegensatz zu den beiden äußeren stärker ausgeprägt sein. Das bedeutete in der Mitte eine kleine, stark nach hinten gewölbte Fläche zur

Abb. 1

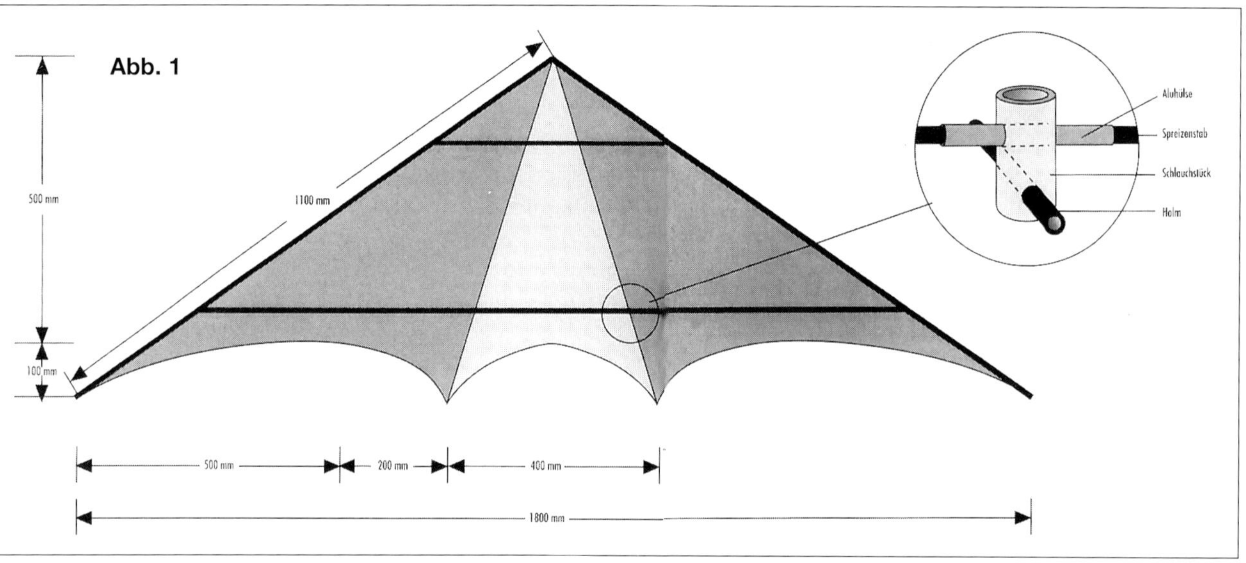

Abb. 2

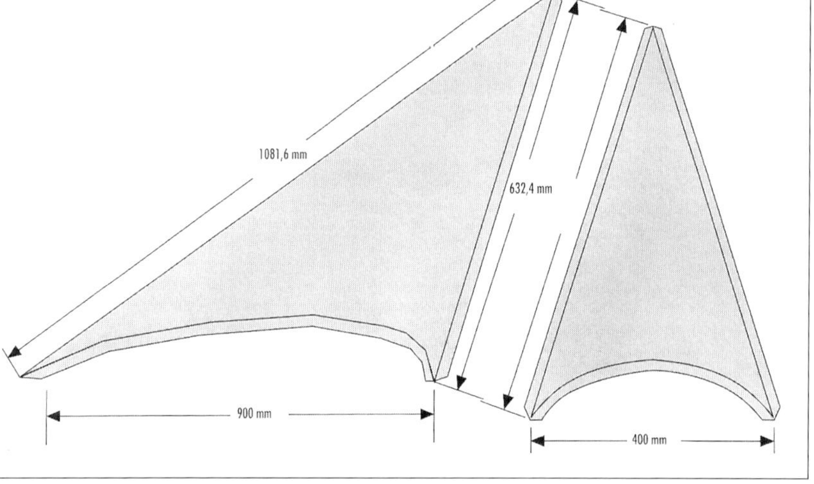

Stabilisierung und außen große Flächen mit geringer Wölbung, um eine hohe Geschwindigkeit zu erzielen. Den Namen hatten wir auch schnell gefunden. Da dies eindeutig ein aus der Delta-Form abgeleiteter Drachen war und uns der FORCE 10 zu jener Zeit ebenfalls stark beeindruckt hatte, nannten wir ihn einfach DELTA FORCE oder kurz: DF. Als nächstes mußten wir uns über die Maße klarwerden. Da wir beide bereits einen großen Spinn-Off besaßen, sollte dieser etwas kleiner werden, und wir einigten uns auf 180 cm Spannweite. Die Höhe sollte 60 cm betragen, da wir uns von diesem Verhältnis Breite/Höhe eine hohe Geschwindigkeit erhofften (Abb. 1). Außerdem mußten die Abschnitte der Schleppkanten konkav ausgeschnitten sein, um das Flattern zu verhindern und die Geräusche zu reduzieren. Aus Gewichtsgründen kam als Gestänge nur Kohlefaser in Frage, nur, in welcher Stärke? Unser örtlicher Drachenhändler riet uns zu 6 mm, was sich später auch als richtig erwies.

Nachdem der Drachen mit den Maßen aufgemalt war, haben wir eine Materialliste erstellt. Zunächst entschlossen wir uns, einen Prototyp zu bauen, um zu sehen, was noch geändert werden mußte. Nachdem wir uns eine Schablone aus Pappe hergestellt hatten, wurden zuerst die beiden Seitenteile und das Mittelteil ausgeschnitten (Abb. 2). Die Schleppkanten haben wir mit festem, etwa 5 mm breitem Nahtband gesäumt, dabei wurde das Nahtband mit Technicoll auf das Segel geklebt, anschließend nach hinten umgeschlagen, geklebt und genäht.

Durch das zweimalige Kleben und das anschließende Vernähen wurde die Segelkante so hart, daß an der Schleppkante keine Stand-Offs nötig sein würden.

Schließlich wurden die drei Segelteile zusammengenäht. Es kamen für den DF nur geschlossene Taschen in Frage, weil Pfeilnocken zuviel Gewicht bedeuteten. Nachdem die Taschen auch hier wieder mit Kleber fixiert waren, wurden sie mit einer engen Zickzack-Naht festgenäht. Am unteren Ende der beiden Taschen des Mittelteils ließen wir etwa 5 cm offen, um später die Stäbe hineinschieben zu können. Nachdem wir zur Verstärkung ein Stück Gurtband auf die Nase genäht hatten, mußten noch die Ausschnitte für die Schlauchverbinder in die äu-

ßeren und die T-Verbinder in die mittleren Taschen geschnitten werden. Nun konnte das Gestänge angepaßt werden. Die untere Spreize besteht aus drei Teilen, die Stäbe sind mit Hilfe zweier Aluhülsen verbunden. Die Länge der unteren Spreizen haben wir so gewählt, daß im Mittelteil eine stärkere Wölbung als an den Seitensegeln entstehen sollte. Die Anpassung muß sehr behutsam erfolgen, nach dem Grundsatz: Die Stäbe lieber länger lassen, kürzen kann man immer noch. Danach muß die Waage befestigt werden. Als Befestigungspunkte hatten wir die beiden äußeren Kreuzungspunkte der Spreizen mit den Seitenholmen und die unteren Kreuzungspunkte der Spreizen mit den Mittelholmen vorgesehen. Anfangs waren wir uns noch nicht darüber im klaren, ob die Waage in der Mitte gekreuzt werden sollte (wie z. B. beim »Speedwing«) oder nicht, und wir beschlossen, diese Entscheidung auf der Wiese zu treffen, nachdem wir beide Varianten im Flug ausprobiert hatten. Wie sich herausstellte, war die Kreuzwaage weniger vorteilhaft (sah aber ungemein technisch aus), weil der Drachen weit weniger sensibel reagierte.
Als der Drachen nun endlich fertig war und wir ihn auf der Wiese testen wollten, gab es natürlich für etwa zwei Wochen keinen Wind. Dann war es aber endlich soweit. Die ersten Flugversuche klappten noch nicht so recht, da die Wölbung der Bäuche noch zu flach war. In weiser Voraussicht hatten wir eine kleine Säge mitgenommen und konnten die Spreizen kürzen. Danach mußte die Waage noch genau eingestellt werden, und der Drachen flog.
Die von uns erhofften Flugeigenschaften bestätigten sich weitgehend, der Drachen war sehr schnell und wendig. Er reagierte auch sehr sensibel auf Lenkbewegungen, und wir waren der Meinung, daß er keiner Verbesserung mehr bedürfte.
Nachdem wir dann einen zweiten DF gebaut hatten, wurde der Drachen im April '91 »offiziell« auf den Namen DELTA FORCE getauft.
Wenn nun jemand Lust hat, den DF nachzubauen, hier noch zwei Tips: Als optimale Leine hat sich bei uns eine 25 m Spider Line mit 100 kp Bruchlast erwiesen. Die beste Windgeschwindigkeit beginnt bei etwa 5 Bft.

Lenkdrachen fliegen

Solo- und Teamflug: Vom Start bis zur Kür

Das Fliegen eines Lenkdrachen ist denkbar einfach. Zieht man an der rechten Leine, fliegt der Drachen nach rechts. Umgekehrt bewirkt ein Zug an der linken Leine, daß der Drachen nach links fliegt. Je nachdem wie kräftig bzw. wie lange man den Zug ausübt, wird der Drachen Loopings in die entsprechende Richtung fliegen. Es ist auch möglich, eine ganze Reihe von Loopings in eine Richtung zu fliegen. Die Leinen verdrehen sich zwar bei jedem Looping weiter, sind aber bis zu einem gewissen Grad immer noch steuerbar. Die Anzahl der möglichen Loopings in eine Richtung hängt von der Beschaffenheit der Leine, den Flugeigenschaften des Drachens selbst und natürlich ein wenig vom Talent des Piloten ab. Spectra- bzw. Dyneema-Leinen sind glatter als andere, so daß mit diesen Leinen die maximale Zahl von Loopings erreicht werden kann. Mit ein bißchen Übung sind auch für Anfänger 20 Loopings keine utopische Zahl. Jedoch sind Loopings in großer Zahl nicht unbedingt erstrebenswert. Erstens wird es schnell langweilig, und zweitens gibt es ja viel interessante Herausforderungen, die man an sich und seinen Drachen stellen kann.
Bevor wir uns diesen Dingen zuwenden, kurz einige Anmerkungen zu dem Punkt, an dem Anfänger erfahrungsgemäß die größten Schwierigkeiten haben, nämlich dem Start des Drachens.

Starten

Mit einem Starthelfer gestaltet sich die Sache relativ problemlos; dieser hält den Drachen in den Wind und läßt ihn auf Kommando los, eventuell mit einem kleinen Schub nach oben. Da jedoch Anfänger dazu neigen, ihren Drachen sehr schnell wieder in den Boden zu rammen, wird ein Starthelfer bald überdrüssig, dem Drachen immer wieder Starthilfe geben zu müssen.
Daher einige Tips, wie Sie Ihren Drachen solo in die Luft bringen. Die einfachste Methode ist die, zwei Stöckchen in die Erde zu stecken und den Drachen dagegen zu lehnen. Aber wer will schon immer mit zwei Stöckchen in der Drachentasche herumlaufen?
Man kann einige Drachentypen, deren Flügelspitzen über die Unterseite des Mittelholms herausragen bzw. der keinen überstehenden Mittelholm haben (z. B. der MERLIN), auch auf den Rücken legen und sanft hochziehen. Eventuell muß man dazu die Flügelspitzen ein wenig schräg in den Boden schieben. Das klappt ganz gut.
Stablose Drachen solo zu starten, erweist sich jedoch auf den ersten Blick als schwierig. Legt man nämlich den Drachen startbereit aus, um ihn mit einem kleinen Ruck an den Leinen zu starten, hat er sich oft schon von selbst in die Lüfte erhoben, bevor man zurück zu den vorbereitet ausgelegten Lenkgriffen gekommen ist.
Gehen Sie daher – besonders in frischer Brise – wie folgt vor. Der Drachen wird auf dem Bauch und mit sich kreuzenden Leinen auf den Boden gelegt. Auf diese Weise kann der Drachen nicht unbeabsichtigt von selbst starten. Ein kurzer, kräftiger Ruck am Lenkgriff der oben liegenden Leine wird den Drachen dazu veranlassen, sich herum, d. h. auf den Rücken in Startlage, zu drehen. Ein zweiter, gleichmäßiger Ruck an beiden Lenkgriffen wird den Drachen starten.

Landen

Die einfachste Methode ist natürlich die, den Drachen einfach aus einer x-beliebigen Position auf den Boden aufsetzen zu lassen. Allerdings erweist sich diese Methode weder als geeignet noch als besonders materialschonend. Weitaus empfehlenswerter ist es, den Drachen sehr weit aus dem Wind heraus nach rechts oder links zu lenken, bis der Drachen seine Geschwindigkeit stark verlangsamt hat bzw. überhaupt keinen Vortrieb mehr zeigt. Geht man jetzt ein paar Schritte nach vorne, wird der Drachen sanft auf dem Boden aufsetzen.

Figuren fliegen

Ewig Loopings fliegen wird, wie schon erwähnt, ziemlich schnell langweilig. Die im Juli 1988 in England gegründete Organisation STACK (Adresse siehe Anhang) hat eine ganze Reihe von Kunstflugfiguren entwickelt, von denen wir einige vorstellen möchten. Ein vollständiger Figurenkatalog kann bei STACK bestellt werden.
Die Prozentangaben in den Figurendiagrammen stehen für die entsprechende Ausnutzung des Windfensters (siehe Abb. 1–5):
1. Infinity Downwards
2. Square
3. Ladder Down
4. The Jump
5. Wedge

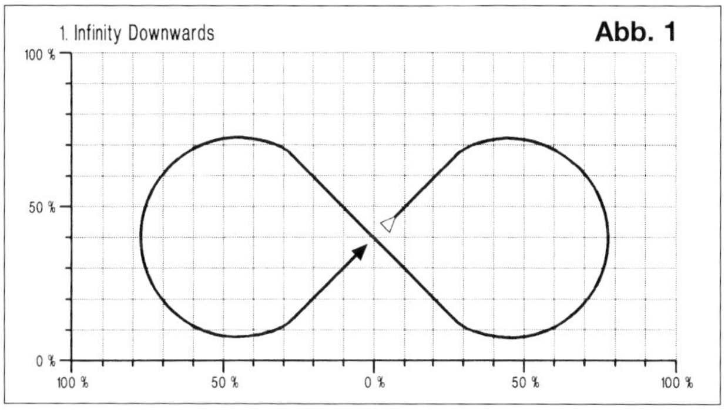

Abb. 1

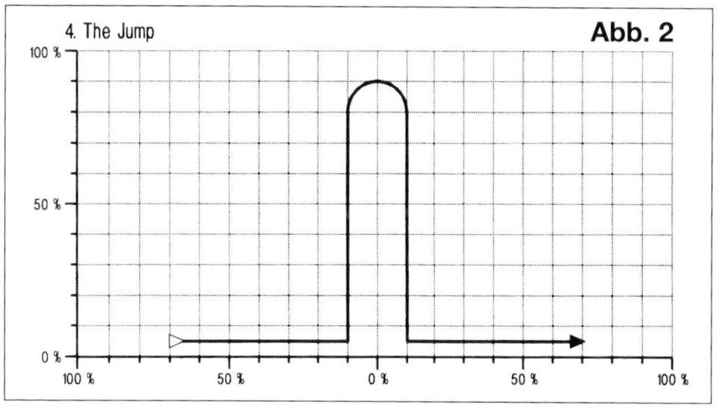

Abb. 2

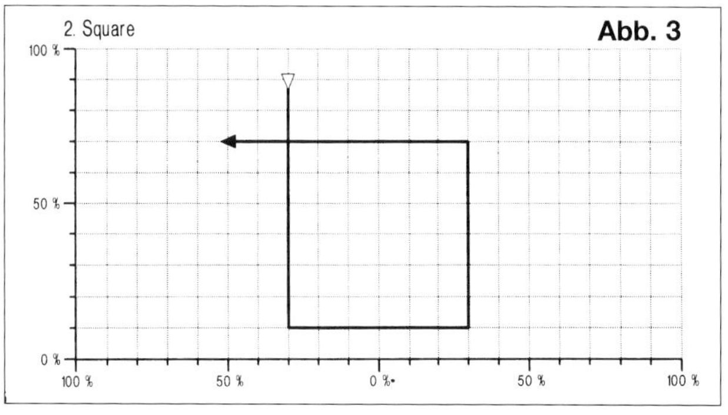

Abb. 3

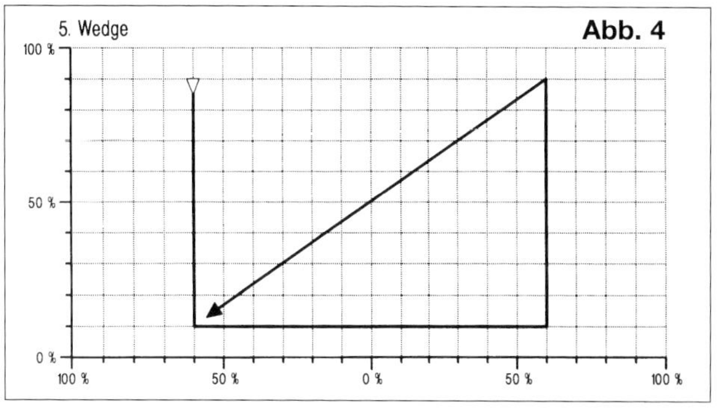

Abb. 4

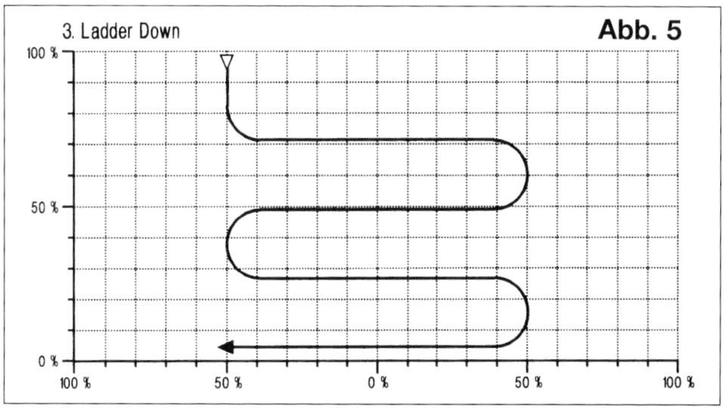

Abb. 5

Windfenster

Das Windfenster ist der Bereich am Himmel, den ein Lenkdrachen für seinen Flug nutzen kann. Er entspricht theoretisch dem Viertel einer Kugel. Während ein gut konstruierter und gebauter Lenkdrachen einen Vertikalwinkel von fast 90 Grad erreichen kann, bereiten die Gesetze der Aerodynamik beim Flug nach rechts bzw. links außen parallel zum Boden an den Rand des Windfensters bei 75 bis 80 Grad dem Vortrieb ein Ende. Je größer der Winkel der Steuerleinen zum Boden, desto geringer der mögliche Flugradius! Je weiter sich der Drachen in das Zentrum des Windfensters bewegt, desto größer werden die Zugkräfte und auch die Geschwindigkeit.
Es ist nach allgemeinen Grundsätzen von STACK wünschenswert, daß alle Flugfiguren mit gleichmäßiger Geschwindigkeit geflogen werden, was sich im Zusammenhang mit den vorstehenden Ausführungen widersprüchlich anhört.
Aber es ist tatsächlich möglich, die Fluggeschwindigkeit eines Drachens unabhängig von der Position im Windfenster und unabhängig vom Wind weitgehend zu beeinflussen.
Dies geschieht ganz einfach durch Vorwärts- (abbremsen) und Rückwärtsgehen (beschleunigen).
Dosiert man diese Manöver entsprechend, gelingen mit ein wenig Übung sehr schön gleichmäßige Flugroutinen.
Wenn Sie sich mit Freunden auf der Wiese treffen, möchten Sie vielleicht ausprobieren, ob Sie gemeinsam Flugfiguren synchron fliegen können. Hierzu ein paar Tips zum

Teamflug

Beginnen Sie nicht mit einem zu großen Team. Starten Sie zu zweit und nehmen dann nach und nach

Abb. 6

einen weiteren Piloten hinzu, um schließlich ein Vierer-Team zu bilden.
Fliegen Sie am Anfang mit abgestuften Leinenlängen, z. B. 45,0, 43,5, 42,0 und 40,5 Metern (siehe Abb. 6). Legen Sie fest, wer vorneweg fliegt, also Teamchef, und wer Nr. 2, Nr. 3 und Nr. 4 ist. Der Teamchef muß nicht unbedingt der beste Flieger im Team sein, aber Sie sollten ehrlich zu sich selbst sein und den schwächsten Piloten an zweiter Position fliegen lassen. Warum das so ist, werden wir noch sehen. Nr. 3 und Nr. 4 bleiben vorläufig noch am Boden.
Starten Sie (nicht notwendigerweise synchron) beide Drachen. Nr. 1 rechts und Nr. 2 links, von hinten in Windrichtung gesehen. Jedem Drachen steht eine Hälfte des Windfensters zur Verfügung, und beide Drachen fliegen hoch bis in den Zenit ihres Bereiches (siehe Abbildung 7).
Die erste Flugfigur ist die liegende Acht, die »infinity« (engl. »unendlich«, das mathematische Zeichen für »Unendlich«). Wenn Nr. 2 signalisiert, fertig zu sein, ruft der Teamchef »Fall In«. Daß dieses Kommando auf englisch gerufen wird, hat praktische Gründe. Zum einen lassen sich Kommandos auf englisch kürzer fassen, zum anderen wollen Sie auf einem Festival vielleicht mal mit Piloten aus dem Ausland fliegen. Da ist es vorteilhaft, sich auf einen Standard zu einigen.
Das Kommando »Fall In« bedeutet, daß der Teamchef seinen Drachen nach rechts dreht und einen Bogen im Uhrzeigersinn nach unten fliegt. Nr. 2 dreht seinen Drachen ebenfalls nach rechts, fliegt waagerecht in den Himmelsbereich von Nr. 1, um dann im Bogen nach rechts unten Nr. 1 zu folgen (siehe Abb. 8). Damit ist Nr. 2 dem Teamleiter durch die erste Kurve der Grundfigur gefolgt. Nr. 1 fliegt nun diagonal eine gerade Strecke von rechts unten nach links oben. Nr. 2 folgt ihm im Abstand von wenigstens 4 bis 5 Drachenspannweiten. Nr. 1 fliegt danach von oben links einen großen Bogen gegen den Uhrzeigersinn und dann diagonal von unten links zum Ausgangspunkt zurück, Nr. 2 folgt ihm.
Der Reiz dieser Flugfigur liegt darin, daß sich die Leinen von Nr. 2 mit Nr. 1 kreuzen und sich über die Leinen von Nr. 1 legen! Dies geschieht während des ersten Diagonalfluges (von unten rechts nach oben links) genau in dem Moment, wenn die Leinen sich berühren (siehe Abb. 9).
Abgesehen von einem leicht veränderten Schnurgefühl bleibt alles beim alten. Beide Piloten können ihren Drachen fliegen, als wäre nichts geschehen. Kümmern Sie sich einfach nicht um die verdrehten Schnüre, und fliegen Sie die Diagonale von unten rechts nach oben links, denn das Kreuzen der Leinen ereignet sich sowieso erst auf halbem Wege nach oben, und in dem Moment, wenn die Nr. 1 die anschließende Kurve nach links unten fliegt, entkreuzen sich die Schnüre wieder.
Nach Abschluß der ersten kann sofort die zweite Infinity folgen.
Wenn ein paar Infinities geflogen sind, werden Sie bemerken, daß es nicht ganz einfach ist, den Abstand zwischen den Drachen gleichmäßig zu halten. Genau dies ist aber beim Teamflug wünschenswert! Idealerweise soll Nr. 2 im Abstand von vier bis fünf Spannweiten genau in der Flugachse hinter Nr. 1 herfliegen. Meist klappt das anfangs natürlich nicht, und es wird entweder zu dicht, zu weit entfernt, ober- oder unterhalb der Flugachse oder in einer Kombination dieser Flugfehler hinterher geflogen.
Tip: Grundsätzlich ist es für Nr. 2

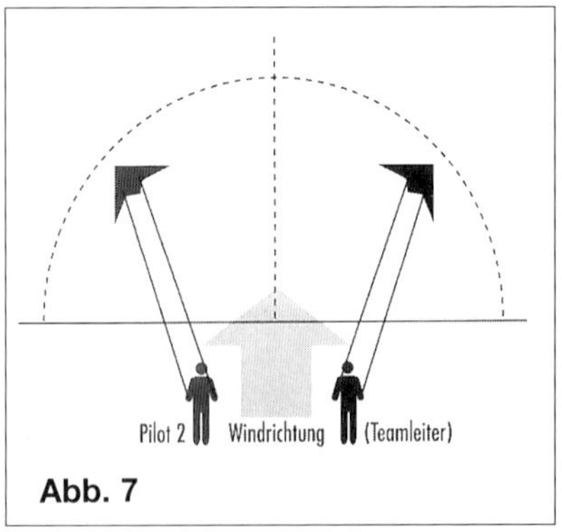

Abb. 7

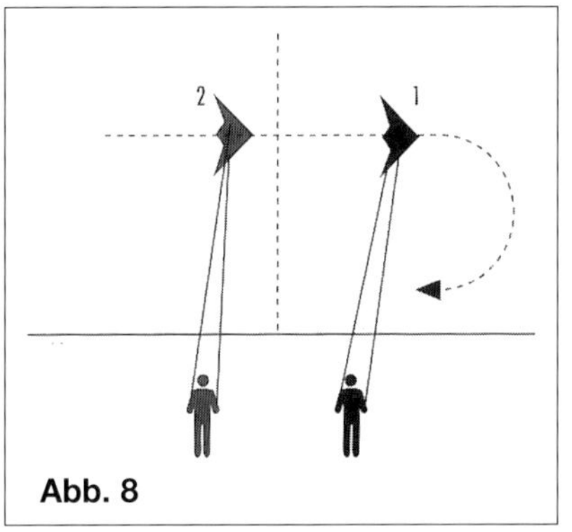

Abb. 8

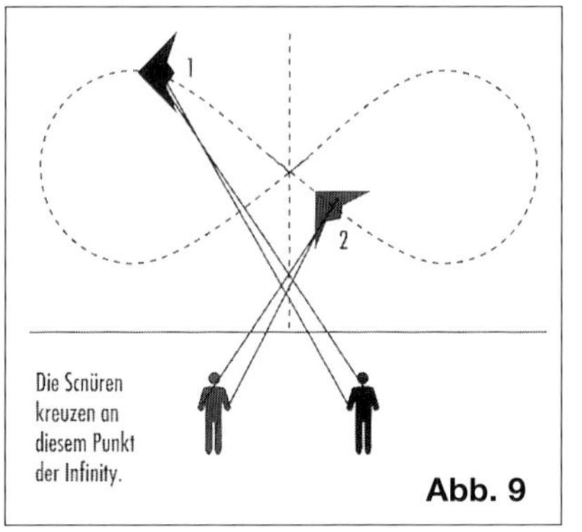

Abb. 9

weniger riskant, die Kurven zu groß zu fliegen und dabei den Abstand zu groß werden zu lassen, als zu eng zu fliegen, zu dicht aufzuschließen und die Nr. 1 sogar zu überholen!
Wichtig: Konzentrieren Sie sich mehr auf den vorausfliegenden Drachen als auf Ihren eigenen. Achten Sie auf die Flugachse und versuchen Sie, sich einen Rauchstrahl vorzustellen, den der Vorausfliegende hinterläßt. Visieren Sie bei den Diagonalen das T-Stück, also den Kreuzungspunkt von Achs- und Spreizholm des vorausfliegenden Drachen, an, aber nur beim Diagonal- bzw. Geradeausflug! Wenn der Vorausfliegende in eine Kurve fliegt, visieren Sie dessen außenliegende Flügelspitze an (Abb. 10). Wenn Sie dies beherzigen, fliegen Sie fast automatisch im größeren Bogen und vermeiden das gefährliche Aufschließen.
Und wenn's trotzdem passiert ist, wenn Sie die Kurve zu eng durchflogen haben und gerade dabei sind, den Drachen des Vordermannes zu rammen? Die eiserne Regel lautet: Wegfliegen von Problem und Ursache! Gegenlenken und notfalls sogar nach oben fliegen, um den Abstand wieder zu vergrößern. Probieren Sie nicht, das Problem zu lösen (etwa durch Vorlaufen), während Sie Ihrem Vordermann hinterherfliegen! Mit etwas Übung sollte es Ihnen möglich sein, Abstandsfehler innerhalb einer halben Infinity zu korrigieren. Und mit etwas mehr Übung sollte die Infinity mit gleichmäßigem Abstand möglich sein.

Aller guten Dinge sind drei

Während bei zwei Drachen der Himmel bzw. das Windfenster halbiert sind, müssen Sie beim Flug zu dritt den verfügbaren Raum dritteln (Abb. 11). Auf Kommando des Teamchefs starten alle Drachen, wiederum nicht unbedingt synchron und begeben sich in ihrem Bereich in Warteposition, bis der Teamchef das »Fall-In«-Kommando gibt, um die Infinity durch Drehen nach rechts zu beginnen.
Prinzipiell ändert sich nichts gegenüber dem, was vorher Nr. 2 und der Teamchef gemacht haben, Nr. 3 verhält sich exakt so, wie Nr. 2 in den bisherigen Ausführungen. Allerdings ist es nun schwieriger, gleichmäßigen Abstand untereinander zu halten. Denken Sie dabei immer an die wichtigen Regeln des Anvisierens: T-Stück beim Geradeausflug, in der Kurve die äußere Flügelspitze des vorausfliegenden Drachen!
Nach ein wenig Übung sollten Sie auch zu dritt die Infinity sauber fliegen können, ganz bestimmt sauber genug, um den vierten Piloten ins Team aufzunehmen und sich mit anderen Figuren zu beschäftigen, denn auch die Infinity wird auf Dauer selbst im Team langweilig, ganz besonders für die Nr. 1. Wir wollen uns nun mit zwei Flugfiguren beschäftigen, die aus einer Infinity begonnen und auch in ihr beendet werden können, wobei die Elemente so gehalten sind, daß sie auch für sich, also im Soloflug, trainiert werden können.
Abb. 12 zeigt die Aufwärtsrolle, Abb. 13 das Gegenstück. Beide Figuren sind sehr gut geeignet, den sauberen Flug von Kreisen zu üben.

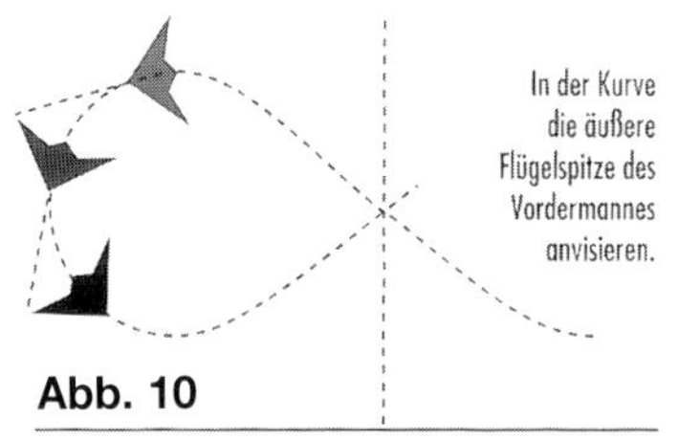

Abb. 10

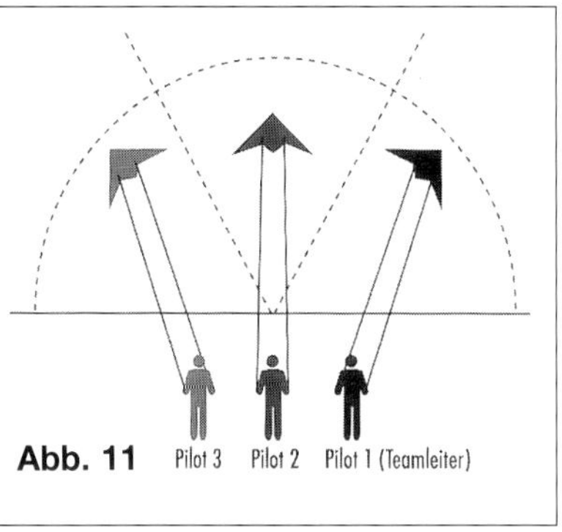

Abb. 11

Probieren Sie es einfach aus. Es macht überhaupt nichts, wenn die Kreise anfangs eher wie Eier aussehen. Übung macht den Meister. Sie haben übrigens gerade Ihre erste Routine, eine Aneinanderreihung von mehreren Figuren, geflogen.

Und wenn etwas schiefgeht?

»Der Drachen stürzt ab, die Leine reißt, und Tränen fließen.« Dieses

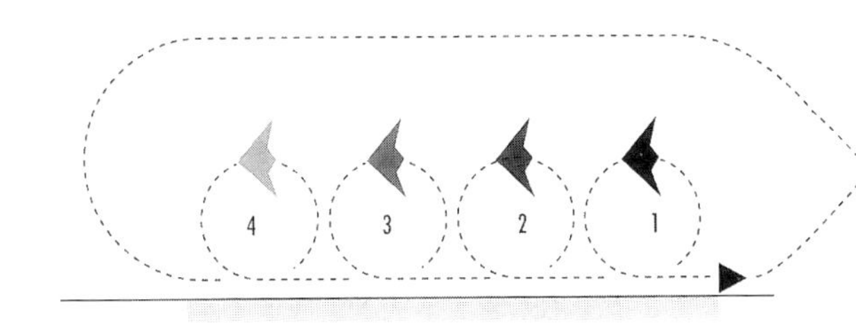

Abb. 12
Rolle aufwärts

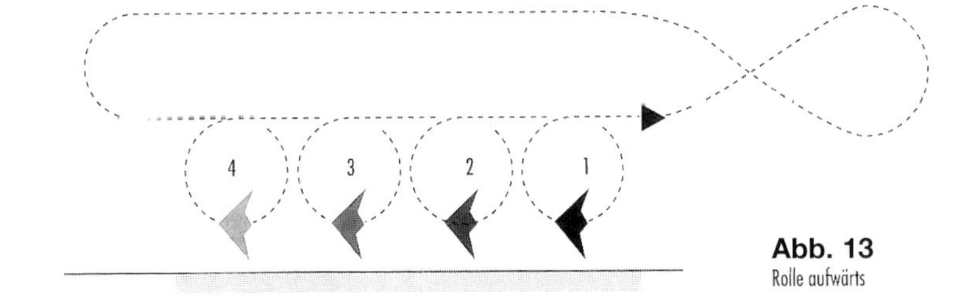

Abb. 13
Rolle aufwärts

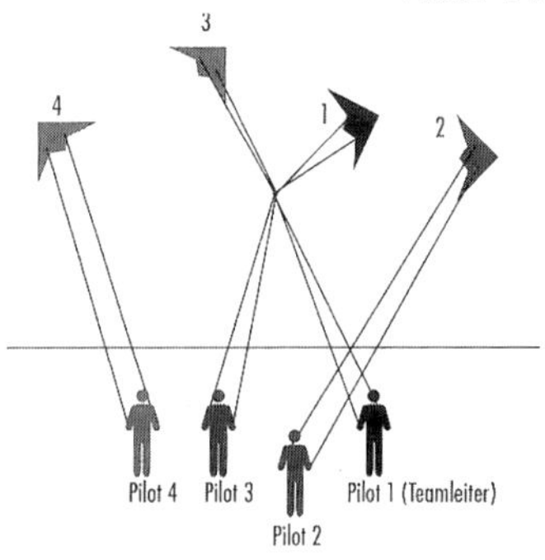

Abb. 14

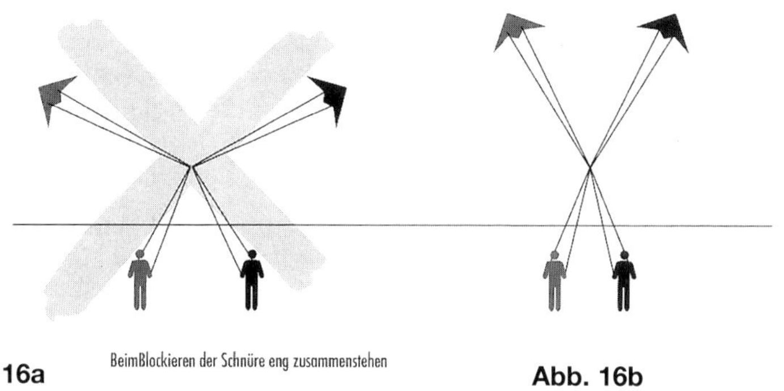

Abb. 16a

Abb. 16b

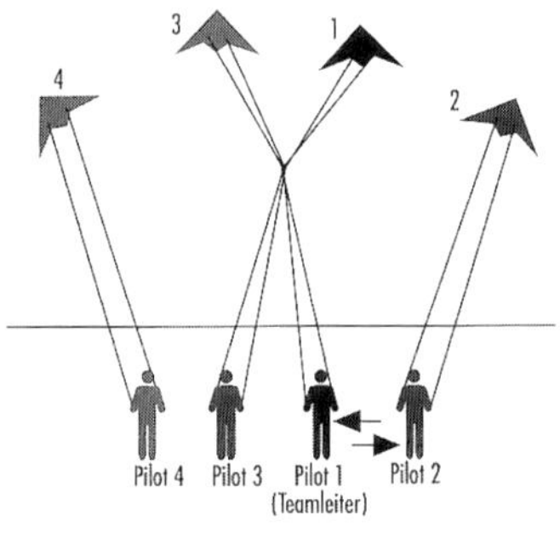

Abb. 15

Zitat des US-Teams Chicago Fire spiegelt eine mögliche Gefühlsregung wieder. Bitte versuchen Sie, sich eine weitere wichtige Regel zu vergegenwärtigen: Sagen Sie nie (!) beim Teamflug »Verzeihung«. Sie müssen damit rechnen, daß irgendwann mal etwas schiefgeht, und es ist besser, nicht sofort über das »Warum« zu grübeln, sondern das Problem konstruktiv zu lösen.
Ein gutes Team ist leicht daran zu erkennen, wie es sich in Problemfällen verhält. Ganz wichtig in problematischen Situationen: Ruhe bewahren. Der Teamchef muß sofort »Abort« (engl. für Abbruch) rufen, wenn er erkennt, daß eine Situation zu brenzlig geworden ist, um die Flugfigur fortzusetzen.
In diesem Fall begeben sich alle »freien Drachen« in den Zenit ihres Windfensterbereichs und vermeiden die Problemzone.
Nehmen wir an, daß sich zwei Schnüre unabsichtlich miteinander verschlungen haben: In diesem Fall der Teamleiter und die Nummer 3 (Abb. 14): Nr. 4 fliegt seinen Drachen nach links oben, Nr. 2 geht ein paar Schritte nach vorn und dann nach rechts und fliegt seinen Drachen nach rechts oben. Nr. 3 und der Teamchef gehen aufeinander zu, um die Schnüre durch entsprechende Loopings wieder freizufliegen (Abb. 15).

Aufeinander zugehen

Abgesehen davon, daß die Verdrehrichtung einfacher zu erkennen ist, wenn die betreffenden Piloten dicht nebeneinander stehen, hat das Aufeinanderzugehen noch einen weiteren wichtigen Grund. Spectraschnüre sind empfindlich. Und zwar nicht nur, wie häufig fälschlicherweise angenommen, gegen Kevlarschnüre, sondern auch gegen sich selbst. Je größer der Winkel von zwei stärker verwickelten Leinen ist, desto größer die Schnittgefahr. Faustregel: wenn der Leinenwinkel größer als 30 Grad ist, steigt die Schnittgefahr sprunghaft an (Abb. 16a), darum: dicht zusammenstehen (Abb. 16b).

Blockierte Schnüre

Auch wenn Spectra- oder Dyneemaschnüre eine sehr glatte Oberfläche haben, können sie bei Verdrehungen – besonders, wenn die Piloten zu weit auseinanderstehen – sich gegenseitig blockieren. Die erste, natürlich erscheinende Reaktion ist: kräftiger ziehen. Und genau das ist falsch und führt unweigerlich zum Schnurriß.
Entlasten Sie die Schnüre, indem Sie schnell ein paar Schritte nach vorne laufen, und rufen Sie das Alarmsignal »Locked out« (engl. blockiert), um Ihre Teamkameraden zu warnen. Vielleicht lösen sich die Schnüre durch die Entlastung, vielleicht aber auch nicht. In diesem Fall bauen Sie eben einen Absturz, aber versuchen Sie ihn weich zu gestalten.

Nach dem Absturz

Das Malheur ist passiert. Lassen Sie sich deshalb nicht entmutigen. Jedes Team erlebt Abstürze. Auch Top-Teams! Machen Sie Ihre Drachen wieder startklar und starten Sie erneut. Aber bitte nicht, wenn Sie es wollen, sondern warten Sie das Startkommando des Teamchefs ab.
Viele Teams machen keine Fortschritte, weil die Flugfertigkeiten der einzelnen Mitglieder nicht aufeinander abgestimmt sind. Auch wenn Sie einen Großteil Ihrer verfügbaren Zeit dafür verwenden sollten, den Teamflug zu üben, sollten Sie nicht vergessen, auch Ihre individuellen Flugfertigkeiten zu prüfen und zu verbessern, zumal dadurch auch Ihr Selbstvertrauen steigt, was sich positiv im Team bemerkbar machen wird.

Kurven

Kurve ist nicht gleich Kurve. Tatsächlich gibt es vier verschiedene Möglichkeiten, eine Kurve zu fliegen. Untersuchen wir eine 180-Grad-Kurve im Detail. Die meisten Piloten machen Zieh- und Drückbewegungen mit ihren Händen für alle Kurven, d. h. bei einer Kurve im Uhrzeigersinn ziehen sie mit der rechten Hand, um die Kurve zu beginnen, und nachdem der Drachen die ersten 90 Grad der Kurve geflogen ist, drücken sie die rechte Hand wieder nach vorne, um die Schnüre gleich lang zu stellen. Bei diesem Verfahren beschleunigt der Drachen beim Einflug in die Kurve und bremst ab, wenn er aus der Kurve herausfliegt (Abb. 17). Aber es gibt noch andere Möglichkeiten.
Die Drück/Zieh-Kurve funktioniert genau umgekehrt. Beim Einflug in die 180-Grad-Kurve im Uhrzeigersinn wird die linke Hand nach vorne gedrückt und dann wieder angezogen, um erneut Leinengleichstellung zu erreichen (Abb. 18). Dieses Verfahren hat auch den umgekehrten Effekt: Der Drachen bremst beim Einflug in die Kurve und beschleunigt beim Herausfliegen. Keine der beiden Methoden hat Vor- und Nachteile. Es ist jedoch wichtig, daß Sie sich die jeweilige Wirkung vor Augen führen und beim Entwurf einer Flugfigur mit Ihrem Team die gleiche Kurvenmethode vereinbaren. Wenn nämlich einige Drachen beim Einflug in eine Kurve beschleunigen und andere abbremsen, brauchen Sie sich nicht zu wundern, wenn Sie Probleme mit dem gleichmäßigen Abstand bekommen haben.
Die beiden weiteren Möglichkeiten sind die Zieh/Zieh-Kurve und die Drück/Drück-Kurve.
Analog zur beschriebenen 180-Grad-Kurve bedeutet die Zieh/Zieh-Kurve das Einleiten des Kurvenfluges durch Ziehen der rechten Hand und Leinenausgleich durch Ziehen der linken Hand. Bei der Zieh/Zieh-Kurve beschleunigt der Drachen durch die ganze Kurve hindurch.
Bleibt noch die Drück/Drück-Kurve, bei unserem Beispiel also Einflug in die Kurve durch Drücken der linken Hand und Leinenausgleich durch Drücken der rechten Hand. Bei der Drück/Drück-Kurve bremst der Drachen während des gesamten Kurvenfluges ab.
Der Zieh/Zieh-Kurve kommt noch besondere Bedeutung zu, wenn Sie im Zick-Zack nach oben fliegen wollen, da der Drachen dadurch beschleunigt und die bremsende Schwerkraftwirkung gemildert wird.
Umgekehrt nutzen Sie die Drück/Drück-Methode beim Zick-Zack-Flug abwärts, da der Drachen dadurch gebremst und die beschleunigende Schwerkraftwirkung gemildert wird.

Geschwindigkeitskontrolle

Sehr viele Einzelpiloten stehen beim Flug wie angenagelt auf einem Punkt. Das funktioniert nicht beim Teamflug! Teamflugpiloten sind immer in Bewegung oder stehen auf ihren Fußballen, jederzeit bereit, ein paar Schritte laufen zu können. Grundsätzlich gilt: Nach vorne (auf den Drachen zu) laufen, um ihn abzubremsen. Nach hinten laufen (vom Drachen weg), um ihn zu beschleunigen. Vereinfacht ausgedrückt hängt die Fluggeschwindigkeit des (unbeeinflußt) fliegenden Drachen proportional von der Windgeschwindigkeit ab. Durch Laufen nach hinten erhöhen Sie die relative Geschwindigkeit des Windes bzw. Sie reduzieren sie, indem Sie nach vorne laufen. Daraus folgt, daß die Geschwindigkeit, mit der Sie laufen, von der Windgeschwindigkeit abhängig ist.
Generell ist es wünschenswert, den Drachen in jedem Bereich des Windfensters mit der gleichen Geschwindigkeit zu fliegen. Sie sollten also nicht nach hinten laufen, wenn Ihr Drachen sich dem Zentrum des Windfensters nähert, und umgekehrt nicht nach vorne laufen, wenn der Drachen an den Rand des Windfensters fliegt.

Überzogener Flug

Heutzutage liegt die hohe Kunst des Teamflugs darin, absichtlich überzogene Flugzustände herbeizuführen, ohne dabei die Kontrolle über den Drachen zu verlieren. Eine Beschreibung dieser Techniken würde den Rahmen dieses Kapitels spren-

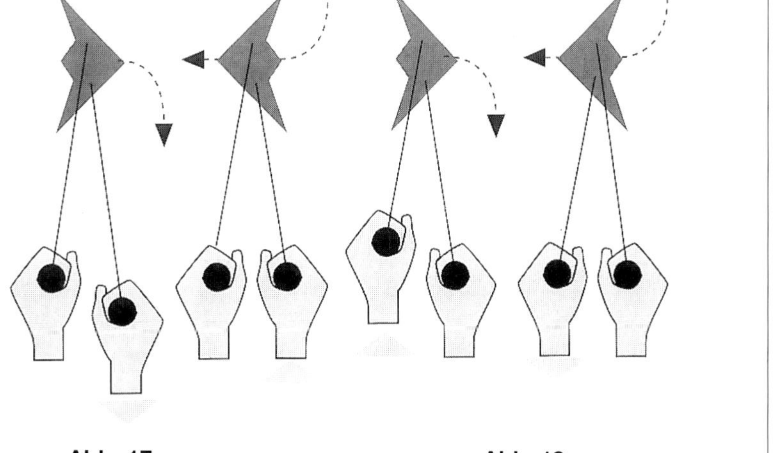

Abb. 17 **Abb. 18**

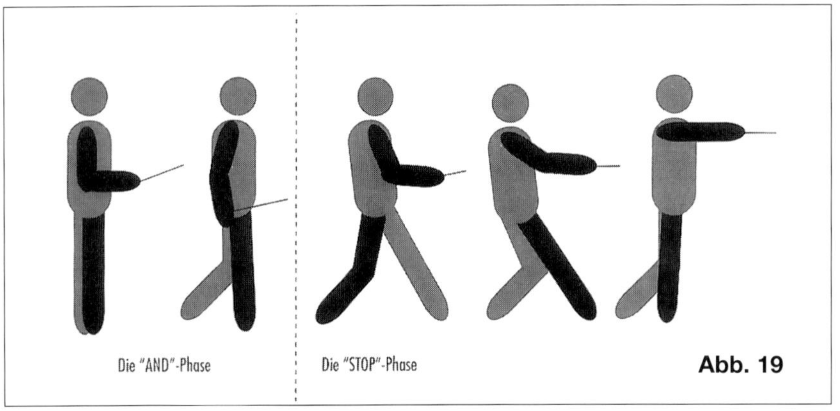

Abb. 19

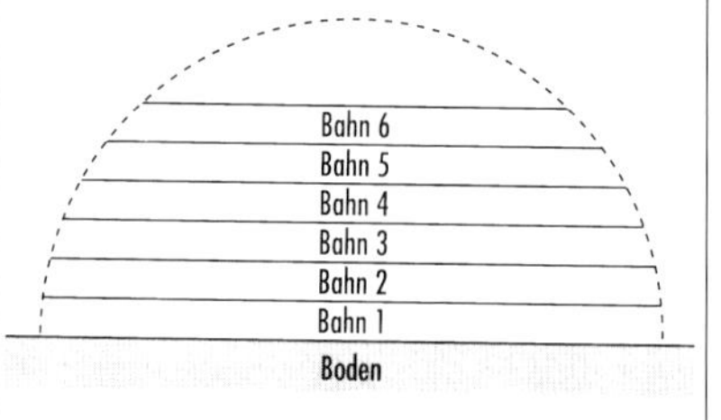

Abb. 20

gen. Wenn Sie sich dafür interessieren, sei Ihnen die Lektüre des Buches »Kite Precision« (siehe Anhang) empfohlen.
Es kann aber trotzdem nicht schaden, sich über die Ursachen des überzogenen Fluges, aeronautisch Stall genannt, Gedanken zu machen. Ein Stall tritt ein, wenn der Luftstrom über dem Drachen abreißt und der Drachen aufgrund der Schwerkraft nach unten sinkt. Stalls werden daher anfangs nur bei Landemanövern eingesetzt. Unbeabsichtigte Stalls treten beim normalen Flug nur selten und nach plötzlichen ruckartigen Bewegungen, besonders nach vorne (Vorsicht bei der Drück/Drück-Methode), auf. Trotzdem ist es wichtig, den Stall-Punkt zu erkennen. Er ist natürlich von der jeweiligen Windgeschwindigkeit abhängig. Eine wirksame Maßnahme gegen den Stall: rückwärts laufen, um die relative Windgeschwindigkeit am Drachen wieder zu erhöhen.

Stops

Stops beim Teamflug wurden zum ersten Mal von dem US-Team »Top Of The Line« gezeigt. Stops sind eng mit dem Stall verwandt, und genaugenommen der kritische Punkt zwischen Stall und Vorwärtsflug. Einen Stop durchzuführen ist nicht sehr schwer, aber es ist ziemlich schwierig, ihn zu synchronisieren. Der Pilot muß lediglich auf den Drachen zulaufen und dies so dosiert, daß der Drachen anhält, nicht jedoch abschmiert. Im Zentrum des Windfensters zu stoppen erfordert ein sehr rasches Zulaufen auf den Drachen, andernfalls er lediglich langsamer wird, aber eben nicht anhält.
Im oberen Windbereich wird es zunehmend schwieriger, einen Stop durchzuführen, weil die Distanzen, die nach vorne gelaufen werden müssen, beträchtlich groß werden. Um beim Teamflug einen möglichst synchronen Stop zu erreichen, wird die Flugphase beim Kommando des Teamchefs »and stop« in zwei Phasen zerlegt. Beim Wort »and« ziehen Sie (während des Laufs nach vorne) beide Arme an die Hüften oder sogar ein wenig weiter nach hinten, um sie beim Wort »stop« gleichzeitig weit nach vorne zu werfen (Abb. 19). Die Schwierigkeit des Stops liegt in der richtigen Dosierung des Laufs nach vorne. Zu schneller Lauf führt zu Stall, zu langsamer Lauf reduziert lediglich die Fluggeschwindigkeit. Es empfiehlt sich am Anfang, den Stop bei leichten bis mittleren Winden zu üben.

Bahnen und Säulen

Bevor wir uns eingehender mit weiteren Flugfiguren beschäftigen, einige Worte zur präziseren Aufteilung des Windfensters, da Begriffe wie »weit oben« oder »ziemlich

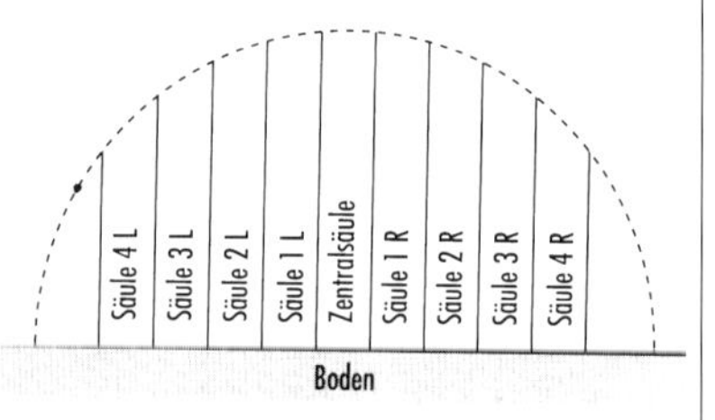

Abb. 21

weit rechts« zu Mißverständnissen (und Kollisionen) führen können. Waagerecht teilen wir das Windfenster in Bahnen auf (Abb. 20). Die Anzahl der Bahnen hängt von der Spannweite der verwendeten Drachen und von der Länge der Schnüre ab.
Rechnerisch stehen z. B. bei 45 Metern Schnurlänge und 2,4 Meter Spannweite 18 Bahnen zur Verfügung; jedoch sind aufgrund der Form des Windfensters nicht alle nutzbar, denn nach oben hin werden die Bahnen ja immer kürzer. Wir empfehlen, bei den angegebenen Voraussetzungen nicht mehr als 8 Bahnen zu nutzen, besser vielleicht sogar nur 6, wobei der Abstand zwischen den einzelnen Bahnen 1 ½ Spannweiten betragen sollte.
Analog wird das Windfenster senkrecht in Säulen aufgeteilt. Während die Bahnen durchgängig numeriert wurden, teilen wir die Säulen in

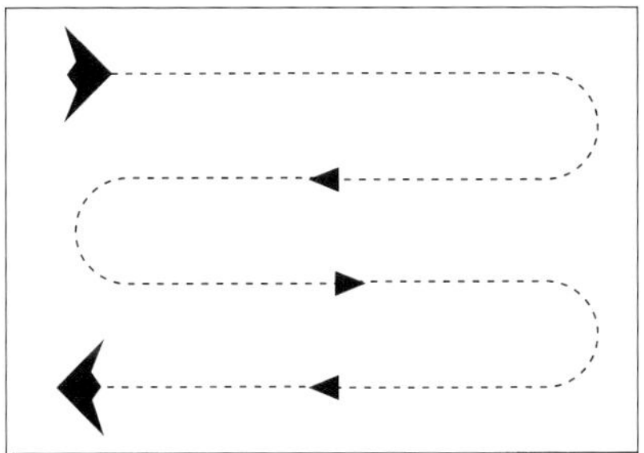

Leiter abwärts **Abb. 22**

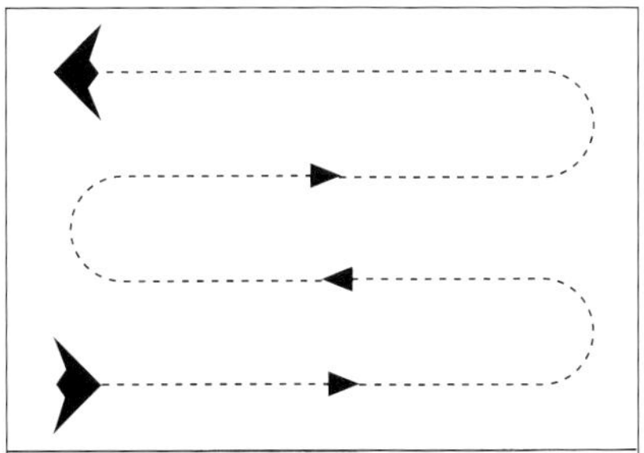

Leiter aufwärts **Abb. 23**

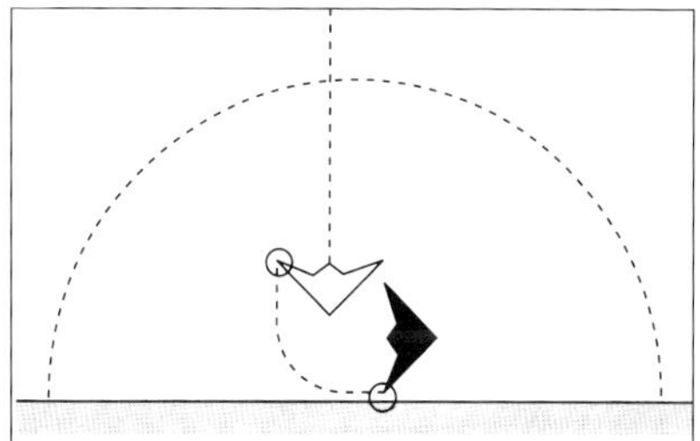

Abb. 24

Zentralsäule und 1R, 2R usw. (R = rechts) ein bzw. 1L, 2L usw. auf der linken Seite (Abb. 21). Die Anzahl der nutzbaren Säulen liegt bei 2,40 Meter Spannweite und 45 Meter Schnurlänge bei etwa 4 Säulen auf jeder Seite zuzüglich der Zentralsäule.

Geradeausflug waagerecht und senkrecht

Es ist wichtig, daß Sie den präzisgeraden Flug beherrschen, sowohl waagerecht als auch senkrecht. Probieren Sie zuerst in Bahn 1 parallel zum Boden zu fliegen, wobei der Abstand zum Boden nicht über 30 cm liegen sollte. Das hört sich sehr schwer an und ist auch nicht einfach, muß aber immer wieder trainiert werden, denn der präzise Geradeausflug ist eine grundlegende Voraussetzung für erfolgreichen Teamflug. Und dieser präzise Geradeausflug ist in Bahn 1 am besten zu erlernen und zu trainieren, weil hier die Abstandskontrolle zum Boden einfacher ist als in Bahn 2, sprich: ein paar Meter über Grund.
Probieren Sie anschließend den Geradeausflug in Bahn 2 und 3. Sie werden feststellen, daß die Bahnen nach oben hin wegen des konkav geformten Windfensters immer kürzer werden.
Gute Möglichkeiten, den Geradeausflug in verschiedenen Bahnen zu trainieren, bieten die Figuren »Leiter abwärts« (Abb. 22) und Leiter aufwärts (Abb. 23).
Üben Sie anschließend den senkrechten Geradeausflug, beginnend im Zentrum des Windfensters, also in der Zentralsäule, und arbeiten Sie sich langsam nach außen. Oben im Zenit kann nichts passieren ... aber unten? Ziel der Übung ist, die Säule so lang wie möglich zu fliegen, also auch so kurz wie möglich über dem Boden abzudrehen!

Blindflug

Nein, ganz soweit sind wir noch nicht, aber einige Aspekte des Blindflugs sind bereits jetzt zu beachten. Schauen Sie sich Abb. 24 an. Sie illustriert den letzten Moment, den Sie für Ihre Kurve nutzen können, ohne den Drachen in die Wiese zu rammen. Fixieren Sie mit Ihren Augen beim Abwärtsflug nicht den Drachen, sondern den Punkt gemäß Abb. 24 und fliegen Sie eine Drück/Zieh-Kurve in dem Moment, wenn der Drachen in Ihr Blickfeld einfliegt. Wichtig ist, daß Sie wirklich eine Drück/Zieh-Kurve fliegen, um den Drachen beim Einflug in die Kurve abzubremsen.

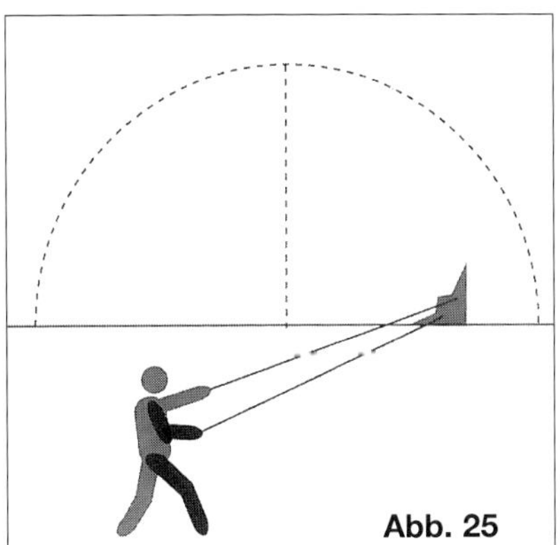

Abb. 25

Landung auf der Leitkante

Die Landung auf der Leitkante ist ein schöner Abschluß eines Geradeausfluges in Bahn 1, und das Manöver ist einfacher, als es aussieht (Abb. 25). Prinzipiell können Sie die Landung in jedem Bereich des Windfensters durchführen, aber wir empfehlen Ihnen, am Anfang weiter außen zu landen, ungefähr im Bereich von Säule 3 bis 4 (Abb. 21). Fliegen Sie von links nach rechts auf Bahn 1 in ca. 60 cm Höhe. Schwingen Sie mit Ihrer linken Hand weit nach vorne, und setzen Sie gleichzeitig Ihr linkes Bein vor.
Der Drachen wird sanft auf seiner rechten Leitkante landen. Wenn Sie nicht kräftig genug nach vorne schwingen, wird der Drachen jedoch über seine Nase rollen und auf der anderen Leitkante zum Liegen kommen.
Hat der Drachen aufgesetzt, straffen Sie die Leinen vorsichtig so, daß der Drachen leicht nach hinten geneigt auf der rechten Leitkante liegenbleibt.

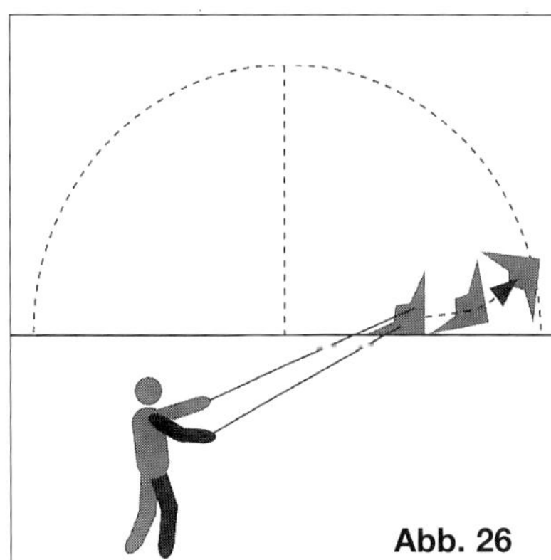

Abb. 26

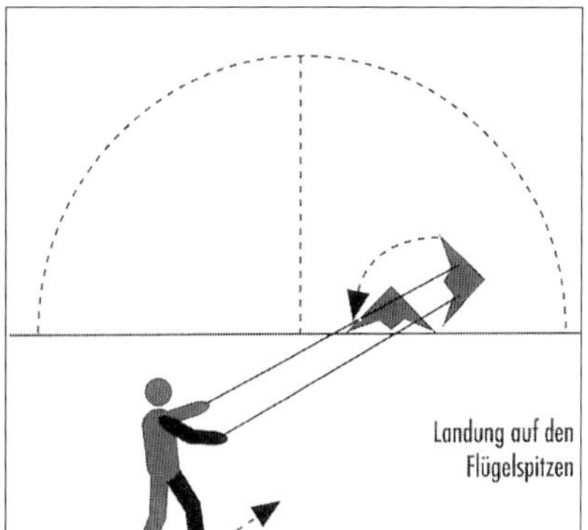

Abb. 27

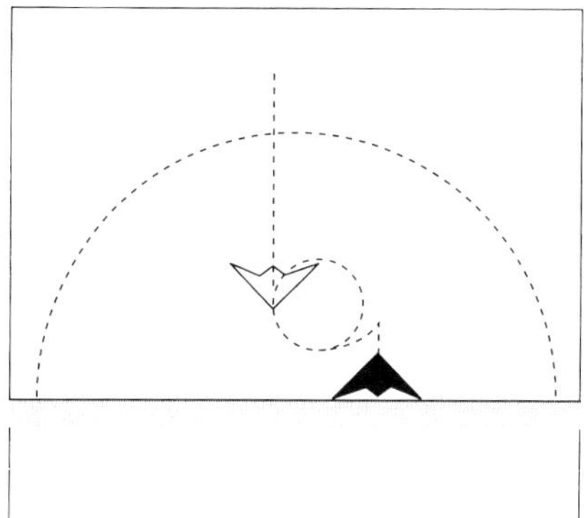

Abb. 28

Leitkantenstart

Aus dieser Position kann der Drachen auch wieder gestartet werden. Richten Sie dazu Ihre Schultern zum Drachen aus, Blickrichtung Drachen. Halten Sie die Flugleinen gleichmäßig stramm, die rechte Leine liegt unten. Sichern Sie mit der rechten Leine den Drachen gegen Wegkippen nach hinten (Abb. 26).
Ziehen Sie langsam, aber stetig an der oberen (linken) Leine, bis die Leitkante, auf der der Drachen ruht, sich eben zu bewegen beginnt. Dies ist der Balancepunkt, kurz bevor der Drachen über die Nasenspitze auf die andere Leitkantenseite zu kippen droht. Ziehen Sie in diesem Moment kräftig, aber gleichmäßig an beiden Leinen. Das Wichtige in dieser Phase ist gleichmäßiger Zug mit parallel liegenden Händen. Machen Sie während des Zuges zwei, drei kräftige Schritte rückwärts, und der Drachen wird weiter auf der Kante rutschen, um dann aber abzuheben. Leider funktioniert dieser Trick nicht mit allen Modellen. Falls es bei Ihren Versuchen nicht klappen sollte, schieben Sie die Schuld aber nicht sofort auf den Drachen, denn es gibt auch andere Fehlerquellen:

1. Sie ziehen nicht gleichmäßig an beiden Leinen.
2. Sie haben nicht genug Selbstvertrauen, wenn der Drachen kurz vor dem Kippen steht.
3. Sie führen die Aktion so weit am Rand des Windfensters durch, daß ein paar Sätze rückwärts nicht ausreichen, um die erforderliche Startgeschwindigkeit des Drachens zu erreichen.
4. Sie führen die Aktion zu dicht am Zentrum des Windfensters durch, und der Drachen kippt fortwährend über die Nase.
5. Sie haben nicht ausreichend geübt.

Die Landung auf den Flügelspitzen

Natürlich können Sie den Drachen auch aufrecht auf den Flügelspitzen landen und sich so eine weitaus einfachere Startposition erarbeiten. Allerdings ist der Landevorgang nicht so einfach wie der auf der Leitkante! Fliegen Sie zur Spitzenlandung den Drachen in Bahn 1 dicht am Boden an den rechten Rand des Windfensters, während Sie gleichzeitig nach vorne gehen. Wenn der Drachen am Rand des Fensters zum Stillstand kommt, drücken Sie Ihre linke Hand nach vorne (nicht lediglich mit der rechten Hand ziehen, dadurch laufen Sie Gefahr, wieder zu starten!) und machen gleichzeitig ein paar schnelle Schritte nach vorne. Vorausgesetzt, der Drachen flog nicht zu hoch, wird er sanft und sicher auf seinen Flügelspitzen landen. Fliegt er zu hoch, geht er in einen Stall über oder fällt unkontrolliert zu Boden. Wenn Sie Ihre letzten Schritte nicht schnell genug nach vorne gemacht haben, wird der Drachen einfach in der Luft bleiben und am Rande des Windfensters in der Luft schweben (Abb. 27).
Auch diese Art der Landung ist, was den Schwierigkeitsgrad angeht, vom Drachenmodell und seinem Schwerpunkt abhängig: Je tiefer der Schwerpunkt, desto einfacher gelingt die Übung.

Wenn Sie etwas Übung mit der Landung auf den Flügelspitzen bekommen haben, probieren Sie die gleiche Landung weiter in Richtung Zentrum des Windfensters zu wiederholen. Die Technik bleibt die gleiche, allerdings müssen Sie wesentlich schneller nach vorne laufen, um den Drachen zu stoppen und abzusetzen.
Robert Loera vom Team »High Performance« aus Hawaii landet seinen Drachen unmittelbar nach einer Abwärtsrolle auf den Spitzen (Abb. 28)! Dämmert Ihnen jetzt, warum dieses Team 1992 und 1993 Weltmeister wurde?
Für solche Landetechniken braucht man selbstverständlich enorm viel Erfahrung und viel Training. Die Erfahrung kann Ihnen dieses Buch nicht vermitteln, wohl aber ein paar gute Hinweise zum Training und vor allem, was bzw. wie Sie trainieren sollten. Die Flugfigur »T auf dem Kopf« (Abb. 29) beinhaltet eine ganze Reihe von Elementen, die wichtig für einen guten Teamflug-Piloten sind und die wir bisher besprochen haben: gerader Flug abwärts, scharfe 90-Grad-Kurve nach Abwärtsflug, die Kurve mit der Zieh/Zieh-Methode, den geraden Flug waagerecht, die Kurve mit der Drück/Drück-Technik und die scharfe 90-Grad-Kurve mit anschließendem Aufwärtsflug. Besondere Beachtung bei dieser Figur verdient die Kurve rechts außen. Sie dürfen Sie nicht zu eng fliegen, weil Sie dann nicht hoch genug sind, um die Abwärtskurve außen links zu

schaffen, ohne zu crashen. Denn Sie sollen ja gerade von links nach rechts fliegen. Steigflug nach oben ist verboten!
Wenn alle Mitglieder des Teams das »T auf dem Kopf« ausreichend geübt haben, wenn es wirklich »sitzt«, können wir zum eigentlichen Teamflug zurückkehren.

Teamflugorganisation Die Entwicklung einer eigenen Kür

Wer gibt die Kommandos? Es ist nicht unbedingt erforderlich, daß der Teamleiter auch der beste Pilot ist. Gute Führungseigenschaften zeichnen sich vielmehr durch die Fähigkeit aus, Beispiele zu geben und Kommandos auf klare und eindeutige Weise vermitteln zu können. Ein guter Pilot mit Selbstvertrauen und ausgeprägten Führungseigenschaften wäre die ideale Kombination.

Wie wird geführt?

Entscheidend ist, daß der Teamleiter überwiegend auf die nachfolgenden Drachen achtet und nicht auf seinen eigenen. Der Teamleiter muß stets den Gesamteindruck einer Kür vor Augen haben und darauf achten, daß die Folgedrachen auf der Ideallinie hinterherfliegen.
Mit diesem »Überblick vor dem geistigen Auge« müssen klare, eindeutige Flugkommandos gegeben werden, z. B.
– und jetzt (and turn)
– zwei drei (two three)
– je-tzt (tu-rn).
Der Zweck dieser zweisilbigen Kommandos läßt sich mit dem einer Ampel vergleichen, nämlich Gelb = Vorbereitung, Grün = Ausführung. Bei dem Kommando »und jetzt« steht »und« für Gelb bzw. »jetzt« für Grün.
Sehr erfahrene Teams, wie z. B. »High Performance« aus Hawaii, haben ein »stummes Grün«. Das Wort »turn« steht für Gelb, und Sekundenbruchteile danach erfolgt die Ausführung.

Der Folgeflug

Einer der großen Unterschiede zwischen Team- und Einzelflug besteht darin, daß Sie die meiste Zeit damit verbringen, auf die anderen Drachen zu achten, weniger auf Ihren eigenen. Als Faustregel mag gelten: 80 % der Zeit beobachten Sie die anderen Drachen im Team und den Gesamteindruck der Figur am Himmel, und nur 20 % der Zeit widmen Sie Ihrem eigenen Drachen. Hieraus wird deutlich, warum gute Einzelflugfertigkeiten unerläßlich sind. Wenn Sie sich fortlaufend auf Ihren eigenen Drachen und seine Flugbahn konzentrieren müssen, werden Sie kaum Fortschritte im Teamflug machen. Umgekehrt gilt natürlich: Je mehr Vertrauen Sie in Ihren eigenen Präzisionsflug haben, desto mehr Zeit können Sie für den Gesamteindruck verwenden.

Abstand halten

Der ideale, gleichmäßige Abstand zwischen den einzelnen Drachen eines Teams hängt von den Windverhältnissen und auch vom Drachentyp ab. Allgemein gilt: Je stärker der Wind bläst, desto größer ist auch der Abstand zwischen den Drachen, da dann alle ein wenig mehr Zeit haben, bei den erhöhten Fluggeschwindigkeiten entsprechend zu reagieren. Auch mit ansteigender Zahl der Mitglieder eines Teams ist ein größerer Abstand vorteilhaft, obwohl dies bei sechs oder noch mehr Mitgliedern schlicht nicht mehr möglich ist.
Auch die Turbulenzen, die von den einzelnen Drachen verursacht werden, haben Auswirkungen auf den Abstand. Die nachfolgenden Drachen sollten außerhalb der Turbulenzzone des Vorgängers fliegen. Unterschiedliche Leinenpaare können dieses Problem bei Einzeldrachen begrenzen, nicht jedoch, wenn Sie Ketten im Team fliegen wollen, da Ketten so große Turbulenzen verursachen, daß es fast unmöglich ist, diese durch unterschiedliche Leinenpaare zu umgehen. Vier bis fünf Spannweiten sind der ideale Abstand, von extremen Windbedingungen einmal abgesehen.
Nun gehört ein guter, gleichmäßiger Abstand zum Schwierigsten, was beim Teamflug erlernt werden muß. Es ist anfangs völlig normal, wenn der Abstand sich beim Flug in Richtung des Windfensterzentrums ver-

Abb. 29

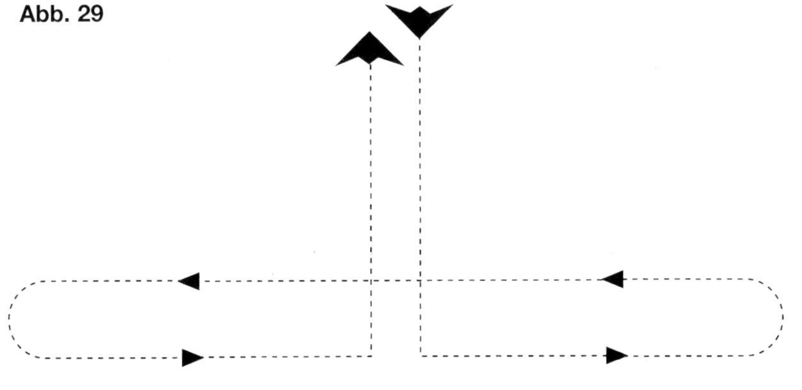

Das "T auf dem Kopf", die ideale Trainigsfigur für den Teamflug.

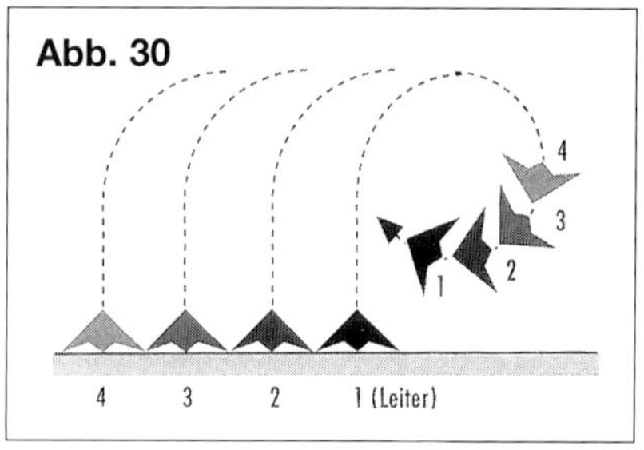

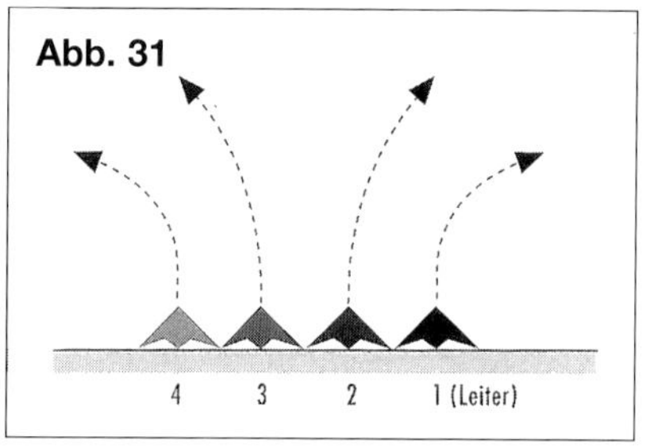

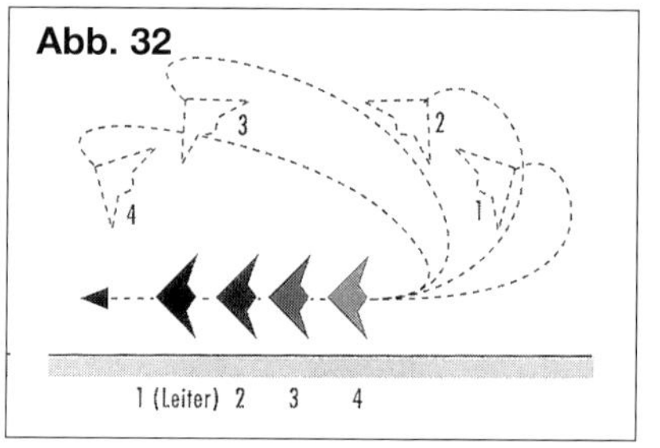

größert und sich beim Flug in Richtung Windfensterrand verkleinert. Um diesen natürlichen – aber unerwünschten – Effekt zu vermeiden, sollte jeder Pilot sich über seine Position innerhalb des Windfensters in bezug auf andere Piloten bewußt sein. Wenn Sie sich dem Zentrum des Windfensters nähern, fliegt der Drachen am schnellsten. Umgekehrt verlangsamt sich der Drachen, wenn Sie das Zentrum des Windfensters verlassen. Was wir erreichen wollen, ist eine gleichmäßige Geschwindigkeit aller Drachen, ungeachtet ihrer jeweiligen Position im Windfenster. Dies kann nur erreicht werden, indem die Piloten sich vorwärts bewegen, um die Geschwindigkeit zu drosseln bzw. zurückschreiten, um die Geschwindigkeit zu erhöhen. Beim geradlinigen Flug wird ein ungleichmäßiger Abstand besonders offensichtlich. Daher ist es wichtig, daß ein Team in dieser Situation gleichmäßig nach vorne geht, wenn die Drachen sich dem Windfensterzentrum nähern, bzw. zurückgeht, nachdem die Drachen das Zentrum verlassen haben.

Die Entwicklung einer eigenen Kür

Eine Kür ist eigentlich nichts anderes, als eine Aneinanderreihung verschiedener Flugfiguren. In der einfachsten Form kann eine Kür aus Start, etwas »Herumfliegerei« und der Landung bestehen.
Wenn wir über eine Kür sprechen, sollten wir uns aber auch über den Zweck der Kür im klaren sein. Ist es eine Präzisionskür, eine Ballettkür, eine Demonstrationskür, eine Übungskür, oder hat die Kür vielleicht einen ganz anderen Hintergrund? Erfahrene Teams unterteilen noch weiter: In Starkwind-Präzision oder Schwachwind-Ballett usw.
Darum: Legen Sie den Zweck der Kür fest, bevor Sie sie aus einzelnen Figuren zusammenstellen.
Fangen wir mit einer Präzisions-Kür an, da diese einfacher zusammenzustellen ist als ein Ballett, bei dem noch ein weiterer Aspekt, nämlich die Synchronisation mit der Musik, berücksichtigt werden muß. Wir werden beginnen, eine einfache, einminütige Präzisions-Kür zusammenzustellen. Sie besteht aus Start, vier Figuren und Landung. Aus zwei Gründen muß der Start einfach und sicher sein:
Zum einen liefert er den allerersten Eindruck, den ein Team beim Wettbewerb macht; zum anderen hat der Start weitgehenden Einfluß auf das Nervenkostüm und das Selbstvertrauen des Teams während der Kür. Entwickeln Sie daher, zumindest anfangs, einen Start, der sicher funktioniert, selbst wenn die Windrichtung zwischen Aufbau der Drachen und eigentlichem Start um 45 Grad dreht. Aus diesem Grund sind Starts zu bevorzugen, die nicht vorsehen, daß der Drachen in eine ganz bestimmte Position des Windfensters geflogen werden muß. Am bequemsten ist es, einen Drachen nach dem anderen in schneller Reihenfolge zu starten und dem Teamleiter in die erste Infinity zu folgen (siehe Abb. 30).
Etwas schwieriger ist es, alle Drachen gleichzeitig wie einen explodierenden Stern zu starten (siehe Abb. 31). Dieser gleichzeitige Start und die gleichmäßige Beschleunigung sind nicht so einfach, wie es sich anhört, besonders, wenn der Wind zwischen Aufbau und Start etwas gedreht hat. Jedoch macht der Stern-Start optisch einen sehr starken Eindruck, und darum wollen wir ihn auch in unsere erste Kür einbauen.
Das beste wäre jetzt, daß alle Drachen sich für eine erste Infinity formieren, einerseits, um die Nerven ein wenig zu beruhigen, andererseits, um dem Teamleiter Gelegenheit zu geben, die Position der Formation zu korrigieren, falls der Wind – und somit das Windfenster – gedreht hat. Der Übergang vom Sternstart zur Infinity erfolgt am einfachsten, indem alle dem Teamleiter in die obere rechte Ecke des Windfensters folgen und auf Kommando rechtsherum einen Bogen nach unten fliegen (Abb. 32). Wenn Sie zusätzlich noch etwas Zeit benötigen, um Ruhe in die Formation zu bringen, können Sie eine vollständige Infinity anfügen. Vermeiden Sie zu viele Infinities, bevor Sie mit Ihrer ersten Sequenz beginnen.

Sequenzen

Mit Sequenz bezeichnet man eine bestimmte Aufeinanderfolge von verschiedenen Manövern oder Figuren. Zu Beginn und beim Abschluß einer Sequenz sollten die Flugleinen aller Piloten frei, d. h. nicht mit denen eines anderen Piloten verdreht sein. Das US-Team »Chicago Fire« hat gewissermaßen einen Standard

Abb. 33

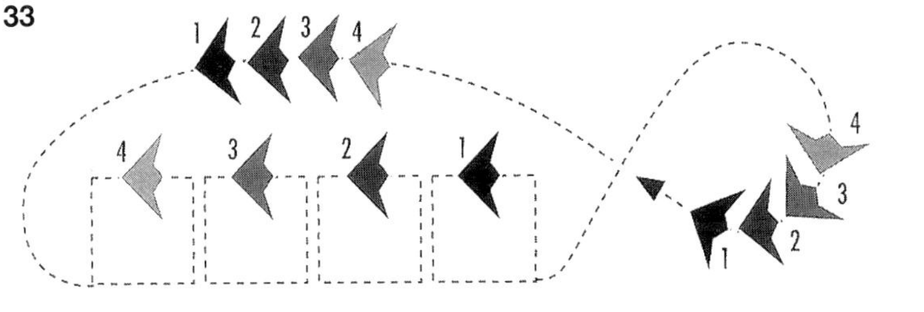

Abb. 34

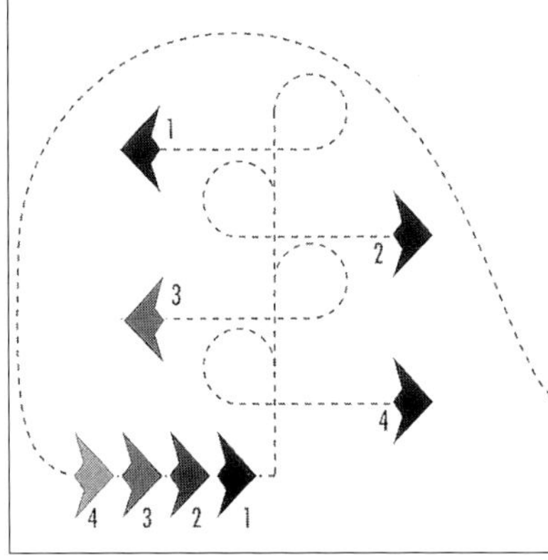

eingeführt und ordnete den Sequenzen Namen zu. Das Team ging noch weiter: Die Figuren wurden so entwickelt, daß zu Beginn und Ende einer Figur nicht nur die Leinenpaare jedes Piloten frei sind, sondern bei Beendigung einer Figur die einzelnen Flugleinen auch weder rechts- noch linksherum verdreht sind.
Die Zuordnung von Namen zu Sequenzen hat einen einleuchtenden Grund. Die Kommandofolge: »Links 90 Grad – Geradeaus – Links 90 Grad – Geradeaus – Links 90 Grad – Geradeaus – Links 90 Grad – Geradeaus« wäre recht umständlich. Darum wird die Reihe von Kommandos durch ein einziges ersetzt, eben durch den Namen der Sequenz.
Die soeben beschriebene Reihenfolge von Kommandos hat sich allgemein als Sequenz »Individual Squares« oder kurz »Indie Squares«, zu deutsch »einzelne Quadrate«, durchgesetzt, wobei die englische Bezeichnung vorgezogen wird.
Auf Abb. 33 ist die Sequenz »Indie Square« der Deutlichkeit halber mit nicht überlappenden Quadraten dargestellt, im praktischen Flug lassen sich Überlappungen jedoch nicht vermeiden. Aus dieser Abbildung wird deutlich, daß sich die Indie Squares ausgezeichnet in eine Infinity einbauen lassen. Bei Abschluß der Indie Squares können alle Drachen eine Infinity fortsetzen, allerdings mit einmal verdrehten Flugleinen.
Wir könnten jetzt einen weiteren Schritt fliegen, der die Leinen wieder entdreht (wie Chicago-Fire), oder wir fügen ein paar weitere Sequenzen an, die mit verdrehten Schnüren geflogen werden, die Verdrehungen zum Abschluß aber vollständig auflösen. Da wir gerade in einer Infinity sind, wollen wir versuchen, weitere Figuren zu fliegen, die aus der Infinity heraus gestartet werden können. Ein Vorschlag dazu wäre »Opposite Thread« (Abb. 34). Diese Figur spiegelt das Können, gleichmäßigen Abstand zu halten, und gutes Timing besonders gut wieder. So gut diese Figur auch aussehen mag, an den verdrehten Leinen hat sich nichts geändert.

Ronnie's Weave

Die nächste Figur setzt etwas Erfahrung im Teamflug voraus, und es ist deshalb empfehlenswert, diese Figur schon früh zu probieren, da sie Möglichkeiten eröffnet, durch die der Teamflug richtig Spaß macht.
Die Figur heißt »Ronnie's Weave«, was etwa soviel heißt wie »Ronnie's Gewebe«. Die Figur ist ziemlich komplex und bezieht eine Reihe von Schnurverdrehungen ein.
Bei mangelhafter Ausführung kann es leicht passieren, daß einige oder auch alle Teamdrachen sich plötzlich am Boden wiederfinden. Trotzdem: Probieren Sie es aus. Wenn's klappt, wird jeder in Ihrer Nachbarschaft glauben, Sie hätten das Teamfliegen erfunden.
Die Figur »Ronnie's Weave« verdankt ihren Namen Ron Reich, Mitglied der bekannten US-Formation »Top Of The Line«. Sie wurde 1989 zum ersten Mal geflogen und damals als Sensation empfunden.
»Ronnie's Weave« ist nicht außergewöhnlich schwer zu fliegen, aber fordert das richtige Gefühl für Abstand, Geschwindigkeitskontrolle und Timing. Zudem sieht sie äußerst dramatisch aus. Zum besseren Verständnis zeigen wir neben der eigentlichen Figur (Abb. 35) die Vorbereitungsphase (Abb. 36). Beachten Sie, wie der Teamleiter seinen Drachen während der Vorbereitung in die obere rechte Ecke des Windfensters absetzt. Der Rest des Teams, Drachen 2 bis 4, fliegt eine 180-Grad-Kurve nach links, geradeaus bis an den Rand des Windfensters, und dann wieder eine 180-Grad-Kurve nach rechts. Die Kommandos für diese beiden Kurven übernimmt Nr. 2, sozusagen als Gruppenleiter. Das Kommando für die zweite 180-Grad-Kurve ist gleichzeitig Signal für den Teamleiter, seinen Drachen über eine 180-Grad-Kurve nach rechts in Richtung der Gruppe zu fliegen. Die Gruppe hat nichts anderes zu tun, als ihre Drachen in gleichmäßigem Abstand und gleichmäßiger Geschwindigkeit schnurgerade horizontal von rechts nach links zu fliegen, während der Teamleiter die »Arbeit« macht, nämlich, sich durch die Gruppe hindurch zu weben. Nachdem der Teamleiter den letzten Drachen, also die Nr. 4, passiert hat, begibt er sich auf die Bahn, wie die Gruppe, und fliegt weiter geradeaus bis an den linken Rand des

Windfensters. Zur gleichen Zeit fliegt die Gruppe, angeführt durch Nr. 2, an den rechten Rand des Windfensters.

Reformation

Aber was nun? Wie sollen die getrennten Drachen wieder in eine Formation kommen, bei der die Nr. 1 vorneweg fliegt? Der Schlüssel zur Lösung liegt im »Cutback up« (Abb. 37) und im »Quadjoin« (Abb. 38). Nach dem »Cutback up« fliegen Gruppe und Teamleiter wieder aufeinander zu. Jedoch wird jetzt nicht wieder »gewebt«, sondern die Gruppendrachen 2, 3 und 4 fliegen jeweils ¾ eines großen Quadrates, lassen den Teamleiter passieren und schließen auf.

Achtundachtzig

Die letzte Figur in unserer Mini-Kür ist die Achtundachtzig (Abb. 39). Martin Lester zeigte diese Figur 1988 in York und meinte nur: »Flieg mir einfach hinterher.« Die Figur ist der Infinity ähnlich, aber das ist auch schon alles. Der Teamleiter fliegt voran einen vollständigen Kreis, sodann von unten rechts nach oben links eine Diagonale wie bei der Infinity und dann einen Kreis gegen den Uhrzeigersinn. Mit dem ersten Kreis wird eine weitere Umschlingung der Leinen hinzugefügt. Der zweite Kreis baut die Anzahl der Verschlingungen ab. Geben Sie sich bei der Achtundachtzig besondere Mühe, den Abstand zwischen den Drachen konstant zu halten. Legen Sie die Kreise lieber üppiger an, da dann die Gefahr, zu enge Kurven zu fliegen, sie gar zu schneiden, weniger groß ist. Nach dem ersten Kreis, wenn Sie eine zusätzliche Leinenverschlingung erzeugt haben, verspüren Sie einen leicht erhöhten Reibungswiderstand der Leinen. Gleichen Sie ihn nicht durch kräftigere, scharfe Zugbewegungen aus, sondern fliegen Sie die Kreise sanft zu Ende. Lassen Sie den Drachen reagieren, bevor Sie durch kräftigeres Ziehen korrigieren.

Abb. 35

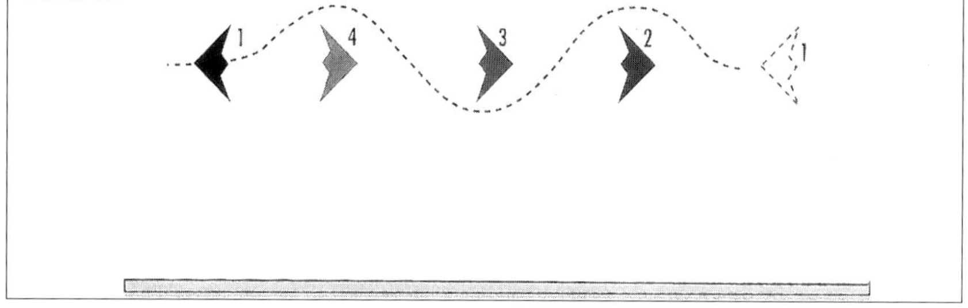

Abb. 36

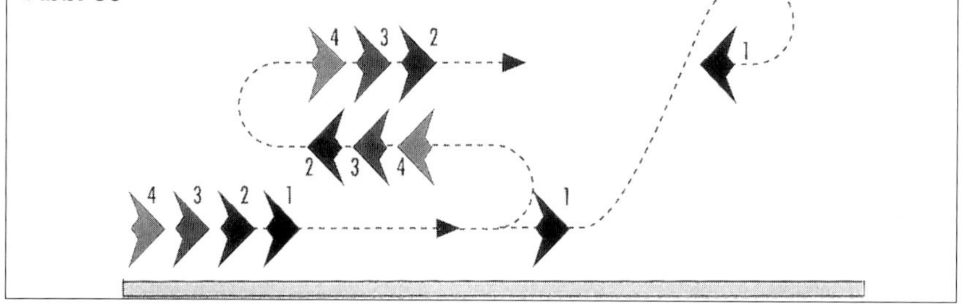

Abb. 37

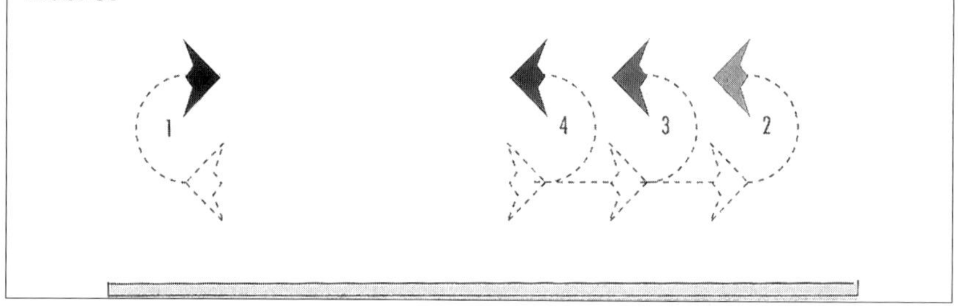

Abb. 38

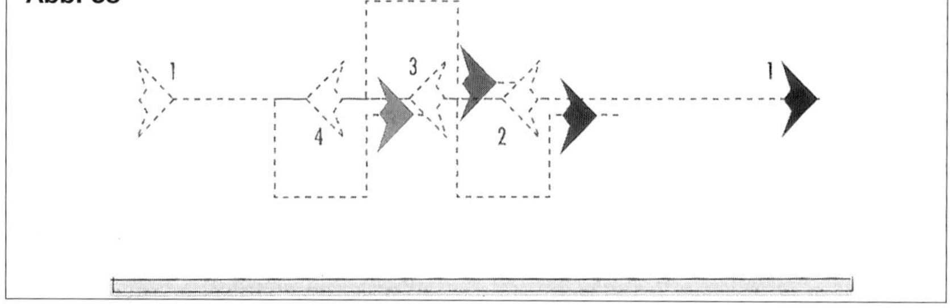

Wir könnten an unsere kleine Kür noch weitere Figuren und Sequenzen anfügen, jetzt wollen wir jedoch eine (Zwischen-)Landung durchführen. Wir schlagen vor, die »Landung auf den Flügelspitzen« (Abb. 40), wie in vorigem Kapitel beschrieben (Abb. 27), durchzuführen.

Landung mit verdrehten Leinen

Das erste, was Sie wahrscheinlich nach der Landung feststellen werden, ist, daß alle Piloten unterschiedlich starke Verdrehungen in ihren Flugleinen haben. Die Erklärung ist einfach: »Ronnie's Weave« eliminiert die durch die »Indie Squares« verursachten Verdrehun-

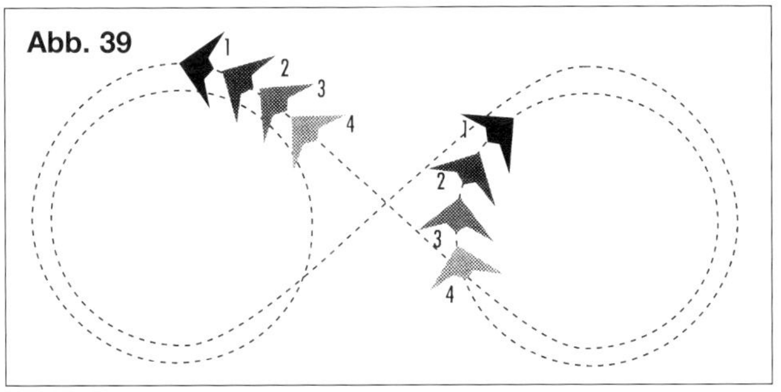

Abb. 39

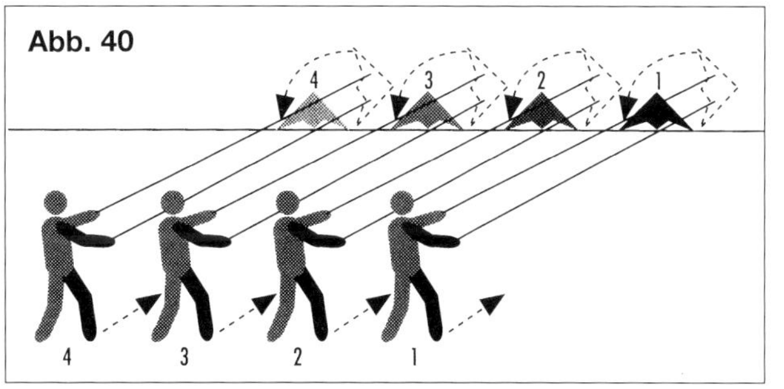

Abb. 40

gen nur für Drachen Nr. 3, verdreht aber zusätzlich die Leinen von Nr. 2 und Nr. 4 und die des Teamleiters. Bei dieser kurzen Kür ist eine Landung mit zwei Verdrehungen kein großes Problem. Aber die Landung kann problematisch werden, wenn Sie sie mit fünf oder mehr Verdrehungen versuchen.

Wir haben unsere erste kleine Präzisions-Kür von etwa 1 ½ Minuten Dauer zusammengestellt. Das war nicht weiter schwierig, weil alle Figuren im Übergang eines gemeinsam hatten: die Infinity. Wenn Sie vorhaben, komplexere Küren zusammenzustellen, wird die Sache schon komplizierter. Eine Fünf-Minuten-Kür kann über 50 Kommandos (turns) beinhalten und aus einem Dutzend oder mehr Sequenzen bestehen. In diesem Fall sollten Sie jede Sequenz für sich üben und erst dann die einzelnen Sequenzen zu einer Kür zusammenfügen.

Trockenflug

Für die Zusammenstellung der einzelnen Sequenzen gibt es ein probates Mittel, welches sich als sehr effektiv und zeitsparend erwiesen hat. Sie brauchen dazu noch nicht einmal auf die Wiese zu gehen. Wir sprechen vom »Trockenflug« in Form der Stöckchenübung (Abb. 41) oder mit dem Teamflugkasten (Abb. 42). Trainingsstöckchen und auch das Kästchen lassen sich mit wenig Aufwand herstellen. Tip: Besorgen Sie sich für das Kästchen vier magnetische Scheiben, wie sie für Planungstafeln (Bürofachhandel) verwendet werden, und kleben Sie auf die Scheiben kleine Lenkdrachenmodelle aus Pappe. Für die Rückwand ein Stück Blech vom Klempner, ein paar Nägel und Schnurreste, mehr brauchen Sie nicht für den Trainingskasten. Auch die Stöckchen lassen sich mit Pappmodellen und einem kurzen Stück Rundholz einfach herstellen. Vorteil der Stöckchen: Figuren lassen sich schneller nachvollziehen als beim Kasten. Der Kasten ist langsamer, bietet jedoch den großen Vorteil, daß sich die Schnurverdrehungen bzw. die -entdrehungen besser verfolgen und nachvollziehen lassen, denn im Gegensatz zu der Stöckchenmethode sind die Flugleinen in das Trockenmodell integriert. Wie dem auch sei, sowohl Stöckchen als auch Kasten sind wunderbare Hilfsmittel, eine Kür zusammenzustellen. Und das sogar ganz gemütlich zu Hause.

Vollendung

Wir werden später noch ausführlich auf das Training mit Stöckchen und

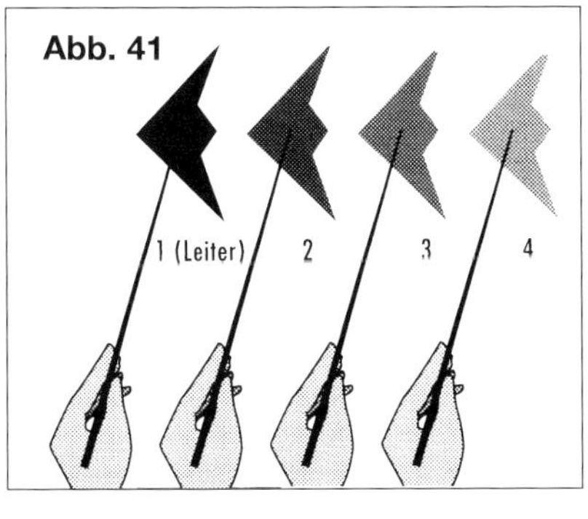

Abb. 41

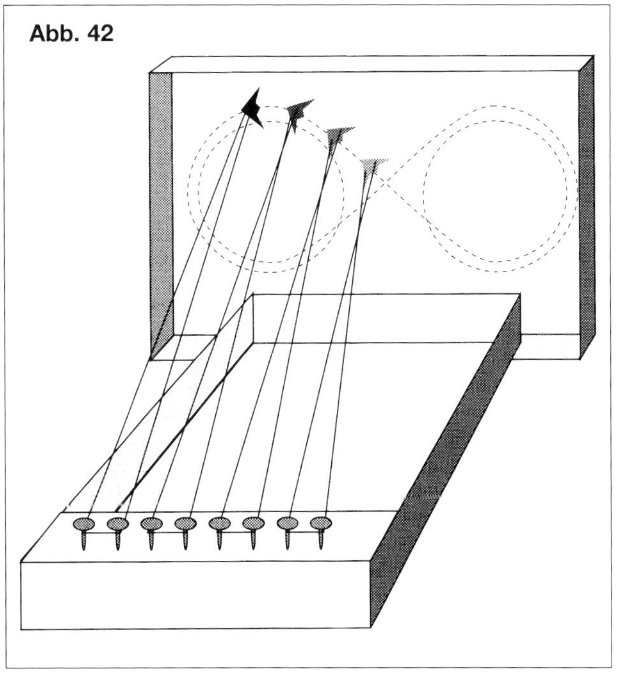

Abb. 42

Kasten zurückkommen. Im Moment wollen wir jedoch diese Hilfsmittel nur dazu nutzen, unsere Mini-Kür zu trainieren und zu verbessern. Nutzen Sie diese Werkzeuge, um alle Bestandteile der Kür – sei es Start, »Indie Squares«, »Ronnie's Weave« usw. – zu optimieren.

Ballett

Eine kleine Präzisions-Kür haben wir jetzt begonnen. Was liegt also näher, als sich sogleich dem Ballett zu widmen, präziser gesagt, einer Kür mit musikalischer Choreographie. Eine solche Kür ist erheblich schwieriger zu entwickeln, weil die Flugbewegungen der Drachen mit den Tempi der Musik in Einklang gebracht werden müssen. Unterbrechungen bei Flugfiguren sollten möglichst mit dem Tempowechsel der Musik einhergehen. Über die Wahl eines geeigneten Musikstückes ist schon viel geschrieben worden; wir möchten daher nur einige, wenige Hinweise geben. Die Musik sollte folgende Bedingungen erfüllen: Sie muß zum Team »passen«, dem Publikum und – bei Wettbewerben – der Jury gefallen, das Tempo wenigstens dreimal bei 5 Minuten Länge wechseln. Wünschenswert ist außerdem, daß die Musik zwei oder drei markante Stellen enthält, die einer bestimmten Flugbewegung zugeordnet werden können. Sie werden jetzt vielleicht sagen, daß diese einfachen Voraussetzungen auf viele Musikstücke zutreffen, z. B. solche Musik, wie sie häufig in Aufzügen, in Hotels oder in Flugzeugen vor dem Start zu hören ist. Wahrscheinlich haben Sie damit sogar recht. Für Anfänger läßt sich mit dieser Musik einfacher choreographieren als beispielsweise mit Jazz. Sicher, Sie werden kaum den World Cup gewinnen oder 10 000 Zuschauer begeistern, wenn Sie »Aufzugsmusik« benutzen, aber sie hilft Ihnen aus den Startlöchern.
Wir wollen Ihnen noch ein kleines Geheimnis verraten und ein Musikstück vorschlagen: Chi Mai von Ennio Morricone. Es handelt sich um die Titelmusik einer BBC-Fernsehserie (zu hören auf »Virgin«, Sampler Filmmusic 1966–1987, Best.-Nr. 303169). Diese Musik wurde 1990 vom Team »The Blitz« beim European Cup und beim Welt Cup mit respektablen Resultaten verwendet. Chi Mai hat eine Menge einprägsamer Schwerpunkte, die fast wahllos für viele scharfe Flugbewegungen eines Drachens eingesetzt werden können.
Paul Jobin, der mit dem Team »The Blitz« zu der genannten Musik eine Kür entwickelt hat, berichtet: »Die Art und Weise, wie das Team die Kür entwickelte, war relativ einfach. Wir hatten alle eine Kopie von Chi Mai, und jeder hörte sich die Musik so oft wie möglich während einiger Tage an. Jeder überlegte für sich, welche Figuren wohl zur Musik passen könnten, und machte sich Notizen. Wir haben die Notizen miteinander verglichen, dann setzte jeder einen Walkman auf und ging für sich allein auf die Wiese, um zur Musik zu fliegen. Wir flogen nicht etwa ein Einzel-Ballett, das ist ein anderes Kapitel, aber jeder flog für sich und stellte sich vor, er sei der Teamleiter.
Danach flogen wir paarweise, und die anderen schauten zu, machten Vorschläge, die das Paar versuchte nachzuvollziehen. Schließlich setzten wir uns alle zusammen und schrieben ausführliche Figuren auf, die zu bestimmten Takten der Musik geflogen werden sollten. Das klappte natürlich nicht auf Anhieb. Es war eine Art Kombination von diszipliniertem Üben und Ändern der Flugfiguren, bis wir endlich eine Kür entwickelt hatten, die für eine ganze Reihe unterschiedlicher Windstärken zur Musik paßte.
All dies mag sich einfach anhören, aber als wir es ausprobierten, haben wir wirklich die beabsichtigten Takte mit den entsprechenden Figuren in Übereinstimmung bringen können. Das Entscheidende bei einer Ballett-Kür ist, daß Sie einen eigenen Stil entwickeln müssen, eine Anmut, die zur Musik, den Windverhältnissen, den Drachen und letztlich auch zum Team paßt. Und dies ist sicher keine einfache Sache.«

Ausrüstung und Tuning

Zu einem erfolgreichen Team gehört nicht nur fliegerisches Können, sondern auch Planung und sorgfältige Auswahl der richtigen Ausrüstung. Eigentlich ist Teamflug mit jedem Zweileiner möglich, es muß noch nicht einmal ein Hochleistungsdrachen sein.

Die Auswahl des geeigneten Drachen

Welches ist der beste Teamdrachen? Auf diese oft gestellte Frage gibt es keine eindeutige Antwort. Statt dessen muß die Frage genauer gestellt werden. Wollen Sie Teamflug nur gelegentlich mit Freunden betreiben und zwischendurch anderen Drachen zuschauen? Oder wollen Sie den Teamflug ernsthafter betreiben, Demonstrationsflüge machen und/oder an Wettbewerben teilnehmen? In diesem Fall ist Planung und Organisation ein wichtiger Aspekt.
Ein Pilot des ehemaligen englischen Teams »Blitz« stellte sich auf den Standpunkt, daß ein Team erst dann ein richtiges Team wird, wenn es einen eigenen Namen und eigene Team-T-Shirts besitzt. Wir denken, es ist etwas Wahres daran, da eigene T-Shirts und ein Name auf Teamgeist und den wirklichen Entschluß hinweisen, Fortschritte zu machen.
Um ehrlich zu sein: Den ganzen Tag Infinities zu fliegen, macht am Anfang sicherlich Spaß, wird aber schnell langweilig, es sei denn, man macht es im Mega-Team. Sie wollen sicherlich eigene Flugfiguren, Sequenzen oder auch ganze Routinen fliegen. Dazu benötigen Sie identische Drachen. Identische Drachen heißt nicht nur, daß diese Drachen von gleicher Größe und gleichem Typ, sondern vorzugsweise auch von der gleichen Person angefertigt sein sollten. Selbstverständlich müssen die Drachen bzw. ihre Waagen auch einstellbar sein, damit sie alle genau gleich fliegen.
Mit etwas Glück können Sie vielleicht einen Hersteller oder einen Händler dazu bewegen, Ihnen ein Modell zum Ausprobieren zu leihen. Wenn Sie nicht diese Möglichkeit haben, will ein Kauf gut überlegt sein, denn jede Investition wird ja mit der Anzahl der Teammitglieder multipliziert.

Also, welcher Drachen für ein Team, das ernsthaft fliegen will? Nach unserer Erfahrung lautet die Antwort: Für jedes Teammitglied mindestens drei verschiedene Typen, damit alle Windverhältnisse, von sehr leichten bis leichten, mittleren und auch kräftigeren Winden, abgedeckt sind.
Nun hat nicht jedes Team eine so dicke Brieftasche, um auf einen Schlag für jedes Mitglied des Teams jeweils drei Drachen anzuschaffen, möglicherweise noch zusätzlich Reservedrachen.
Daher sollte der erste Drachen(satz) eines Teams ein Drachen für mittlere Winde, also für 3 bis 4 Bft, sein. Die Wahl des zweiten Drachen(satzes) richtet sich nach den vorherrschenden Windverhältnissen am Wohnort. Ein Starkwinddrachen für Bayern wäre genauso fehl am Platz wie ein Ultra-Leichtwind-Drachen für die Nordseeküste. Der dritte Drachen(satz) ergänzt schließlich die Sammlung, und man ist auch auf seltener herrschende Windbedingungen eingerichtet.
Zusätzlich zu einem Drachentyp pro Teammitglied sollte noch ein Reservedrachen »für alle Fälle« erworben werden, da es schade wäre, wegen eines Schadens an einem Drachen gleich den Übungsnachmittag abzubrechen oder die Zeit auf der Wiese mit Reparaturen zu vergeuden. Selbst bei einem 3-Mann-Team können vier Drachen, drei Leinensätze, Handgriffe, Drachentaschen usw. schon schnell einen stattlichen Betrag verschlingen. Den Kostenfaktor also nicht übersehen. Trotzdem: keine Bange. Man kann auch viel Spaß am Teamflug mit vergleichsweise preiswerten Modellen haben, wie beispielsweise WIND THANG oder SPEED-WING wenn Sie den schnellen Teamflug beherrschen. Jedoch ist präzises Teamfliegen am besten mit Drachen zu trainieren, die langsam fliegen. Man hat mehr Zeit zu reagieren, und es sieht einfach besser und eleganter aus.
Die ehemaligen Europameister im Paarflug, die »Skyrunners«, waren damals zwei Jungen von 12 und 13 Jahren. Sie haben Teamflug mit dem »Spectra« gelernt. Das ist eine gute Wahl in der Klasse der Deltas mit 2,0 m Spannweite, besonders für Piloten mit geringerem Körpergewicht geeignet.
Jedoch ist das Fliegen mit Deltas von 2,3 bis 2,4 m Spannweite unbestreitbar ein ganz besonderer Genuß. Diese Drachen sind präzise, und man kann sie sehr gut tunen. Wenn ein etwas größerer Etat zur Verfügung steht, sollten Sie sich einmal den TOTAL ECLIPSE anschauen. Das »Team DRAma«, Paul Kappel und Angela Overbeck, die deutschen Meister im Paarflug, schwören auf diesen Drachen, da er sehr präzise und langsam fliegt und vergleichsweise wenig Zugkräfte entwickelt.

Warum 3 Drachen-Sätze?

Durch Erfahrungen aus vielen Wettbewerben ist der Autor zu der Überzeugung gekommen, daß man, um wettbewerbsfähig zu sein, komfortabel unter allen Windbedingungen fliegen können muß. Nach den STACK-Regeln werden Team-Wettbewerbe bei Windgeschwindigkeiten zwischen 6,4 km/h und 48 km/h ausgetragen, d. h. Sie müssen Ihre Routine bei jeder dazwischenliegenden Windgeschwindigkeit sauber fliegen können. Die meisten Teams werden ihre Mittelwind-Drachen benutzen, perfekte Drachen für Windgeschwindigkeiten zwischen 12 km/h und etwa 30 km/h. Aber was tun, wenn es stärker oder schwächer bläst? Ultra-Leicht- und Starkwind-Drachen müssen nach wie vor trotzdem gute Teamflugeigenschaften haben, d. h. nicht zu schnell sein, sie dürfen nicht nachdrehen und müssen ausgewogen genug sein, um Flugfehler so gut wie möglich auszugleichen.

Es gibt eine Unzahl von Modellen auf dem Markt, die als Ultra-Leicht-Drachen angeboten werden, aber nur sehr wenige Modelle sind echte Ultra-Leicht-Drachen, d. h. fliegbar im Team bis herunter zu Windgeschwindigkeiten um 6 km/h. Schauen Sie sich daher gut um, bevor Sie eine Entscheidung treffen. Das »Slipstream Team« verwendete normale »Hawaiian Chevron«-Segel, ausgerüstet mit 5,5mm-Beman CFK-Gestänge. Bei der großen Segelfläche und dem geringen Gewicht kann der Drachen problemlos auch bei 6 km/h geflogen werden. Bei 15 km/h und mehr versagt allerdings das Gestänge.
Bei starkem Wind haben Sie drei Optionen. Zuerst wäre da die Möglichkeit, einen sogenannten ¾-Drachen zu verwenden. ¾-Drachen gleichen ihren größeren Brüdern bis aufs I-Tüpfelchen, sind aber – wie der Name schon sagt – nur 75 % so groß. Im Ergebnis bringen ¾-Drachen jedoch wenig. Sie entwickeln zwar auch bei kräftigen Winden weniger Zug, gewinnen aber so beträchtlich an Geschwindigkeit, daß sie zum Teamflug nur beschränkt tauglich sind. Die zweite Möglichkeit ist, einen 2,3m-DELTA für Starkwind zu modifizieren, indem man in das Segel sogenannte »vents« einbringt, d. h. bestimmte Segmente aus dem Segel herausschneidet und die Segmente durch luftdurchlässige Gaze ersetzt. Diese Methode ist noch relativ neu und bestimmt noch nicht zu Ende entwickelt. Bevor Sie aber Ihrem Drachen mit der Schere zu Leibe rücken, sollten Sie unbedingt Erfahrungen von anderen Piloten einholen, die bereits mit »vents« geflogen sind, sonst zerstören Sie möglicherweise das Segel und bekommen doch kein brauchbares Ergebnis. Zusätzlich können Sie mit Gazestreifen arbeiten, die in England »nappies« oder »diapers« genannt und in die Flugleine kurz vor die Waage integriert werden (siehe Abb. 1). Diese Nappies wirken als Windbremse und schwächen den auf den Drachen treffenden Luftstrom ab. Die dritte Möglichkeit, auch bei starkem Wind erfolgreich Teamflug durchzuführen, besteht in der Verwendung von Drachen, die ausdrücklich für starken Wind konstruiert wurden. Diese Drachen werden kaum bei 15 km/h oder weniger überhaupt vom Boden abheben, bleiben aber selbst bei Windgeschwindigkeiten von 48 km/h und sogar darüber sehr gut kontrollierbar. Der CHECKMATE der australischen Drachenfirma Highly Strung Kites ist eine gute Wahl, wenn es um Starkwinddrachen geht. Sein innovatives Doppelsegel verursacht einen Unterdruckbereich zwischen den beiden Segeln und wirkt so als Luftbremse.

Die maximale Geschwindigkeit ist nicht sonderlich hoch, und egal, wie der Wind bläst, ob kräftig oder in Böen, der Checkmate »flutscht« nur so durch.

Abb. 1

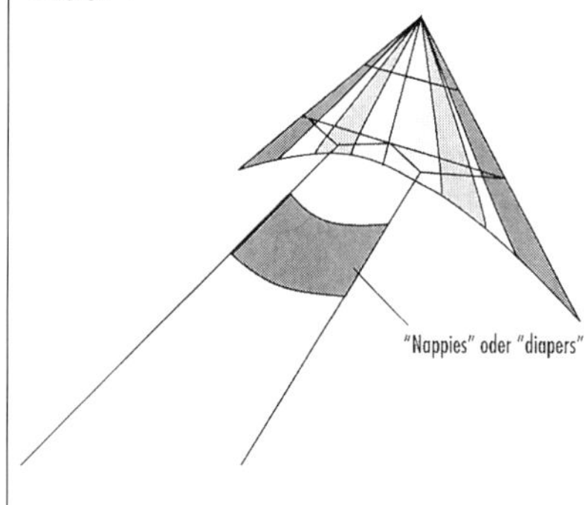

Wir hoffen, daß wir Ihnen mit diesen Hinweisen ein paar Anregungen geben konnten. Trotzdem sollten Sie, wann immer sich die Möglichkeit bietet, andere Teams einfach fragen, welche Drachen es fliegt und warum! Probieren Sie einen Drachen aus, bevor Sie ihn kaufen, wenn sich Ihnen diese Möglichkeit bietet.

Qualität und Haltbarkeit

Wie auch immer Sie sich entscheiden, Sie werden wahrscheinlich Wert auf Haltbarkeit Ihres Drachens legen. Bei durchschnittlichem Flugbetrieb hält ein Team-Drachen ein Jahr, bevor er durch neue Modelle mit fortgeschrittener Aerodynamik veraltet sein wird, jedoch noch längst nicht für den Normalbetrieb zum alten Eisen zählen muß. Haltbarkeit ist also durchaus ein wichtiger Aspekt, wobei wir unter Haltbarkeit die Widerstandsfähigkeit des Drachens bei Kollisionen in der Luft oder auch bei unbeabsichtigten Landungen verstehen.
Leider beinhaltet der Teamflug erheblich mehr unvorhergesehene Crashs als der Normalbetrieb, und ein gut vernähter Drachen mit Dacron-beplankter Seitenkante, kräftigem Gestänge und Qualitätsbeschlägen ist eben haltbarer als ein Billigmodell. Qualität zahlt sich aus, auch wenn der Drachen in der Beschaffung teurer ist.

Auf folgende Punkte sollten Sie beim Einkauf Ihres Team-Drachens unbedingt achten:
a) das Segel soll im Bereich der T-Verbindung ausreichend verstärkt sein,
b) die Ausschnitte an der Schrägkante, wo Querstrebe und Schrägholme aufeinanderstoßen, sollen ebenfalls verstärkt sein,
c) der Längsholm soll eine Kunststoffkappe am oberen Ende haben, die ein Durchscheuern durch die Drachennase zwar nicht vermeidet, jedoch verzögert,
d) die Schleppkante soll mindestens einmal umgelegt, besser sogar doppelt gesäumt sein,
e) Ihr Händler sollte die gängigsten Ersatzteile vorrätig haben.
Schließlich und endlich: Fragen Sie andere Piloten, wie sie die Haltbarkeit ihres Drachens beurteilen.
Und: Ein Drachen, der im Drachenladen noch so toll aussehen kann, übersteht vielleicht noch nicht einmal fünf Minuten Teamflug.
Achten Sie ganz besonders auf Haltbarkeitsmerkmale, wenn Sie einen Ultra-Light-Drachen kaufen wollen. Es gibt Unterschiede zwischen solchen Ultra-Lights, die eine ganze Saison durchhalten, und einigen Modellen, die schon nach einem Flugtag auf den Müll gehören.

Flugeigenschaften

Welche Charakteristika zeichnen einen guten Team-Drachen sonst noch aus? Wir wollen uns hier auf den Drachen für mittlere Winde beschränken. Also:
a) gleichmäßige Dreheigenschaften, ohne dabei zu beschleunigen
b) sauberen Geradeausflug
c) ausgewogene Proportionen
d) leicht zu starten
e) leicht zu landen.

Dreheigenschaften

Allgemein anerkannt ist die Tatsache, daß ein Drachen im Kreisflug seine Fluggeschwindigkeit so weit als möglich gleichmäßig beibehalten soll und nicht beim Drehen beschleunigen darf. Tatsächlich versuchen die Hersteller immer mehr, dieser Anforderung gerecht zu werden.

Wie kann man gleichmäßiges Drehverhalten objektiv beurteilen? Starten Sie Ihren Drachen wie gewohnt, und bringen Sie ihn durch Zug auf einer Seite zum Drehen. Bewegen Sie dann Ihre Hände nicht mehr, d. h. verändern Sie nicht mehr die relative Position Ihrer Hände. Der Drachen sollte den begonnenen Kreisflug mit gleichmäßiger Geschwindigkeit fortsetzen, ohne dabei zu sehr an Höhe zu verlieren. Wenn der Drachen jedoch beschleunigt und beginnt, den Kreis zu verengen, kann dies unter Umständen beim Ballett oder bei Demonstrationsflügen wünschenswert sein, nicht jedoch beim Präzisionsflug, der Drachen mit gleichmäßigem Drehverhalten verlangt.

Kommen wir zurück auf einen Drachen, dessen gleichmäßige Dreheigenschaften bis heute kaum zu übertreffen sind: Der original HAWAIIAN TEAM ist über die Jahre zwar mit neuem Gestänge und leichten Segelmodifikationen immer weiterentwickelt worden, hat aber seine unübertroffenen Präzisionsflug-Eigenschaften erhalten.
Auch die Drachen der Phantom-Klasse mit verlängerter Schwanzspitze sind sehr populär, sei es nun als NORTH SHORE RADICAL, mit dem das »Team High Performance« zuletzt 1993 den World Cup gewonnen hat, oder als BIG BROTHER, mit dem das Team »Flashback« im gleichen Jahr den Ballett-Wettbewerb beim European Cup gewann.
Vollflexible Drachen, wie der PARAFLEX, sind sehr gut für Anfänger geeignet, da sie kein Gestänge haben, das beim Crash zerbrechen könnte. Wenn diese Drachen jedoch aus minderwertigem Material bestehen und dann noch schlecht verarbeitet sind, können die Zellen beim Aufprall platzen. Beim Kauf eines Originals geht man jedoch kaum ein Risiko ein.
Die anfänglichen Präzisionsmängel der vollflexiblen Drachen werden immer weiter behoben, und wir sind ziemlich sicher, daß dieser Drachentyp schon bald in den Drachentaschen von guten Teams zu finden sein wird.
Halbflexible Drachen, wie der FLEXIFOIL, setzen Flugerfahrung voraus, da diese Drachen immer in Bewegung gehalten werden müssen.
Falls Sie sich jetzt für einen bestimmten Drachen entschieden haben, gilt es noch eine weitere Frage zu beantworten: Alle Drachen in einer Farbe; ähnliche Farben, aber ein unterschiedliches Farbmuster; unterschiedliche Farben in einem unterschiedlichen Farbmuster?

Dies sind sicher weitgehend Geschmacksfragen, allerdings sollte ein Aspekt nicht übersehen werden: Falls alle Drachen identisch aussehen, was zur Zeit bei Teams sehr populär ist, ist es viel schwieriger, den eigenen Drachen zu identifizieren, wenn Sie Ihren Blick kurz abgewendet haben. Fast identische Drachen, also identisches Farbmuster, aber als kleines Erkennungsmerkmal z. B. die äußersten Flügelspitzen in unterschiedlichen Farben, sind empfehlenswert.

Segelgewicht

Da wir gerade vom Segel sprechen: Welches Gewicht sollte es haben? Eigentlich wissen die Hersteller dies am besten. Sie bauen ihre Drachen im allgemeinen so, daß sie haltbar sind, aber auch in einem möglichst weiten Windbereich fliegen.
Jedoch kann man natürlich besonders bei Ultra-Leichtwind-Drachen Gewicht sparen, indem man extrem leichtes Tuch einsetzt. Jedoch Vor-

sicht! Je leichter das Tuch, desto begrenzter die Lebensdauer. Wir haben auf Spitzenwettbewerben Ultra-Leichte gesehen, die nur ein paar Stunden gehalten haben, da dann das Segel ausgeleiert, weil zu stark überdehnt war.
Wenn Sie Gewicht abspecken wollen, machen Sie Nägel mit Köpfen, und ersetzen Sie auch die Dacronkanten durch solche aus Spinnakertuch. Es macht nämlich wenig Sinn, ein ultraleichtes Segel mit schweren Dacronkanten und ebenso schweren Vinylnasen auszustatten.

Gestänge und Beschläge

Legen Sie wiederum zuerst fest, bei welchen Windverhältnissen der Drachen eingesetzt werden soll, überlegen Sie dann, welches Gestänge am besten geeignet sein könnte. Es wird dies immer ein Kompromiß zwischen Haltbarkeit, Leistungsfähigkeit und Wirtschaftlichkeit sein. Gutes Gestänge ist teuer! Das beste zur Zeit erhältliche Gestänge ist das spiralgewickelte Graphit-Carbon-Rohr, wie es von Advantage und Avia hergestellt wird.

Beliebt sind auch die Pro Spars von Glasforms, sie sind haltbar, leicht und wirtschaftlich.
Carbongestänge, welches nach dem sogenannten Pultrusions-Verfahren hergestellt wird, eignet sich nur für Leichtwindgestänge; für höhere Windgeschwindigkeiten ist es nicht haltbar genug, abgesehen von einigen Ausnahmen. Der CHECKMATE z. B. ist mit 5,5mm-Beman-Gestänge ausgerüstet, verfügt jedoch über eine Vierpunkt-Waage, die die Last ausgezeichnet verteilt. Selbst wenn ein Gestängeteil ausfällt, wird der Drachen immer noch halbwegs zu kontrollieren sein, nicht etwa um eine Routine weiterzufliegen, sondern um kontrolliert zu landen und weitere Schäden zu vermeiden.
Der größte Schwachpunkt bei Pultrusions-Gestänge ist die hohe Stoßempfindlichkeit.
Kompositgestänge aus Aluminium und Carbonfaser von Easton waren populär für haltbare Mittelwind-Drachen. Nachteil dieser Gestänge: die sehr scharfen Kanten bei einem Bruch (hohe Gefahr der Segelbeschädigung). Außerdem wird es leider nicht mehr produziert, jedoch sind noch Mengen im Handel zu finden.
Schließlich gehört zum besten Gestänge für schmale Etats kreuzgewickeltes Carbonfaser-Rohr. Die gängigen Durchmesser von 8 mm und 9 mm sind sehr steif, leicht und relativ preisgünstig.
Welches Gestänge Sie auch immer wählen, denken Sie daran, daß Sie auch Verbinder, Kappen usw. in passender Größe benötigen.

Die Einstellung der Waage

Auch bei identischen Drachen werden Sie feststellen, daß sie alle unterschiedlich fliegen, es sei denn, der Händler hat sie bereits eingeflogen. Falls dem nicht so sein sollte, fliegen Sie Ihre Drachen für etwa zwei Stunden unter mittlerer Belastung, bis sich alle Nähte »gesetzt« haben und die in jedem Segel vorhandene Dehnfähigkeit gleichmäßig bei allen Drachen ausgeprägt ist. Nehmen Sie dieses Einfliegen unmittelbar nach dem Kauf vor! Hat ein Drachen erst einmal mehr Flugstunden auf dem Buckel als die anderen, wird es zunehmend schwieriger, das Set gleichmäßig zu tunen.
Wenn Sie Einzeltraining machen wollen, sollten Sie alle Team-Drachen abwechselnd und gleichmäßig benutzen.
Sind alle Drachen eingeflogen, können Sie mit den Arbeiten an der Waage beginnen. Es lohnt sich übrigens, die Flug- und Bedienungsanleitung, die dem Drachen beiliegt, auch wirklich zu lesen! Jedermann sagt bei jeder Gelegenheit: »Lies die Gebrauchsanleitung!« Halten Sie sich daran? Meistens lohnt es sich.
Was in jeder Gebrauchsanleitung steht, sind die grundsätzlichen Folgen der Waageverstellung: Waagepunkt von Drachennase weg verschieben bedeutet Erhöhung der Zugkräfte, engere Kreise, schnellerer Flug. Waagepunkt in die andere Richtung verschieben: Reduzierung der Zugkräfte, weitere Kreise, langsamerer Flug. Die Drachenhersteller haben ihre Modelle für optimale Flugeigenschaften innerhalb eines möglichst breiten Windbereichs entwickelt. Aus diesem Grund ist die Waage so voreingestellt, daß der Drachen sich über einen breiten Windbereich optimal verhält, nicht aber unbedingt optimal bei einer ganz bestimmten Windgeschwindigkeit. Man kann die Situation in etwa mit dem Fahrwerk eines Autos vergleichen, das Fahrkomfort, Sicherheit und gutes Kurvenverhalten sowohl auf glattem Asphalt und Kopfsteinpflaster als auch auf dem Sandstrand von Fanö ermöglichen soll. Wenn man jedoch nie nach Fanö fährt und in der ganzen Gegend kein Kopfsteinpflaster zu finden ist, könnte man das Auto tiefer legen, härtere Stoßdämpfer einbauen und das Auto so für Asphalt optimieren.
Auf den Drachen übertragen heißt das: Wenn man keinen Wert auf große Kreise legt, kann man die Waage entsprechend ändern, muß dann aber zwangsläufig hinnehmen, daß der Drachen auch schneller wird. Drachen werden – auch wenn sie heute in immer größeren Mengen hergestellt werden – immer noch in Handarbeit gefertigt. Zwangsläufig gleicht ein Drachen nicht hundertprozentig einem zweiten vom gleichen Modell.

Eine Kette ist nur so gut wie ihr schwächstes Glied und ein Lenkdrachenteam nur so gut wie der schwächste Pilot und/oder der Drachen mit den schlechtesten Flugei-

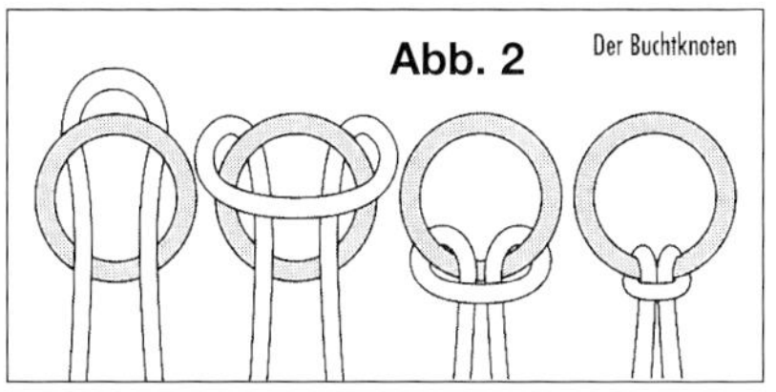

genschaften. Tunen Sie daher Ihre Drachen behutsam und in kleineren Schritten, damit nicht eine Situation entsteht, bei der ein oder zwei Drachen im Team »am Ende« sind, während die anderen noch weiter optimiert werden. 75 % Optimum sind eine gute Ausgangsbasis.
Die meisten Drachen lassen sich nur über die Verschiebung des Punktes einstellen, an dem die Flugleine in die Waagepunkte eingehängt wird. Meistens geschieht dies durch Lösung des Lerchenkopf-Knotens (= Buchtknoten) am Waagering (siehe Abb. 2), bisweilen eine ziemliche »Fummelei«.
Beim »North Shore Radical« ist der untere äußere Waageschenkel an einer Schlaufe befestigt, die wiederum fest mit dem Gestänge verbunden ist, was eine zusätzliche Verstellmöglichkeit bringt.
Der Italiener Claudio Capelli hat sich ein System ausgedacht, bei dem der obere äußere Waagenschenkel am Ende mit einem Lerchenkopf-Knoten um ein Fadenende geschlungen wird, welches fest mit dem Gestänge verbunden ist und am anderen Ende einen Stopper-Knoten aufweist. Durch unterschiedliche Positionierung des Stopper-Knotens kann die Waage zusätzlich verstellt werden.
Diese Features lassen sich nachträglich bei fast allen Lenkdrachen anbringen. Durch die vielfältigen Möglichkeiten der Waage-Einstellung sollte es eigentlich möglich sein, allen Drachen des Teams die exakt gleichen Flugeigenschaften zu verleihen. Wenn das bei Ihren Teamdrachen absolut nicht klappen will, gibt es noch die Möglichkeit des Gestänge-Tuning.

Gestänge-Tuning

Bevor Sie irgendwelche Änderungen am Gestänge vornehmen, muß sichergestellt werden, daß alle Drachen gleichmäßig eingeflogen sind, die Paneele der Segel also gleichmäßig ausgereckt sind. Die nachfolgend beschriebenen Tips erfolgen anhand des HAWAIIAN TEAM KITE und können, müssen aber nicht, auch für andere Drachentypen verbindlich sein.
Die Länge des oberen Spreiz beeinflußt das Flugverhalten. Prüfen Sie, ob alle oberen Spreize Ihrer Team-Drachen gleich lang sind. Eine Verkürzung des oberen Spreizes bewirkt eine Reduzierung der Fluggeschwindigkeit und eine erhöhte Richtungsstabilität.
Auch der zentrale Längsstab hat Einfluß auf die Flugeigenschaften. Beim HAWAIIAN und auch bei vielen anderen deltaförmigen Lenkdrachen gilt innerhalb vernünftiger Grenzen: je steifer der Zentralholm, desto langsamer der Drachen und desto besser der Geradeausflug.
Scheuen Sie auch nicht vor Experimenten mit den unteren Spreizen! Es ist erstaunlich, welche – oftmals geringfügigen – Veränderungen einen erheblichen Einfluß auf das Flugverhalten haben. Durch Verkürzen der unteren Spreize reduzieren Sie die Geschwindigkeit des Drachens weiter. Allerdings verringert sich auch die nutzbare Größe des Windfensters durch eine solche Operation. Eine Verlängerung der Spreize erhöht die Fluggeschwindigkeit, nicht jedoch notwendigerweise den nutzbaren Winkel des Windfensters.

Fluggeräusche

Man kann darüber streiten, ob lautere oder leisere Drachen eher für den Teamflug geeignet sind. Achten Sie jedoch darauf, welche Veränderungen des Geräuschpegels durch Ihre Modifikationen am Gestänge und/oder an der Waage verursacht werden. Es gibt Piloten, die die Meinung vertreten, daß ein leiser Drachen effektivere Flügel hat und deshalb besser für den Teamflug geeignet sei. Vorhandene Energie, nämlich die des Windes, wird bei Lenkdrachen in Bewegung umgesetzt. Entsteht dabei ein Geräusch, und Geräusch verbraucht Energie, entstehen die Geräusche zu Lasten der Bewegungsenergie. Der Drachen wird prinzipiell langsamer. Sowohl der HAWAIIAN als auch der NORTH SHORE sind ausgezeichnet Teamflug-Drachen, aber sie sind auch ziemlich laut.

Prüfen der Ergebnisse

Durch die vielen hier beschriebenen Punkte können Sie also das Flugver-

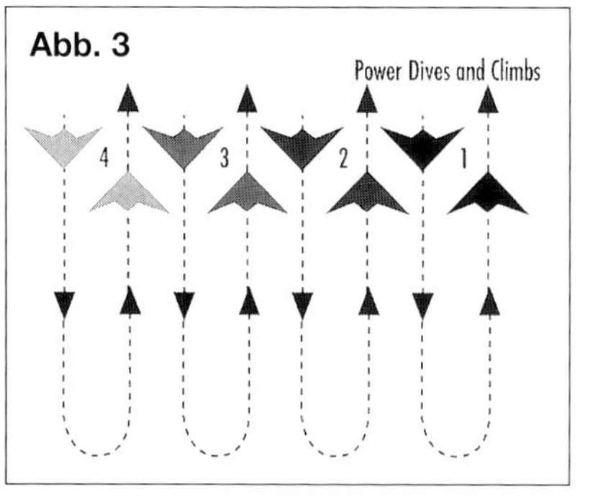

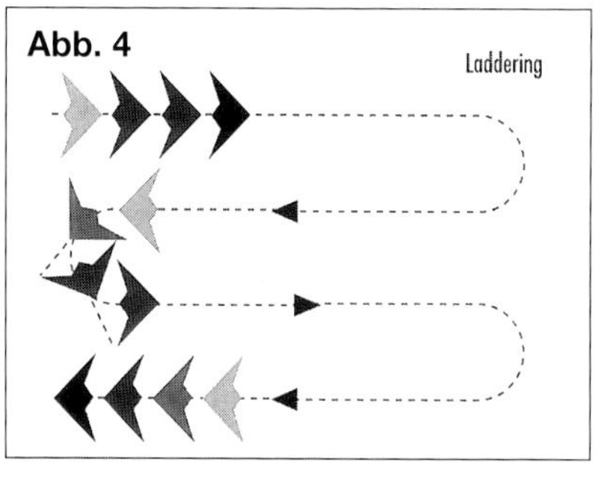

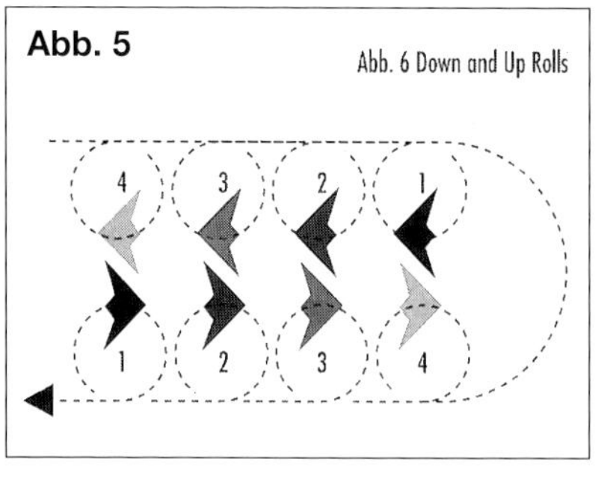

halten mehr oder weniger stark beeinflussen. Abb. 3 und Abb. 4 zeigen zwei Flugfiguren, mit denen man nicht nur ausgezeichnet trainieren kann. Sie sind auch hervorragend geeignet, die Flugeigenschaften der einzelnen Team-Drachen zu vergleichen, da in beiden Figuren vergleichsweise lange gerade Strecken geflogen und bei der Leiter nach unten (Abb. 4) auch das Kurvenverhalten in beide Richtungen geprüft werden kann. Kurvenverhalten hat nichts mit Drehverhalten zu tun. Dieses kann am besten mit der Rolle aufwärts und abwärts geprüft werden (Abb. 5). Beim Kurvenverhalten kommt es darauf an, daß alle Drachen gleichmäßig in eine Kurve ein- und auch wieder ausfliegen, ohne die Neigung nachzudrehen. Beim Drehverhalten dagegen ist gleichmäßiger Kreisflug erwünscht.
Wenngleich Teampiloten bei Wettbewerben immer in Bewegung zueinander sind, sollten Sie sich bei Prüfungen dieser Art natürlich nicht bewegen, da jede Bewegung des Piloten eine relative Veränderung der Windgeschwindigkeit bedeutet, die das Ergebnis der Prüfung beeinflußt.

Die Auswahl der Flugleine

Die Flugleine ist genauso wichtig wie der Drachen, wenn nicht sogar noch wichtiger. Eine gute Leine läßt den Drachen sauber fliegen und – genauso wichtig – gibt dem Piloten Vertrauen. Bei einer schlechten Leine fliegt der Pilot verkrampft. Ganz abgesehen davon reißt eine schlechte Leine natürlich öfter als eine gute. In der Tat gibt es kaum etwas Frustrierenderes, als gar nicht zum Wettbewerb antreten zu können oder – noch gemeiner – einen Crash zu fliegen, weil die Leine gerissen ist.
Daher ist es dringend zu empfehlen, lieber mit ein oder zwei Satz Qualitätsleinen zu arbeiten als mit einem halben Dutzend Spulen minderwertiger Ware. Während noch bis vor wenigen Jahren US-Fabrikate wie z. B. Shanti qualitativ führend waren, haben die europäischen Hersteller durch fortgesetzte Verbesserung der Flechttechnik stark aufgeholt.
Dyneema ist der europäische Markenname für das in den USA hergestellte Spectra, und man sollte Dyneema durchaus in Erwägung ziehen, besonders, wenn man an sandigen Plätzen fliegt, auf denen alle Leinen durch in die Leine eindringende Sandpartikel besonders leiden.

Wenn ein Team gerade am Anfang steht, kommen Leinenrisse zwangsläufig häufiger vor. Daher könnte eine etwas dickere Dyneema-Leine besser geeignet sein, denn diese läßt sich einfacher spleißen.

Folgende Punkte sollten Sie bei der Auswahl der Leine unbedingt beachten.

1. Bruchlast: Eine zu geringe Bruchlast ist gefährlich, da der Drachen bei Riß einer Leine unkontrolliert ins Trudeln kommt. Richten Sie sich unbedingt nach den Empfehlungen des Herstellers.
2. Dehnung: Je weniger, je besser. Spectra und Dyneema sind am besten.
3. Durchmesser: Eine Verdoppelung des Leinendurchmessers bedeutet eine Vervierfachung der Leinenoberfläche ... und eine Vervierfachung des Windwiderstands!
4. Haltbarkeit: Je fester die Flechtung, desto länger wird das Eindringen von Sandpartikeln verzögert. Eine feste Flechtung bedeutet auch eine glattere Oberfläche der Leine und die wiederum eine geringere Neigung, andere Leinen bei Verschlingungen durchzutrennen.
5. Die Kosten: Gute Leinen sind teuer. Behandeln Sie Ihre Leine pfleglich.

Nylon eignet sich nicht für den Lenkdrachenflug, schon gar nicht zum Teamfliegen, da es bis zu 15 % Dehnung zuläßt.
Polyester aus den gleichen Gründen nicht, Dehnung bis zu 10 %.
Kevlar reckt sich zwar nur um 3 %, ist aber unummantelt problematisch, weil es andere Leinen leicht durchtrennt.
Skybond ist eine Leine mit Kevlar-Seele und Ummantelung aus Dacron. Die gegen reines Kevlar sprechenden Punkte entfallen, jedoch hat die Skybond-Leine einen zu großen Durchmesser.
Spectra/Dyneema ist unübertroffen: glatt, geringe Dehnung (3 %), leider sehr teuer.

Leinenlänge

Die passende Leinenlänge hängt von der Größe des Teams ab. 40 m bis 45 m sind eine gute Empfehlung für ein 4-Mann-Team. Für größere Teams sind längere Leinen empfehlenswert. Leider ergibt dies ein Problem. Je länger die Leine, desto größer auch der dehnbare Anteil der Leinenlänge und damit schwächere Resonanz des Drachen auf Steuerbewegungen.
Auf der anderen Seite sollte die Leinenlänge auch nicht zu kurz sein. 25 Meter sind das Minimum für einen 2,3m-Delta in einem 3er- oder 4er-Team.

Streckdehnung

Auch wenn Sie Ihre beiden Leinenpaare genau gleich abgelängt haben, werden Sie nach ein paar Flugstunden feststellen, daß die Leinen nicht mehr gleich lang sind. Dies hat seine Ursache in der Streckdehnung. Jede neue Leine dehnt sich. Diese Dehnung hat nichts mit der natürlichen elastischen Leinendehnung zu tun, sondern liegt an der Flechtung der Leine. Die Leine muß erst einmal

für eine gewisse Zeit belastet werden, bis sich alle Fasern unter Last gestreckt, gereckt und gewissermaßen »geordnet« haben.
Nehmen Sie also die endgültige genaue Ablängung der beiden Leinenpaare erst nach ein paar Stunden Flugbetrieb vor.

Zur genauen Ablängung beider Leinenpaare gibt es ein sehr wirkungsvolles Hilfsmittel. Es heißt Equalizer, ein kleines Kunststoffwerkzeug, erfunden von dem Amerikaner Derek Moran, erhältlich für wenig Geld im gut sortierten Fachhandel.

Gestaffelte Leinenlängen?

Wie schon erwähnt, ist es am Anfang durchaus sinnvoll, mit gestaffelten Leinenlängen zu fliegen. Der Teamführer mit der längsten Leine, die nachfolgenden Teammitglieder mit um jeweils etwa 1,6 Meter kürzeren Leinen. Da es gerade am Anfang des Teamfliegens darauf ankommt, dem vorausfliegenden Teamführer nachzufliegen, sind gestaffelte Leinenlängen praktisch. Man kann Schulter an Schulter auf der Wiese zusammenstehen, ein Schwätzchen halten, ohne dabei Gefahr zu laufen, daß der Drachen im Luftsog des vorausfliegenden Drachen fliegt. Zudem ist es ein ganz natürliches Verhalten von Anfängern, dicht zusammengedrängt zu stehen.
Trotzdem können die Drachen kaum kollidieren, weil die Leinenlängen eben gestaffelt sind.
Gestaffelte Leinenlängen haben jedoch auch einen Nachteil:
Der Drachen mit der kürzesten Leine fliegt durch ein kleineres Windfenster als der Drachen mit der längsten Leine. Und: Der Drachen mit der kürzeren Leine fliegt schneller durch das Windfenster!
Nun läßt sich dieses Manko ausgleichen, indem man den ersten Drachen so tuned, daß er ein bißchen schneller fliegt als Drachen Nr. 2, der ein bißchen schneller fliegt als Drachen Nr. 3 usw.
Fortgeschrittene Teams haben inzwischen Flugroutinen entwickelt, bei denen das Follow up, das Nachfliegen hinter dem Teamführer, nicht mehr so stark ins Gewicht fällt. Zudem sind die Piloten fortgeschrittener Teams so häufig in Bewegung, daß der Vorteil gestaffelter Leinenlängen immer weniger ins Gewicht fällt.
Die Frage, ob Sie mit gleich langen oder mit gestaffelten Leinenlängen fliegen, hängt also stark vom jeweiligen Fortschrittsstand des Teams ab und von der Art der Routine, die das Team fliegen will.
Top-Teams sind inzwischen sogar dazu übergegangen, daß zwei Piloten mit gleich langen Leinen fliegen und der Rest des Teams mit entweder gestaffelten Leinenlängen oder kürzeren und/oder längeren gleichen Leinenpaaren, um ganz spezielle, spektakuläre Ballett- oder Präzisionsroutinen zu realisieren.

Gewicht und Reißkraft

Die Leine muß kräftig genug sein, um mit den vorherrschenden Winden und dem jeweiligen Drachentyp fertig zu werden. Normalerweise bemühen die Teams sich, die leichteste und dünnste Leine für ihre Zwecke zu verwenden. Bei mittleren und starken Winden jedoch ziehen viele Teams es vor, eine dickere Leine als nötig zu verwenden, da eine dicke Leine mehr Winddruck aufnimmt, den Drachen entlastet und ihn verlangsamt. So war es nicht verwunderlich, kürzlich das Team »Top Of The Line« mit einer 135kp-Leine bei gerade 12 km/h Wind zu beobachten.

Wirkart und Flechtung

Wir haben dieses Thema schon kurz angerissen. Allgemein gilt, je fester und dichter das Geflecht einer Schnur (innerhalb vernünftiger Grenzen) ist, desto glatter wird seine Oberfläche sein und desto besser eignet es sich für den Einsatz beim Teamflug. Dies gilt im Gegensatz zu reinem Power(Solo)-Flug. Hier ist sogar eine losere Flecht- und Wirkart vorzuziehen, weil loser gewirkte/geflochtenere Leinen weniger Eigendehnung und auch weniger Streckdehnung haben.

Stränge und Flechtung

Jede Schnur besteht aus geflochtenen Strängen (den Kardeelen), jeder Strang aus Garnen und diese wiederum aus den einzelnen Filamenten. Grundregel: je mehr Stränge, desto besser die Schnur. Die Shanti Speed hat im Bruchlastbereich von 36 kg bis 136 kg 16 Stränge. Die meisten Dyneema-Schnüre haben 12 Stränge, einige Sorten ebenfalls 16. Schnüre mit acht Strängen oder weniger sind für den Teamflug weniger zu empfehlen, weil ihre Oberfläche vergleichsweise zu rauh ist. Für einfache Flugmanöver, bei denen die Schnüre nur ein- bis zweifach übereinanderliegen, mag sie noch funktionieren, bei Mehrfachverschlingungen jedoch nicht mehr.
Jeder Schnurstrang besteht aus Tausenden sehr dünnen Monofilamenten, die während der Produktion der Schnur unter einer gewissen Spannung stehen. Die Höhe dieser Spannung hat großen Einfluß auf die Schnurqualität. Ist die Spannung nämlich zu hoch, reißen einige dieser Monofilamente und bilden kleine Härchen auf der Schnuroberfläche. Diese Härchen sind einfach zu erkennen, wenn Sie die Schnur gegen eine Lichtquelle halten. Vermeiden Sie Schnüre mit Härchen für den Teamflug, da der »Haarwuchs« die Gleiteigenschaften der Schnur erheblich herabsetzen kann.
Eine zu geringe Spannung ist genauso nachteilig, weil die Schnur sich quasi »öffnen« kann und dann ebenfalls reduzierte Gleiteigenschaften ausweist. Der Trick der

Schnurhersteller, diese Probleme in den Griff zu bekommen, besteht, neben einer optimal eingestellten Spannung, in der Beschichtung der Schnur. Die Rezeptur der Beschichtung ist das Geheimnis der Hersteller. Kein Geheimnis ist, daß diese Beschichtung nicht ewig hält. Sand und Salzwasser setzen ihr besonders zu.

Knoten, Spleißen und Ummanteln

Spectra sollte nicht direkt geknotet werden, weil Knoten bei dieser Schnur selbstschneidend wirken. Statt dessen wird Spectra am Schnurende auf einer Strecke von etwa 10 cm mit Dacron ummantelt. Hierzu wird die Spectraschnur durch die hohle Seele eines Stücks Dacronschnur gefädelt. Die so ummantelte Schnur kann sicher und problemlos verknotet werden, da die Spectraschnur durch das außen liegende Dacron geschützt wird.
Ist eine Spectraschnur gerissen, darf sie nicht wieder durch Knoten verbunden werden, auch nicht ummantelt wie vorstehend beschrieben. Statt dessen werden gerissene Leinen miteinander verspleißt.
Sowohl für das Ummanteln als auch für das Spleißen bietet der Fachhandel für ein paar Mark Sets an, die alles beinhalten, was man für diese Arbeiten braucht (Spleißnadel, Fädelhilfe, Dacronschnur usw.).
Ein sauberer Spleiß hält ewig, baut aber den Leinendurchmesser an der reparierten Stelle geringfügig auf, und die Leinen der anderen Teammitglieder neigen dazu, auch hier hängenzubleiben. Daher verwenden wir gespleißte Leinen nur zum Training. Bei Wettbewerben sind perfekte Leinen ein Muß.

Kevlar-Enden

Die einzige Stelle, an der ein Spleiß erlaubt ist, befindet sich etwa acht Meter vom (drachenseitigen) Schnurende. In der Tat empfiehlt es sich, ein etwa acht Meter langes Stück Kevlar an das Ende der Spectraschnur zu spleißen. »Wie bitte, Kevlar schneidet doch Spectra?« hören wir Sie jetzt sagen. Den Grund für die Verwendung von Kevlar-Enden erklärte Alan Nagao vom Team »High Performance«. Wenn Sie damit beginnen, enge Routinen zu fliegen, bei denen sich die einzelnen Drachen zum Teil bis auf wenige Zentimeter begegnen, besteht die Gefahr der Berührung von Drachenleitkante und Flugleine. Da die Leitkante des Drachens normalerweise aus Dacron besteht, reicht die Reibungshitze aus, eine Spectraschnur durchzutrennen. Ein Kevlar-Ende an der Leine vermeidet diese Gefahr.
Wo Sonne ist, ist auch Schatten, und tatsächlich bringt ein Kevlar-Ende auch zwei Nachteile mit sich. Zum ersten ist ein Spleiß zwischen Kevlar und Spectra eine ziemlich mühselige Angelegenheit, und – weit wichtiger – bei Berührung von Drachenleitkante und Kevlar kann die Leitkante beschädigt werden, weil Kevlar eben einen so unerhört hohen Schmelzpunkt hat. Genaugenommen schmilzt Kevlar noch nicht einmal, sondern verkohlt.
Trotzdem, wir empfehlen Ihnen den Einsatz von Kevlar-Enden, solange Sie sich der erwähnten Nachteile bewußt sind.
Falls Sie Schwierigkeiten beim Spleißen haben, können Sie natürlich auch die Ummantelungstechnik anwenden. Allerdings ist es mühevoll, über eine Strecke von acht Metern zu ummanteln. Außerdem neigt die Ummantelung dazu, auf der Spectraschnur zu »kriechen«; sie kann aber mit einem kurzen Handgriff wieder in Position gebracht werden.

Leinenpflege und -wartung

Abgesehen von den bereits erwähnten Sandkörnern und Salzwasser sind Verdrehungen der ärgste Feind

Abb. 6

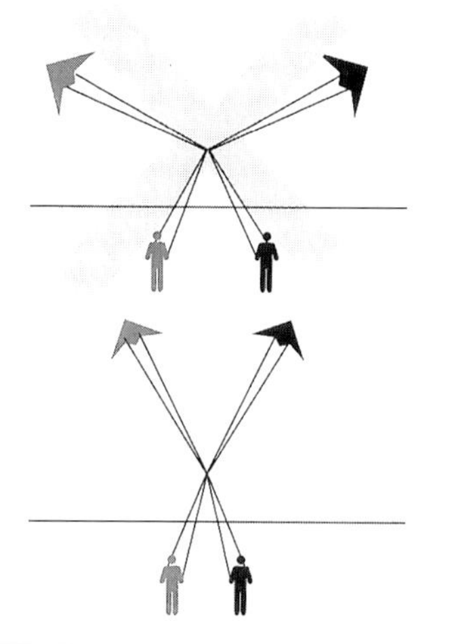

der Schnüre. Wir meinen damit die Verdrehungen, die entstehen, wenn Sie die Schnur »über Hand« aufwickeln. Mit jeder Wicklung entsteht eine Verdrehung in der Schnur. Die Verwendung von Wirbeln, entweder am Waagepunkt oder an den Lenkgriffen, wirkt zwar den nachteiligen Einflüssen der Verdrehungen entgegen, aber Wirbel sind ein Schwachpunkt in der Schnur. Besser ist es, erst gar keine Verdrehungen entstehen zu lassen, indem Sie die Schnur nicht »über Hand« aufwickeln, sondern die Spule drehend die Schnur aufwickeln.
Lassen Sie Ihre Schnur nicht unnötig lange auf der Wiese oder gar am Strand herumliegen. Irgendjemand tritt immer drauf und jeder Tritt beschädigt ein paar der mikroskopisch dünnen Monofilamente, schwächt also die Schnur.
Wickeln Sie die Schnur niemals im nassen Zustand auf, sondern pressen Sie möglichst viel Wasser aus der Schnur heraus (Schnur unter leichtem Druck zwischen Daumen und Zeigefinger führen).
Und schließlich: Stellen Sie sich so dicht wie möglich zusammen auf die Wiese, um einerseits ein Blockieren der Schnüre zu vermeiden, andererseits den Winkel, unter dem sich die Schnüre kreuzen, so gering wie möglich zu halten (siehe Abb. 6).

Organisierte Wettbewerbe und organisiertes Training – Entwicklung eigener Flugroutinen

Organisierte Wettbewerbe

Mit organisierten Wettbewerben sind jene gemeint, die nach Regeln ausgeflogen werden, die gemeinsam von der internationalen Lenkdrachen-Organisation STACK, dem US-Drachen-Club AKA, dem japanischen Verband IJKSA und dem Drachenclub Deutschland DCD entwickelt wurden.
Wir können Sie nicht oft genug ermuntern, sich Ziele zu setzen; sei es, an einem bestimmten Wettbewerb erfolgreich teilzunehmen oder auch auf einem Festival ein Showfliegen vorzuführen. Entscheidend ist, daß Sie ein Ziel vor Augen haben, das Sie erreichen wollen. Setzen Sie sich auch einen Stichtag, zu dem dieses Ziel erreicht sein soll. Wenn Ihr Team sich kein Ziel steckt, werden sich Fortschritte, wenn überhaupt, nur sehr schleppend einstellen.
Ein weiterer wesentlicher Faktor heißt

Organisiertes Training

Organisiertes Training bedeutet in allererster Linie organisiertes Timing. Es reicht nicht aus, sich regelmäßig auf dem Fluggelände zu treffen. Im Winter sollte man sich mindestens einmal vierzehntäglich im Haus eines der Teammitglieder treffen. Neue Routinen werden entwikkelt, bestehende verbessert, Musikstücke ausgesucht, Reisepläne besprochen und, wahrscheinlich das Wichtigste überhaupt: Durch die regelmäßigen Zusammenkünfte unterstreicht man die Verpflichtung als Team während der unwirtlichen Zeit im Winter. Aber auch im Winter sollte man versuchen, wenigstens zweimal im Monat auf der Wiese zu trainieren.
Im Frühling, wenn die Tage länger werden, kommt man wenigstens einmal pro Woche zusammen und, kurz bevor ein wichtiger Wettbewerb stattfindet, sogar noch öfter. Dieses zeitlich zu planen gehört zu den schwierigsten Aufgaben, die das Team bewältigen muß. Stehen zu viele andere Prioritäten aus den Bereichen Familie, Beruf oder anderen Hobbys im Wege, laufen Sie Gefahr, Ihr Ziel aus den Augen zu verlieren, weil das Team sich nicht häufig genug bzw. nicht regelmäßig trifft.
Also: Stellen Sie sich einen Zeitplan zusammen, und halten Sie sich auch daran. Es kann übrigens in diesem Zusammenhang nicht schaden, wichtige Daten wie den Geburtstag der Erbtante o. ä. zu prüfen und den Zeitplan darauf abzustimmen bzw. der Erbtante zu erklären, daß Teamflug genauso wichtig ist wie ihr Geburtstag.

Training zu Hause

Ein gutes Team setzt drei Dinge während eines »Flugtrainings im Wohnzimmer« ein: jede Menge Papier und Bleistifte, den Teamflugkasten sowie die Trainingsstöckchen.
Die Bedeutung von Teamflugkasten und Trainingsstöckchen wurde bereits erwähnt. Warum aber Papier und Bleistift? Die Erklärung ist einfach: Viele gute Ideen werden kurz nach ihrer Entdeckung vergessen, sei es wegen einer Zwischenbemerkung oder weil die Erbtante Kuchen servieren wollte; sie hatte ihn extra für den Teamabend gebacken! Spaß beiseite, halten Sie alle Ideen schriftlich fest, und zwar unmittelbar, nachdem sie Ihnen durch den Kopf geschossen sind! Gut geeignet ist Karopapier, um die nächste Position der Drachen schematisch darzustellen. Auf diese Art und Weise erhält man einen guten Eindruck, welche Position die einzelnen Drachen am Beginn und am Ende einer Flugfigur haben und welche Übergänge zu anderen, weiteren Flugfiguren optisch wirkungsvoll sind.

Ein weiteres wichtiges Hilfsmittel ist der bereits besprochene Teamflugkasten, der sich mit wenigen Handgriffen aus Magnetplättchen für Planungstafeln (Bürofachhandel), einem Stück Blech, ein paar Nägeln und Schnurresten herstellen läßt. Mit diesem wirkungsvollen Werkzeug lassen sich Flugfiguren und insbesondere ihr Einfluß auf Schnurver- und -entdrehungen hervorragend simulieren.
Der Teamflugkasten sollte auf Reisen immer im Handgepäck sein. Auf längeren Flugreisen kann man sich wunderbar damit die Zeit vertreiben.
Das dritte Übungsinstrument sind die ebenfalls schon vorgestellten »Stöckchendrachen« (Abb. 41, siehe S. 93). Man kann nicht oft genug betonen, daß das Training mit den Stöckchen Ihr Teamflugkönnen verbessern wird.
Die Zweckmäßigkeit der Stöckchen ist zwar von einigen Leuten angezweifelt worden, denen wir jedoch sagen möchten, daß das System der Stöckchen von keinem Geringeren als vom »Top of the Line«-Team und Alan Nagao vom Team »High Performance« ersonnen wurde. Seitdem haben beide Teams alle größeren Wettbewerbe gewonnen, und Alan und sein Team sind die Weltmeister 1992 und 1993 geworden. Grund genug anzunehmen, daß schon etwas an den Stöckchen dran ist.

Es hat sich als zweckmäßig erwiesen, die Stöckchendrachen maßstabsgerecht zu den verwendeten Drachen bzw. Leinenlängen herzustellen, d. h. die Stöckchen sollten etwa 100 cm bis 125 cm lang sein, bei einer »Spannweite« der Drachen von etwa 8 cm.
Zu Beginn werden Sie wahrscheinlich mit den Stöckchen nur winken und gestikulieren, was zugegebenermaßen ein wenig töricht aussieht. Ziemlich bald werden Sie jedoch erkennen, daß man mit den Stöckchen auch das Timing üben kann! Wenn Sie jetzt die Stirn runzeln, überlegen Sie einmal:
Je nach Windgeschwindigkeit und verwendetem Drachen kann es ja bis zu sieben Sekunden dauern, bis ein Drachen von einer Außenseite des Windfensters zur anderen geflogen ist. Übertragen Sie diese Zeit auf Ihre Stöckchenübungen. Bewegen Sie die Stöckchen zeitlich proportional zum echten Flugverhalten. Schon bald werden Sie ein Gefühl dafür entwickeln, ob Sie Ihre Flugfiguren innerhalb einer gegebenen Zeit abschließen können.

Bei Wettbewerben gibt es ja bekanntlich ein Zeitlimit. Während des World Cups 1991 setzte das Team »High Performance« Stöckchen ein, um zu prüfen, welche Flugfiguren aus ihrer Vorführung gestrichen werden konnten, um Zeit zu sparen. Der Wind hatte nämlich plötzlich nachgelassen, und die eigentlich geplante Vorführung hätte viel zu lange gedauert. Durch diese Stöckchenübungen in letzter Minute gelang es dem Team, die Vorführung so zu modifizieren, daß sie drei Sekunden (!) vor der maximal erlaubten Dauer von fünf Minuten abgeschlossen war. Üben Sie also die Simulation von Timing. Beobachten Sie, wie lange der Flug durch das Windfenster dauert, welchen Einfluß scharfe oder geschwungene Kurven, Kreise, sauber geflogene Quadrate usw. auf Ihre Vorführung haben.

Es gibt Teile von Flugfiguren, die sich nicht mit Stöckchen nachvollziehen lassen, solche mit Schnurverdrehungen zur Folge sind das offensichtlichste Beispiel. Um dies zu üben, sagt der Teamleiter an dem betreffenden Punkt einfach »Stop«, und alle Teammitglieder halten ihre Stöckchen an. Analysieren Sie dann mit Hilfe des Teamflugkastens, welchen Einfluß das geplante Manöver auf die Schnüre hat, und setzen Sie die Stöckchenübung fort.
Stöckchen sind in erster Linie dazu gedacht, Flugfiguren zu üben, weniger, um Flugfiguren zu entwickeln. Papier, Bleistift, Stöckchen und Teamflugkasten sind also Ihre Werkzeuge. Und mit etwas Phantasie werden Sie schon bald genügend »neues Futter« zusammenhaben, um es später auf der Wiese in der Praxis zu testen.

Training auf der Wiese

Wir wissen alle, wie schnell die Zeit auf der Wiese vergeht. Ist man angekommen, hat seine Drachen ausgepackt und aufgebaut, ein paar Proberunden gedreht, um sich »warm« zu fliegen, vielleicht noch ein kleines Pläuschchen gehalten, schwupps ist schon eine Stunde kostbarer Zeit vorbei! Wir alle wissen auch, daß die für das Training auf der Wiese zur Verfügung stehende Zeit ohnehin durch familiäre und berufliche Umstände mehr oder weniger stark begrenzt ist. Nutzen Sie diese Zeit so effektiv wie möglich!
Das ist leichter gesagt als getan, denn es kann schon verlockend sein zu starten, auch wenn die anderen Mitglieder des Teams noch nicht mit dem Aufbau ihres Drachens fertig sind. Sie meinen, dies widerspräche sich? Nein, denn während Sie Ihre Proberunde drehen, werden die anderen mit ihrem Aufbau fertig sein, und Sie müssen erst landen, die Schnur auslegen usw., was mit Zeitverlusten verbunden ist. Die Devise heißt also: Bemühen Sie sich um Disziplin.

Sind alle Teamdrachen aufgebaut und die Schnur ausgelegt, sollten Sie sich gemeinsam »warm« fliegen, bevor Sie mit dem eigentlichen Training anfangen. Mit »warm« fliegen meinen wir das Fliegen von anfangs einfachen Figuren, z. B. einer Infinity, danach vielleicht ein paar Rollen auf- und abwärts, die eine oder andere etwas komplexere Figur, wie beispielsweise eine Acht. Es dient dem einfachen Zweck, sich bewußt zu machen, daß wir jetzt wieder Teamflug machen. Man kann die Prozedur durchaus mit dem Warmlaufen anderer Sportdisziplinen vergleichen, wo es auch darum geht, die Muskeln zu wärmen und sich ganz einfach auf das Training vorzubereiten. Kein Fußballer käme beispielsweise auf die Idee, unmittelbar nach Ankunft auf dem Trainingsplatz körperliche Schwerstanstrengungen zu unternehmen.
Wenn Sie etwas ausprobieren möchten, was von der vorher mit der Stöckchen-Methode festgelegten Flugfigur abweicht, sollten Sie landen und Ihre Idee erst mal mit den Stöckchen oder auch dem Teamflugkasten »trocken« durchfliegen. Aus diesem Grund gehören Stöckchen und Kasten auch immer in die Trainingstasche.

Sie sollten auch nicht zu lange ohne Pause fliegen. Wir haben die Erfahrung gemacht, daß nach 20 bis 30 Minuten Trainingsflug bei vielen Teams die Konzentration und das Synchronfluggefühl nachläßt. Wir machen dann eine fünfminütige Pause, trinken etwas. Danach legen wir wieder fünf Minuten Stöckchentraining ein. Das frischt die Erinnerung bezüglich der neu einzuübenden Flugfiguren auf. Danach fliegen wir wieder für 20 Minuten genau das, was wir unmittelbar zuvor mit den Stöckchen geübt haben und machen dann eine Pause.
Ein Training auf diese Weise, also 20 Minuten fliegen, fünf Minuten Pause, fünf Minuten Stöckchentraining, kann über einen Zeitraum von

drei Stunden oder so sehr produktiv sein.
Dieses Verfahren erlaubt auch ein sehr akzentuiertes Training, da Sie jede Flugeinheit von zwanzig Minuten einem bestimmten Kriterium widmen können, z. B. der Entwicklung neuer Figuren, der Übung bekannter Figuren oder auch der Analyse von neuen Tricks.
Üben Sie nicht länger als drei Stunden. Drei Stunden sind eine lange Zeit für's Teamfliegen, und die Aufmerksamkeit beginnt nachzulassen.
Die meisten Trainingstage enden beim Team »Slipstream« mit einem Spiel namens »Chicken«. Die Regeln von Chicken sind einfach:
Der Teamleiter versucht, mit seinem Drachen die anderen Drachen zum Absturz zu bringen, darf aber selbst nicht crashen. Einzige Bedingung: Der Drachen des Teamleiters darf nicht in die anderen hineinfliegen, sondern immer nur vorneweg. Logischerweise wird er dabei so dicht wie möglich über dem Boden fliegen, in der Hoffnung, daß die Verfolger den Boden streifen. Oder er fliegt besonders waghalsige Sturzflüge und Kurven, in der Zuversicht, daß die nachfolgenden Drachen ineinanderfliegen. Dies mag sich alles ein bißchen sinnlos anhören, aber Chicken übt das dichte Zusammenfliegen ganz ausgezeichnet. Man bekommt auch ein Gespür dafür, wie die anderen auf unerwartete Situationen reagieren, und kann erkennen, wenn ein Mitglied des Teams immer eine Kurve überschneidet oder zu spät in eine Kurve hineinfliegt. Darüber hinaus macht Chicken viel Vergnügen und ist ein erheiternder Abschluß eines Trainingsnachmittags.

Die Entwicklung einer eigenen Kür

Die grundsätzlichen Dinge zur Entwicklung einer eigenen Kür haben wir schon besprochen. Wir wollen in diesem Kapitel das Thema etwas komplexer und ausführlicher behandeln. Lassen Sie uns zuvor noch etwas zur Terminologie sagen: Kür ist eine Aneinanderreihung von verschiedenen Flugfiguren, sie besteht aus Anfang, Mitte und Ende. Bei Wettbewerben dauert eine Kür typischerweise ungefähr fünf Minuten. Eine Kür besteht aus Sequenzen, Übergängen und Manövern. Das Manöver ist das kleinste Element, z. B. eine 90-Grad-Drehung oder eine Rolle. Ein Manöver erfordert normalerweise ein Kommando des Teamleiters.
Eine Sequenz ist eine Serie von Manövern, die so verbunden sind, daß ein harmonisches Flugmuster entsteht. Ronnie's Weave und Quadrate sind z. B. Sequenzen, die aus einer Reihe von Manövern entstehen.
Übergänge sind auch eine Reihe von Manövern, die jedoch Sequenzen verbinden. Wenn Sie eine Ronnie's Weave fliegen wollen und im Anschluß daran ein Quadrat, brauchen Sie einen Übergang, der Sie in die korrekte Position bringt, um das Quadrat einzuleiten.
Unsere kleine Beispielkür, die wir im letzten Kapitel hatten, bestand aus 6 Sequenzen, die alle mit einem einzigen Übergang, nämlich der Infinity, verbunden waren. Alle Teams beginnen mit der Infinity als Übergang, weil die Infinity eben das einfachste System ist, Sequenzen miteinander zu verbinden.

Um eine richtige Kür zu entwikkeln, bedarf es allerdings ein bißchen mehr. Zuallererst müssen wir unser Repertoire und Flugfiguren, sprich Sequenzen, erweitern, sodann nach geeigneten Übergängen suchen. Idealerweise wollen wir versuchen, die Zahl der Infinities zu reduzieren und sie gegebenenfalls durch andere Übergänge oder Flugmanöver zu ersetzen. Mit anderen Worten: Wir müssen die Kür so aufbauen, daß das Ende einer Sequenz mit dem Start der nächsten Sequenz identisch ist. Und genau das ist die Herausforderung bei der Entwicklung der Kür: die Verbindung von Sequenzen mit möglichst eleganten Übergängen.
Überlegen Sie sich zuerst Ihre Sequenzen, und feilen Sie dann an den Übergängen. Wenn Sie einem guten Team bei der Kür zuschauen, werden Sie feststellen, daß ihre Präzisionskür aus 12 bis 15 Sequenzen besteht, die harmonisch und nahtlos mit 8 bis 10 Übergängen verbunden sind.
In Slipstream's Kür, mit der das Team Europameister wurde, befand sich keine einzige Infinity als Übergang zwischen zwei Sequenzen! Das ist die bereits erwähnte Forderung an fortgeschrittenen Teamflug: Vermeide Infinities!
Eine Infinity ist ja im Grunde genommen nichts anderes, als eine relativ undefinierte Flugfigur, deren Kontur lediglich durch den Teamleiter vorgegeben wird. Zuviele Infinities sehen langweilig aus, erst die Vielfalt der Übergänge würzt eine Kür richtig. Bedenken Sie, daß Ihre Kür nicht nur Ihnen gefallen soll, sondern in allererster Linie den Zuschauern und auch der Jury. Bauen Sie also Manöver ein, die den Eindruck erwecken, Sie würden einen Crash machen, es dann aber natürlich nicht tun.

Namen

Wir haben unsere Sequenzen und Übergänge mit einprägsamen Namen getauft. Es ist einfacher, sich daran zu erinnern, aus welchen Einzelmanövern »El Twistos« besteht, als sich einen »doppelten Schlängelflug mit Überschlag« zu merken. Es macht durchaus Sinn, Namen zu kreieren, an die sich jeder problemlos erinnern kann. Zum Beispiel heißt eine unserer Sequenzen »Pythagoras«, weil wir alle ein Dreieck fliegen.

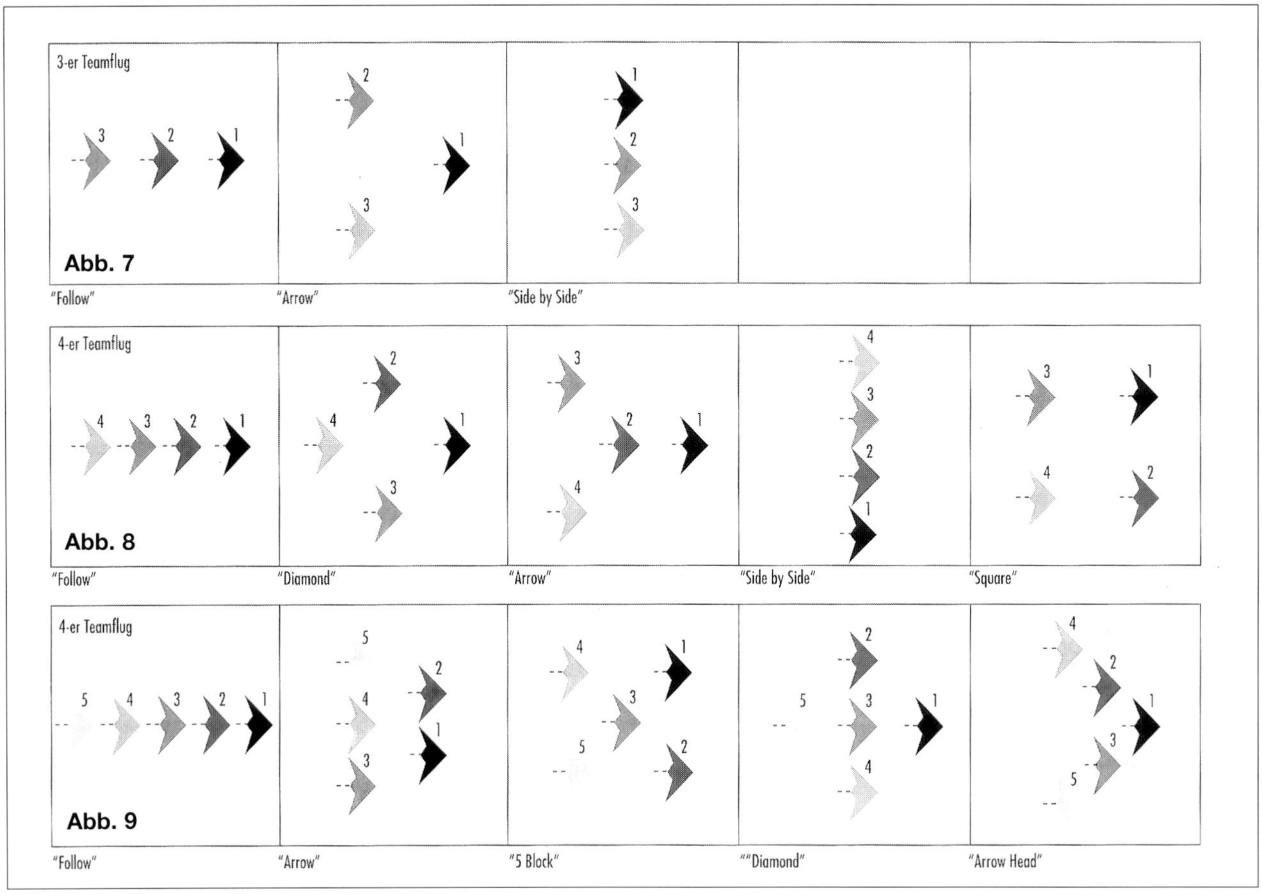

Übergang zur Formation

Wenn zwischen zwei Sequenzen ein Übergang liegt, ist dieser Übergang nichts anderes als eine Möglichkeit, entweder eine neue Formation zu bilden oder eine bestehende Formation anzugleichen, um den Ausgangspunkt für die nächste Sequenz zu haben.

Formationen

Die von »Slipstream« entwickelte Präzisionskür besteht aus unterschiedlichen Formationen, von denen die Diamant-Formation der Eckpfeiler ist, im Gegensatz zu Infinities. So starten und beenden wir alle Manöver aus einer Diamant-Formation heraus, entweder einer Vertikalen oder einer Horizontalen, die durchaus in unterschiedlichen Größen, jedoch immer mit gleichmäßigen Abständen der einzelnen Drachen zueinander gebildet wird. Die zwischen den beiden Diamant-Formationen liegenden Sequenzen können einfacherer Natur sein, wie z. B. ein »Cut up«, oder auch sehr komplex, wie z. B. bei »Mega-Mix« und »El Twistos«. Auch diese beiden Sequenzen beginnen und enden stets in einer Diamant Formation, aber mehrere Manöver liegen dazwischen.
Die Anzahl der unterschiedlichen Formationen ist lediglich durch Ihre Vorstellungskraft und die Anzahl der Piloten in Ihrem Team begrenzt. Die Abbildungen 7 bis 9 zeigen Beispiele, die deutlich machen, daß die Kontur der Formation stark von der Anzahl der Piloten abhängt.

Die nächste Frage ist: Wie bringen wir die Drachen überhaupt in eine solche Formation, und wie halten wir die Formation für länger als den Bruchteil einer Sekunde stabil? Dies hängt nun wirklich von der Erfahrung und dem Talent des jeweiligen Teams ab. Wie Sie wissen, ist bereits der einfache Folgeflug hintereinander unter Beibehaltung eines gleichmäßigen Abstands schwierig. Ein Formationsflug in gleichmäßigem Abstand sieht toll aus, wenn er gut ausgeführt ist, kann aber auch über Gebühr schlecht aussehen, wenn die gleichmäßigen Abstände nicht stimmen.

Probieren Sie einmal paarweise horizontalen Geradeausflug oder Zick-Zack-Flug aus, und Sie werden erkennen, was wir meinen.
Wenn ein Team sauberen Formationsflug Seite an Seite beherrscht, und das ist eine interessante und schwierige Aufgabe, wird es bei Wettbewerben gut Punkte machen, jedoch auch richtig Punkte verlieren, wenn das Manöver unsauber durchgeführt wird.

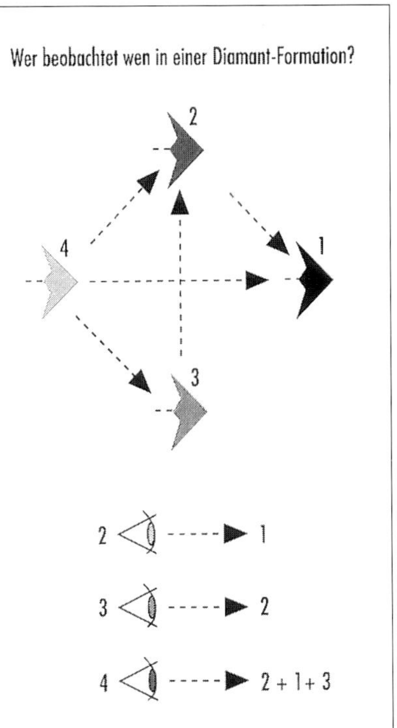

Abb. 10

Das große Problem mit Formationen liegt in der Beurteilung von korrekter Geschwindigkeit und Abstand. Der Leitdrachen bestimmt die Geschwindigkeit, der Drachen an Position zwei den Abstand, während Nummer drei und vier, so gut es geht, hinterherfliegen.
Wir haben es schon einmal erwähnt: Gute Teampiloten schauen nur selten auf ihren eigenen Drachen, sondern achten immer auf das gesamte Erscheinungsbild aller Drachen. Folgende sinnreiche Beziehung zwischen den einzelnen Drachen bzw. der Zuordnung der Aufgaben hat sich als zweckmäßig erwiesen (vergleiche Abb. 10): Nr. 3 beobachtet Nr. 1 in bezug auf Flugrichtung und auf den Abstand zu sich, um zu gewährleisten, daß er, also Nr. 3, den gleichen Abstand zu Nr. 2 und Nr. 4 hat. Nr. 4 achtet darauf, daß sein Abstand zu Nr. 2 und 3 korrekt bleibt und daß die Richtung stimmt. Spätestens jetzt wird ganz deutlich, daß die weitverbreitete Meinung, der beste Pilot müsse immer vorneweg fliegen, unsinnig ist: Kontrollierende Aufgaben übernehmen vornehmlich die Nachfliegenden!

Selbstverständlich können Sie auch eine andere »Beobachtungs-Hierarchie« festlegen und vereinbaren, daß Nr. 2 auf Nr. 1 achtet o. ä. – wie auch immer. Sie müssen jedoch eine Hierarchie vereinbaren, sonst versucht jeder die Flugabweichungen von jedem zu kompensieren, was zu organisiertem Chaos führt. Prinzipiell hat sich aber bewährt, daß der vorneweg fliegende Drachen Geschwindigkeit und Flugrichtung bestimmt, Nr. 2 und Nr. 3 beobachten Nr. 1 und justieren ihre Position entsprechend, wobei Nr. 2 sich vornehmlich auf Abstand und Position zu Nr. 1 konzentriert, während Nr. 3 darauf achtet, auf gleichem Horizontallevel wie Nr. 2 zu fliegen. Nr. 4 hat die hauptsächliche Aufgabe, den Gesamteindruck der Formation zu kontrollieren und gegebenenfalls innerhalb seiner Möglichkeiten zu beeinflussen.
Deshalb ist es auch wünschenswert, daß der Pilot Nr. 4 ein gutes Überblicksvermögen hat. Pilot Nr. 4 schaut weniger auf einen einzelnen anderen Drachen, sondern noch stärker auf das Gesamtbild, den Gesamteindruck.
Diese wünschenswerte Eigenschaft von Pilot Nr. 4 wird noch deutlicher, wenn man sich vergegenwärtigt, daß der beste Gesamteindruck einer Sequenz, eines Manövers oder auch eines Übergangs optimalerweise von einem Standpunkt erfolgt, der mindestens 30 Meter hinter den Piloten liegt! Als Team-Mitglied können Sie niemals den (optischen) Standpunkt des Zuschauers bzw. der Jury einnehmen! Aber Sie entwickeln die Kür ja nicht für sich selbst, sondern für die Zuschauer und um gute Punktzahlen von der Jury zu erhalten. Merken Sie jetzt, wie wichtig die Stöckchenübungen sind? Bei der »Trockenübung« mit Stöckchen haben alle Team-Mitglieder den Gesamteindruck einer Sequenz, eines Manövers oder auch eines Übergangs vor Augen, und jedes Team-Mitglied kann seine Beurteilung abgeben und somit konstruktive Kritik üben.
Nun sind Stöckchenübungen »Trockenübungen« und somit z. T. graue Theorie. Idealerweise bitten Sie einen Video-Freak, Ihre Kür bzw. das Training für diese aus der Sicht von Zuschauer/Jury aufzunehmen.
Eine so erstellte Video-Aufnahme ist ein sehr wertvolles Hilfsmittel, den Gesamteindruck der Flugmanöver, Sequenzen usw. objektiv und beliebig oft wiederholbar zu beurteilen und zu kommentieren. Zudem erlauben Video-Aufnahmen auch den Fortschritt innerhalb eines Teams zu dokumentieren und zu kontrollieren bzw. bei Ballettübungen das Zusammenspiel mit der Musik zu prüfen und zu optimieren.

Zum Abschluß noch ein guter Rat: Entwickeln Sie Ihre eigene Kür, aber versuchen Sie dabei einen eigenen Stil zu entwickeln. Sicherlich werden Sie gerade am Anfang genug andere Probleme haben und diese gemäß den Empfehlungen aus den letzten Kapiteln zu meistern versuchen. Aber schon kurze Zeit danach werden Sie den Wunsch verspüren, eine eigene Kür zu entwikkeln, und wir hoffen, Ihnen dabei geholfen zu haben.
Aber kopieren Sie nicht! Entwikkeln Sie eigene Ideen! Bedenken Sie, daß eine Kopie vielleicht besser sein kann als das Original, aber es ist niemals eine eigenständige Schöpfung.

BUGGY-BAU EINFACH GEMACHT

Immer häufiger sieht man die Buggys über Strände und Wiesen flitzen (siehe Abb. 1). Was Peter Lynn vor einigen Jahren ersann, hat sich in der Drachenszene einen Stammplatz erobert. Viele Drachenfreunde würden sich nur zu gerne auf eines dieser Wägelchen setzen und lossausen – wenn kommerzielle Buggys nur nicht so teuer wären. Und der Gedanke, ein Buggy in Heimarbeit zu bauen, ist meist mit der Vorstellung verbunden, daß man dazu unbedingt Ingenieur mit Schweißerausbildung sein muß.

Der hier vorgeschlagene Eigenbau eines Buggys kann und will sich nicht mit kommerziellen Buggys messen (deren hoher Preis wegen der aufwendigen, geschweißten Konstruktion durchaus gerechtfertigt ist). Er hat aber den nicht zu unterschätzenden Vorteil, daß er ohne Löt- und Schweißarbeiten und mit wenig Zeitaufwand an einem Wochenende hergestellt werden kann.

Herz- und (leider) auch Schwachpunkte unseres Buggys sind die Rohrverbinder. Sie stammen aus dem Messebau und haben nur eine begrenzte Belastbarkeit. Daher darf der Buggy nur von Piloten mit einem Körpergewicht von maximal 80 kg benutzt werden. Bei höheren Belastungen können die Verbinder brechen, mit fatalen Folgen für den Piloten! Will man den Buggy kräftiger auslegen, sind konstruktive Veränderungen notwendig, die jedoch mit den Verbindern verhältnismäßig einfach zu realisieren sind.

Die Verbinder gibt es in mehreren Typen (siehe Skizze), von denen für den Buggy in erster Linie die Typen 150, 152 und 151 interessant sind. Obwohl sich Typ 150 optisch am ehesten für die Verbindung am Gabelkopf eignet, sollte hier unbedingt aus Gründen der Stabilität Typ 152 eingesetzt werden. Das überstehende Ende muß dann der Sicherheit wegen auf geeignete Weise »entschärft« werden, z. B. mit einem Tennisball, in den man ein Loch schneidet und ihn auf das überstehende Ende stülpt. Wenn man an der Hinterachse den Typ 151 einsetzt, kann man durch ein zusätzliches Rohr, das parallel zum Achsrohr im Sitzbereich verläuft (mit Typ 150 zu montieren), größere Stabilität erreichen.

Darüber hinaus steht und fällt die Stabilität des Buggys mit der Sorgfalt bei der Herstellung. Bau und Nutzung des Buggys liegt innerhalb der Verantwortung des Erbauers bzw. des Piloten. Jegliche Haftung unsererseits wird ausdrücklich ausgeschlossen.

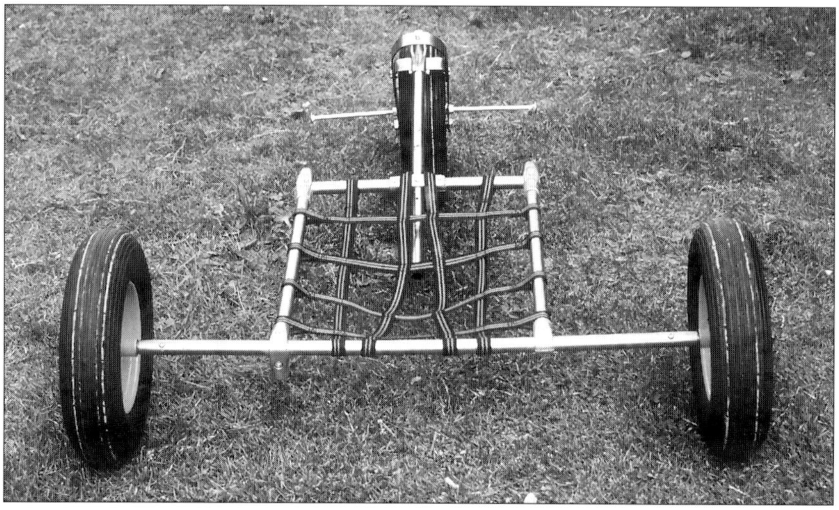

Abb. 1 Der fertige Buggy. Man beachte die unterschiedlichen Verbinder an der Hinterachse. Rechts der Standardverbinder C 150, links der Winkelverbinder C 151, der (auf beiden Seiten) für ein zusätzliches Parallelrohr erforderlich wäre.

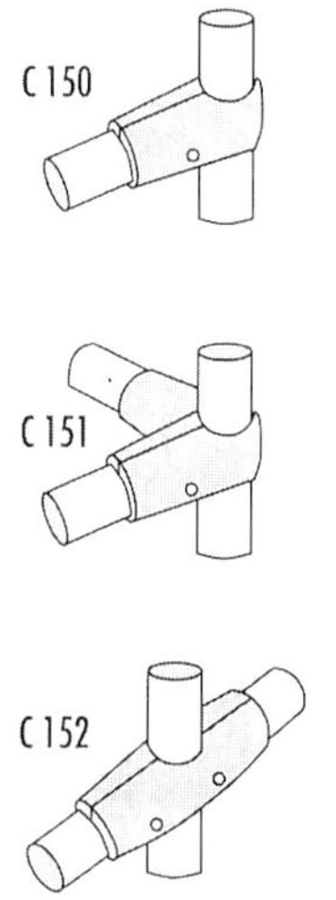

Skizze

Material

3000 mm VA-Rohr 25 × 1,5 mm
1000 mm VA-Flachstahl 30 × 3 mm
2 VA- oder Messingbuchsen
22 × 50 mm mit M 12 Gewinde
1 VA- oder Messingbuchse
25 × 75 mm mit M 8 Gewinde

VA-Schrauben
5 × M 6 × 40 mit Mutter und Scheibe
4 × M 6 × 10 mit Mutter und Scheibe
1 × M 8 × 50 mit Flügelmutter
2 × M 8 × 30 mit Mutter und Scheibe
2 × M 6 × 30
2 × M 10 × 200 Schloßschrauben mit zwei Muttern

4 × VA-Scheiben für M 12
2 × VA-Scheiben für M 8
2 × Kunststoffscheiben für M 8
2 × Kunststoffscheiben für M 12
3 Räder 4.89/400-8 mit Bolzen (Schubkarrenräder aus dem Baumarkt)
4,5 m Gurtband aus dem Baumarkt, Drachenladen oder Autofriedhof (Kfz-Sicherheitsgurt)

Rohrverbinder
4 CombinO-Verbinder Typ C 152
2 CombinO-Verbinder Typ C 150
Alternative Verbinder siehe Einleitung
6 CombinO-Verbinder à DM 20,- gegen V-Scheck über DM 120,- zu beziehen bei:
exposet, Postfach 500464, 22704 Hamburg, Stichwort »Buggy-Verbinder«, Best.-Nr. angeben.

Notwendiges Werkzeug

Bohrmaschine, kräftiger(!) Schraubstock, Stahlsäge, Schraubendreher, Innensechskantschlüssel, Lötbrenner zum Glühen des Flachstahls für die Gabel (notfalls tut es auch ein Propangas-Campingkocher), Feile und Schleifpapier.

Das Rohr bezieht man über den Edelstahlfachhandel (Gelbe Seiten). Hier lohnt ein genauer Preisvergleich, weil die Unterschiede zwischen einzelnen Händlern erheblich sein können. Vielleicht liefert der Rohrhändler die Rohre schon fertig abgelängt; wenn nicht, sollte man eine Trennscheibe (Flex) einsetzen, denn auch mit einer scharfen Stahlsäge braucht man viel Geduld und einigen Kraftaufwand, um die Rohre zu trennen. In jedem Fall müssen die Schnittstellen sorgfältig mit der Stahlfeile entgratet werden. Die Messingbuchsen läßt man sich am besten von einem Feinmechaniker drehen und mit den angegebenen Gewinden versehen. Die Gewinde müssen perfekt lotrecht sitzen, damit ein runder Lauf der Räder gewährleistet ist!

Bauanleitung

Bevor man mit dem Bau des Buggys beginnt, sollte die ganze Bauanleitung sorgfältig durchgelesen und verstanden werden. Ein falsch abgelängtes Stück Edelstahl kann richtig ins Geld gehen. Apropos Geld: Die Materialkosten unseres Buggys liegen unter 300 Mark.

Die Gabel bauen

Man beginnt beim Bau des Buggys zweckmäßigerweise mit der Gabel für das Vorderrad (siehe Abb. 2 und 3). Die Gabel besteht aus VA-Flachstahl 30 × 3 mm, der auch in diesem auf den ersten Blick vielleicht etwas dünn anmutenden Maß eine erstaunliche Festigkeit aufweist. Außerdem: Je dicker der Flachstahl, um so schwieriger ist es, ihn zu biegen. Die Bereiche, die gebogen werden müssen, sind genau zu markieren. An diesen Stellen den Stahl mit einem Lötbrenner für Propangas glühen. Zur Not tut es auch ein Campingkocher. Zum Biegen wird die Gabel in einen kräftigen Schraubstock eingespannt. Gebogen wird vorsichtig mit der Hand. Lieber in kleinen Schritten biegen und häufiger das Maß kontrollieren. Als zweites die Querstrebe messen und absägen. Dann wiederum glühen, biegen und einpassen. Erst wenn alles sauber paßt, werden die Bohrungen vorgenommen und die Querstäbe mit zwei Bolzen M 6 × 10 mm beidseitig eingeschraubt.
Um die Lenk- und Radachse präzise zu erstellen, empfiehlt es sich, eine Schablone 1:1 der Querstrebe zu zeichnen. So können die Punkte ermittelt werden, wo in der Mitte der Gabel und der Querstrebe die Löcher für 8mm-Bolzen und bei der Radachse die Löcher für 12mm-Bolzen zu bohren sind. Alternativ kann man übrigens, wie beim Fahrrad, Schlitze in die Gabelenden bohren und sägen, damit das Vorderrad leichter einzusetzen ist.
Die Bohrungen für die Fußrasten (Schloßschrauben) mit einem 10mm-Bohrer nicht vergessen und die Fußrasten einsetzen. Der Kopf der Schraube dient als Fußanschlag, das andere Ende wird mit zwei Muttern an der Gabel befestigt.

Abb. 2 Die fertige Gabel. Nach Montage des Rades stehen die Gabelblätter wieder senkrecht.

Abb. 3 Detail des Gabelkopfes

Hinterachse und Rahmen

Die Hinterachse hat eine Länge von 950 mm. Kürzer sollte sie nicht sein, da sonst Stürze in Kurven fast unvermeidlich sind. Die Hinterachse zuschneiden und die beiden VA- oder Messingbuchsen (50 × 22 mm mit M12-Gewinde) mit jeweils einem M6 × 30mm-Bolzen verschrauben. Dabei ist natürlich darauf zu achten, daß man beim Bohren nicht in den Gewindebereich des Achsbolzens kommt.
Der Sitzbereich besteht aus der Hinterachse und vier Rohren (2 × 500 mm und 2 × 200 mm). Die Rohrstücke sägen und die 500mm-Stücke an der Hinterachse mit den CombinO-Verbindern C 150 an-

bringen. Die kurzen Rohrstücke ebenfalls mit CombinO-Verbindern montieren (siehe Abb. 4). Die so entstandene Querstrebe außen an den CombinO-Verbindern mit je einem M6×40mm-Bolzen kontern, um eine höhere Stabilität zu erreichen. Die Bohrung am mittleren CombinO-Verbinder noch nicht vornehmen. Der Rest des VA-Rohres dient als Verbindung zwischen Sitz und Gabel. Bevor es angebracht wird, erst die Hülse für die Lenkachse (25×75 mm mit M8-Gewinde) mit zwei M8×30 mm-Bolzen und Kunststoffscheiben einsetzen. Nun das VA-Rohr mit dem letzten CombinO-Verbinder an die Gabel montieren. Auch dort muß am VA-Rohr wieder gekontert werden (M6×40 mm-Bolzen).
Die andere Seite des VA-Rohres in den mittleren CombinO-Verbinder einschieben und auf die Körpergröße des Piloten einstellen. Die Länge des Buggys kann später durch weitere Bohrungen verändert werden.
Der mittlere CombinO-Verbinder wird mit einem M8×50 mm-Bolzen festgesetzt. Achtung! Das Vorderrad muß vorher präzise ausgerichtet werden. Der mittlere CombinO-Verbinder muß noch vor Verdrehen gekontert werden. Dieser Arbeitsschritt entscheidet über den Anstellwinkel der Gabel. Wird er zu flach, erschwert er das Herauslenken, aber der Rollwiderstand wird geringer und umgekehrt. Also gut abwägen. Schließlich werden noch die Räder montiert. Beim Vorderrad müssen, um die Differenz zwischen Gabel und Rad auszugleichen, beidseitig zwei Scheiben zwischengelegt werden. Die Hinterräder mit den vorhandenen Bolzen in die Hinterachse einschrauben.

Der Gurtsitz

Vier etwa 620 mm lange Stücke und vier etwa 720 mm lange Stücke Gurtband zuschneiden, kreuzweise

Abb. 4 Vordere Eckverbindung mit Sicherheitsschraube

Abb. 5 Gurtband in der Mitte um die Verbindungsstange herumführen.

vernähen und die Enden 60 bis 70 mm umschlagen und zu Schlaufen vernähen. Um die Schlaufen über die Rohre zu ziehen, muß der Buggy leider einmal wieder demontiert werden. Im Bereich der Verbindungsstange wird das Gurtband um diese geführt (siehe Abb. 5). Wer will, polstert die Gestänge noch mit Schaumgummi oder einem anderen geeigneten Material.
Bevor man losfährt, sollte man sich die Sicherheitsregeln durchlesen und diese auch ernst nehmen!

Sicherheitsregeln

1. Prüfen Sie regelmäßig sämtliche Schraubverbindungen Ihres Buggys und auch die Knotenverbindungen zum Drachen, am Drachen selbst und die Schnüre.
2. Tragen Sie immer einen Sturzhelm.
3. Schnallen Sie sich nie und unter keinen Umständen am Buggy fest.
4. Sprechen Sie auf Festivals mit dem Veranstalter, bevor Sie starten. Häufig steht auf Festivals speziell abgetrenntes Gelände für die Buggyfahrer zur Verfügung.
5. Wenn Sie gebeten werden, auf einem Festival nicht mit dem Buggy zu fahren, akzeptieren Sie diese Bitte. Es ist nicht Ihr Festival.
6. Üben Sie das Buggy-Fahren nicht auf Festivals. Festivals sind kein Trainingsgelände.
7. Üben Sie an einsamen Stränden, aber nie völlig alleine.
8. Fahren Sie nicht an Stränden, wo das Strandsegeln verboten ist, bzw. erkundigen Sie sich im Zweifelsfalle.
9. Verwenden Sie vorzugsweise stablose Drachen.
10. Verwenden Sie Sicherheitshandgriffe, bei denen sich die Schnur im Panikfall von den Griffen löst.
11. Versuchen Sie keine spektakulären Manöver wie Stemmbogen, Rückwärtsfahren oder Wheelies (Fahren auf zwei Rädern), bevor Sie mit einem Piloten, der diese sicher beherrscht, gesprochen haben.
12. Denken Sie daran, daß Zuschauer neugierig sind und fast immer die möglichen Geschwindigkeiten eines Buggypiloten unterschätzen.
13. Suchen Sie Kontakt zu anderen Buggy-Fahrern. In Europa versucht Tomas Jeckel die Interessen von Buggyfahrern zu vertreten und hat die Kite'n Trike Association Europe ins Leben gerufen. Adresse:
    c/o Phoenix
    Liebigstr. 9–11
    52070 Aachen
    Das amerikanische Gegenstück sind die Buggy Pilots International. Adresse:
    c/o Corey Jensen, Windborne Kites
    585 Cannery Row 105
    Monterey/CA 93940, USA

Anhang

Literatur

Es gibt eine ganze Reihe von Literatur zum Thema Drachen. Die nachfolgende Auswahl erhebt daher keinen Anspruch auf Vollständigkeit und nennt auch Werke, die Einleinerdrachen behandeln.

Arz, Franz
1992; Asiatische Drachen
Augustus Verlag, Augsburg

Backes, Werner
1984; Drachen bauen
1986; Drachen – einfach und schnell gebaut
1987; Drachen aus aller Welt
1989; Drachen kombinieren und verketten
alle Ravensburger Buchverlag, Ravensburg

Cochrane, Dr. Bill
Making and Flying Boxkites
B.T. Batsford Ltd., London

Diem Walter/Schmidt Werner
1993; Drachen mit Geschichte
Hubendubel, München

Eden, Maxwell
1991; Kiteworks
Sterling Publishing Co. New York

Gallot, Philippe
1990; Making and Flying Fighter Kites
B.T. Batsford Ltd., London

Moulton Ron
1992; Kites, a practical Handbook
Argus Books, Hemel Hempstead, England

Pelham, David
1977; DuMont's Bastelbuch der Drachen
DuMont, Köln

Rieleit, Peter
1993; Leistungsstarke Lenkdrachen zum Nachbauen
Ravensburger Buchverlag, Ravensburg

Reich, Ron
1993; Kite Precision
Tutor Text, Ramona, CA, USA.

Rocker, Hans Erich
1994; Das Lenkdrachen-Handbuch
Drachenverlag, Hamburg

Rowlands, Jim
1992; Kites and Windsocks
B.T. Batsford Ltd., London

Schertel, Christine
1993; Skyworks II
Skyworks Agentur, Hamburg

Schimmelpfennig, Wolfgang
1987; Drachen bauen und steigen lassen
1989; Lenkdrachen bauen und fliegen
1991; Phantastische Drachenwelt
1993; Neue Lenkdrachen und Einleiner
alle Falken, Niedernhausen

Velthuizen Nop/van der Horst Vervaas
1991; Stunt Kites (engl.)
1994; Lenkdrachen (Neue Modelle, Buggys und Boote)
beide Thoth Verlag, Bussum, Niederlande

Zeitschriften

DRACHENmagazin
Älteste deutsche Fachzeitschrift. Alle 6 Wochen. DM 8,–/Ausgabe. DRACHENverlag Hamburg

Hoch Hinaus
Vereinszeitschrift des Drachenclub Deutschland DCD. 4 x pro Jahr. DM 4,–/Ausgabe

Fang den Wind
Vereinszeitschrift des Drachenclub Berlin. 4 x pro Jahr. DM 4,–/Ausgabe

Kite Lines
Älteste englischsprachige Fachzeitschrift. Ca. 4 x pro Jahr. US $ 4.00. Zu beziehen über Aerolus Press Inc. P.O. Box 466, Randalstown, MD 21133-0466, USA

American Kite
Englischsprachige Fachzeitschrift mit Schwerpunkt USA. 4 x pro Jahr. US $ 3.95. Zu beziehen über American Kite Co. P.O.Box 699, Cedar Ridge, CA 95924, USA

Vlieger
Holländische Fachzeitschrift mit sehr guten Bauplänen. 6 x pro Jahr. DM 6.–/Ausgabe. Zu beziehen in der Bundesrepublik über DRACHENverlag, Postfach 201863, 20208 Hamburg

Cerfs Volants
Französische Fachzeitschrift. 6 x pro Jahr. 32,– FF/Ausgabe. Zu beziehen über Conceptair SARL, 12, rue de Bercy, 75012 Paris.

Vereine

Drachen Club Deutschland e.V. DCD Postfach 350127, 40443 Düsseldorf. Der DCD unterhält eine ganze Reihe von Regionalkreisen.
Parawing Club, p. A. Andreas Ritter, Bismarckstr. 12, 75417 Mühlacker.

Eine internationale Vereinigung, die sich speziell den Lenkdrachensport unter Wettbewerbsbedingungen auf die Fahnen geschrieben hat, heißt S.T.A.C.K. Fast jeder größere internationale Wettbewerb wird heute nach den sogenannten S.T.A.C.K.-Regeln ausgetragen. Es gibt auch spezielle Flugfiguren von S.T.A.C.K., von denen einige in diesem Buch abgebildet sind. Der komplette Figurenkatalog, das Regelwerk und weitere Auskünfte sind erhältlich über den deutschen S.T.A.C.K.-Vertreter, Torsten Schmitt, Lesserstraße 5, 22049 Hamburg.

Drachenfestivals

Es vergeht kaum ein Wochenende, an dem nicht irgendwo ein Drachenfestival stattfindet. Es würde den Rahmen dieses Werkes sprengen, hier alle Veranstaltungen aufzuführen. Den aktuellen Festival-Kalender entnimmt man am besten den Fachzeitschriften. Das wichtigste Treffen der Drachenflieger findet jedes Jahr an dem dem 17. Juni am nächsten gelegenen Wochenende auf der dänischen Nordseeinsel Fanö statt.

Fachgeschäfte

In jeder größeren Stadt haben sich in den letzten Jahren Fachgeschäfte etabliert, die überwiegend oder sogar ausschließlich Drachen sowie Zubehör und Baumaterialien für Drachen verkaufen. Viele Spielzeuggeschäfte haben eigene Drachenabteilungen eingerichtet. Die Adressen können dem Telefonbuch oder den Branchenverzeichnissen (wie den Gelben Seiten) entnommen werden. Auf Adressen von Fachgeschäften verweisen außerdem die Anzeigen in den genannten Fachzeitschriften.

Sicherheitshinweise

Der Drachensport ist eine herrliche Angelegenheit und kaum an Altersgrenzen gebunden. Jedermann und jedefrau kann sein/ihr Spielchen mit dem Wind treiben, sollte sich aber in seinem Verhalten an die Sicherheitsregeln des DCD halten.

1. Fliege nur dort, wo Menschen und Umwelt nicht gefährdet werden.
2. Fliege nur bei Windstärken, bei denen du deine Drachen noch voll unter Kontrolle hast.
3. Ein guter Drachenpilot überprüft sein Fluggerät vor jedem neuen Start.
4. Besondere Vorsicht ist bei neuen und noch nicht erprobten Drachen geboten.
5. Die Leinen stehender Drachen sollten mit Nylon oder anderen bunten Fähnchen in Augenhöhe gekennzeichnet sein. Am besten an mehreren Stellen kennzeichen.
6. Leinen nicht über Wege legen oder überfliegen. Es könnten Spaziergänger und Radfahrer gefährdet werden.
7. Mit Lenkdrachen nie in der Nähe feststehender Drachen fliegen.
8. Bei Leinenschnitt auf den betroffenen Piloten zugehen, sich entschuldigen und die Sache im ruhigen Gespräch klären.
9. Stark gespannte Leinen (Kevlar u. a.) können böse Schnittwunden verursachen. Die Zuschauer ahnen nichts von dieser Gefahr. Deshalb nie über die Köpfe von Mensch und Tier fliegen.
10. Sicherheitsabstand zu Zuschauern und anderen Drachenpiloten einhalten! Bereits beflogene Plätze respektieren und nicht mit Drachen und Schnur über bereits ausgelegte Schnüre laufen.
11. Drachen nicht starten oder landen, wenn sich noch Zuschauer in der Reichweite des Drachens befinden.
12. Nie in der Nähe von Stromleitungen, Straßen, Gleiskörpern etc. fliegen. Es besteht Lebensgefahr!
13. Leinen, die über Stromleitungen liegen, nie berühren und in diesen Fällen keinesfalls versuchen, den Drachen selber zu bergen.
14. Im Umkreis von Flughäfen (meist 3 km Radius) ist das Fliegen grundsätzlich untersagt.
15. Keine Drachen bei Gewitter oder heraufziehendem Gewitter fliegen.
16. Mit Ausnahme von einigen Städten ist nur maximal 100 m Leinenlänge (nicht Höhe über Grund!) erlaubt.
17. Das Fliegen in Natur- und Vogelschutzgebieten ist untersagt! Brütende Vögel könnten gestört werden. Bei Pferden, Schafen und anderen Tieren können Drachen Panik auslösen.
18. Keine Bäume oder Sträucher als Bodenanker mißbrauchen.
19. Keinen Abfall zurücklassen.